四川省 2019—2020 年度重点出版规划项目

南方电网“西电东送”稳定关键技术——特高压直流异步联网下源网协调控制研究丛书

电能质量监测与高级分析技术

郭成 况华 覃日升 ◎ 著

西南交通大学出版社
·成 都·

图书在版编目（CIP）数据

电能质量监测与高级分析技术 / 郭成等著. —成都：西南交通大学出版社，2020.11
ISBN 978-7-5643-7869-1

Ⅰ. ①电… Ⅱ. ①郭… Ⅲ. ①电能 – 质量分析 Ⅳ. ①TM60

中国版本图书馆 CIP 数据核字（2020）第 240793 号

电能质量监测与高级分析技术

郭　成　况　华　覃日升 / 著

出 版 人 / 王建琼
责任编辑 / 梁志敏
封面设计 / 曹天擎

西南交通大学出版社出版发行
（四川省成都市二环路北一段 111 号西南交通大学创新大厦 21 楼　610031）
发行部电话：028-87600564　028-87600533
网址：http://www.xnjdcbs.com
印刷：四川煤田地质制图印刷厂

成品尺寸　185 mm × 240 mm
印张　12　字数　221 千
版次　2020 年 11 月第 1 版　印次　2020 年 11 月第 1 次

书号　ISBN 978-7-5643-7869-1
定价　88.00 元

前言

电能是世界上最重要的能源形式之一。电能质量通常被认为是供电质量，其质量问题也往往被认为是由供电公司产生的。然而，与其他商品质量的概念不同，许多电能质量问题其实与电网无直接关联，是由电力用户产生的（如谐波），再通过电网传输到其他电力用户侧。因此，电能质量问题同时涉及发、供、用三方的技术与经济问题。

多数情况下，电能质量问题并不会立竿见影地影响到电力用户的生产运行，也正因如此，多数电力用户对电能质量问题的感受并不是十分深刻。然而，随着经济社会的发展，非线性干扰源用户的数量和用电量占比在逐步增多，电能质量问题日益突出，也日益受到重视。

自 20 世纪 90 年代起，在我国电气行业内电能质量问题才开始逐步受到重视，包括谐波、频率偏差、电压偏差等多项指标类电能质量国家标准相继颁布实施，国内的多家省级电科院开始开展电能质量测试相关工作。随着网络通信和信息技术的发展，电能质量在线监测技术成为行业内的研究热点，短短十余年内，几乎我国所有省级电网公司均建立了电能质量在线监测系统，电能质量问题开始逐步受到供电公司、电力用户以及科研院所的关注。

电能质量在线监测系统的数据具有采样率高、数据质量好的优点，如果仅把电能质量监测系统的数据用于判断电网公共连接点（PCC）处是否存在超标问题，确实是太可惜了。因此，近几年，针对电能质量监测数据的高级分析与应用开始成为了电能质量行业的研究热点。

本书第一章综述电能质量问题及发展趋势，以便于读者能初步理解电能质量问题。第二章分析电气化铁路、城市地铁、电弧炉等典型干扰源负荷的电能质量问题。第三章分析电能质量监测技术，包括电能质量监测方法、电能质量监测系统，还重点分析了基于4G无线通信方式的针对电力用户的电能质量监测技术。第四章阐述电能质量分析方法，探讨将 Prony 方法用于电能质量分析的可行性。本书第五章至第七章结合工程实例探讨了针对电能质量监测数据的高级分析技术，其中第五章分析电能质量干扰源辨识技术，第六章分析电容器谐波谐振的监测与预警技术，第七章探讨基于电能质量监测的电力系统负荷模型建模技术。

本书的编写，得到了多位同事及研究生的支持。云南电网有限责任公司况华主要参加了本书第一章的编写工作，云南电科院覃日升主要参加了本书第二章的编写工作，西南交通大学陈志远和杨亮辉参加了本书第四章的编写工作，西南交通大学朱润林参加了本书第七章的编写工作，此外，硕士研究生张艳萍、尹轲对本书的校对和整理也做了大量工作。在此深表感谢！

由于作者水平有限，书中疏漏之处在所难免，欢迎读者批评指正。

作 者

2020年6月

目录

第一章

电能质量问题及发展趋势

电能质量问题是同时涉及发、供、用三方的技术与经济问题。电能质量问题并不完全取决于电力生产企业，事实上许多电能质量指标主要取决于用电负荷的运行工况及特性，如谐波、闪变等。完全消除电能质量问题既不科学，也不现实，有意义的做法是只要产生的电能质量问题不会影响电网及用户的安全、经济运行，可以被发、供、用三方接受即可。因此，解决电能质量问题的本质是发、供、用三方寻求在技术与经济约束下的一种“平衡”。

电能质量问题是社会经济水平发展到一定阶段必然产生的问题。对电能质量问题的认识，一方面取决于电力技术的发展，一方面也取决于电网和用户的重视程度。当前，随着大功率电力电子技术、智能电网技术、制造业及用户节能技术的发展，电能质量问题呈现出新的发展趋势。

第一节 电能质量基本问题

一、电能质量的主要技术内容

目前，关于电能质量还没有一个被普遍接受的定义。IEC（国际电工委员会）将电能质量定义为：供电装置正常工作情况下不中断和干扰用户使用电力的物理特性。不中断用户使用电力更多的是指供电可靠性的概念，不干扰用户使用电力指的是供电质量的概念。因此，广义上的电能质量是包括供电可靠性和供电质量在内的。但是，在我国的工程实践中，电能质量就是供电质量，并不包含供电可靠性。

一般来说，电能质量的主要研究内容主要包括以下方面，如表 1-1 所示。

表 1-1　电能质量主要研究内容与标准

序号	内容	相关标准
1	电压偏差	GB/T 12325—2008
2	频率偏差	GB/T 15945—2008
3	谐波	GB/T 14549—1993
4	间谐波	GB/T 24337—2009
5	电压波动和闪变	GB/T 12326—2008
6	三相电压不平衡	GB/T 15543—2008
7	暂时过电压和瞬态过电压	GB/T 18481—2001
8	电压暂降与短时中断	GB/T 30137—2013
9	电能质量监测设备	GB/T 19862—2005

当然，上述标准只是所列研究领域的一部分，并不是全部研究内容。电能质量还有许多问题需要研究和解决，标准体系也在不断完善。

二、电能质量与电磁兼容

IEC 从电磁干扰现象的角度，对电能质量问题进行了分类，如表 1-2 所示。

表 1-2　IEC 关于引起电磁扰动的基本现象分类[1]

现　象	分　类	现　象	分　类
传导型低频现象	谐波，间谐波	辐射型低频现象	工频电磁场
	信号系统（电力线载波）	辐射型高频现象	磁场
	电压波动		电场
	电压暂降和中断		电磁场
	电压不平衡		连续波
	工频变化		瞬变
	感应低频电压	静电放电现象（ESD）	
	交流电网中的直流成分	核电磁脉冲（NEMP）	
传导型高频现象	感应连续波电压和电流		
	单方向瞬变		
	振荡性瞬变		

IEEE 根据电压扰动的典型频谱、持续时间、电压幅值变化等对电磁干扰现象进

行了分类，如表 1-3 所示。

表 1-3　IEEE 制定的电力系统电磁现象的特性参数及分类[2]

类别			典型频谱	典型持续时间	典型电压幅值
瞬变现象	冲击脉冲	纳秒级	5 ns 上升	<50 ns	
瞬变现象	冲击脉冲	微秒级	1 μs 上升	50 ns ~ 1 ms	
瞬变现象	冲击脉冲	毫秒级	0.1 ms 上升	>1 ms	
瞬变现象	振荡	低频	5 kHz	0.3 ~ 50 ms	0 ~ 4 p.u.
瞬变现象	振荡	中频	5 ~ 500 kHz	20 μs	0 ~ 8 p.u.
瞬变现象	振荡	高频	0.5 ~ 5 MHz	5 μs	0 ~ 4 p.u.
短时间电压波动	瞬时	暂降		0.5 ~ 30 周波	0.1 ~ 0.9 p.u.
短时间电压波动	瞬时	暂升		0.5 ~ 30 周波	1.1 ~ 1.8 p.u.
短时间电压波动	暂时	中断		0.5 周波 ~ 3 s	<0.1 p.u.
短时间电压波动	暂时	暂降		30 周波 ~ 3 s	0.1 ~ 0.9 p.u.
短时间电压波动	暂时	暂升		30 周波 ~ 3 s	1.1 ~ 1.4 p.u.
短时间电压波动	短时	中断		3 s ~ 1 min	<0.1 p.u.
短时间电压波动	短时	暂降		3 s ~ 1 min	0.1 ~ 0.9 p.u.
短时间电压波动	短时	暂升		3 s ~ 1 min	1.1 ~ 1.2 p.u.
长时间电压波动	持续中断			>1 min	0.6 p.u.
长时间电压波动	欠电压			>1 min	0.8 ~ 0.9 p.u.
长时间电压波动	过电压			>1 min	1.1 ~ 1.2 p.u.
电压不平衡				稳态	0.5% ~ 2%
波形畸变	直流偏置			稳态	0 ~ 0.1%
波形畸变	谐波		0 ~ 100 th	稳态	0 ~ 20%
波形畸变	间谐波		0 ~ 6 kHz	稳态	0 ~ 2%
波形畸变	陷波			稳态	
波形畸变	噪声		宽带	稳态	0 ~ 1%
电压波动			25 Hz	间歇	0.1% ~ 7%
工频变化				10 s	

电能质量与电磁兼容的关系如下[3]：

（1）电磁兼容性标准是针对电气装置、设备或系统在电磁环境中“和谐”工作而制定一个参考值。电磁兼容性标准既包括传导性干扰指标，也包括空间干扰（辐射性）的指标。电能质量标准只针对电网中特定点的传导性干扰指标，大部分标准是电磁兼容标准的一部分（供电电压偏差标准除外）。

（2）在限值上，电能质量标准受制于电磁兼容性标准，一般不应超过它，因此，电能质量指标限值和电磁兼容中的发射总限值概念上是等同的。

（3）IEC 制定的电磁兼容性标准是国际性的，各国基本上通用。而电能质量标准则不然，并不强求统一。

（4）作为电能质量一个基本指标——供电电压偏差，并未包括在电磁兼容性的低频传导骚扰指标范围内。

第二节　电能质量在线监测技术现状

一、PQDIF 规约

美国电科院（EPRI）于 1993 年 6 月启动了美国全国配电网电能质量普查项目“The EPRI DPQ Project”（PQView），至 1995 年 9 月结束。这是世界上首次大规模的电能质量专门测试项目，监测范围共涵盖了全美 24 家电力公司的 270 余座变电站，共使用了 10 种不同厂商的近 500 台各类电能质量监测装置。

通过此次电能质量测试发现，电能质量测试数据的规约问题已经成为数据存储与分析的最重要问题之一。为了解决海量数据的存储、分析问题，美国电科院开发了电能质量在线监测主站软件 PQView，同时还研发了 PQDIF（Power Quality Data Interchange Format）电能质量数据交换格式，以实现不用厂商数据格式的统一，从而达到数据整合的目的。1996 年，美国电科院将 PQDIF 格式公开，以推动电能质量数据规约的统一工作，同时把 PQDIF 格式、示例源代码及文档等作为初始格式提交给 IEEE P1159.3 工作组，有力促进了 IEEE Std 1159.3 PQDIF 标准的形成。到目前为止，PQDIF 规约依然为国内大多数电能质量在线监测装置的制造厂商和电网公司所使用。

PQDIF 的规约介绍如下[4]。

PQDIF 格式数据通常应包括以下记录：

（1）应包含且只能包含 1 个容器（tagContainer）记录。

（2）应包含 1 个数据源（tagRecDataSource）记录。

（3）应包含 1 个监视器设置（tagRecMonitorSettings）记录。

（4）应包含并且至少包含 1 个观测数据（tagRecObservation）记录。

（5）应包含 1 个时区记录，如采用北京时间（GMT+8）。

PQDIF 格式数据的系统标签说明如表 1-4 所示。

表 1-4 PQDIF 格式的系统标签说明

标签名	含义	标签名	含义	标签名	含义
tagVersionInfo	版本信息	tagQuantityUnitsID	单位	tagOneChannelSetting	具体通道设定
tagFileName	文件名	tagQuantityCharacteristicID	值性质	tagChannelDefnIdx	通道定义序号
tagDataSourceTypeID	数据源类型	agStorageMethodID	存储方式	tagObservationName	观测名称
tagNameDS	监测点名称	tagSeriesNominalQuantity	基准值	tagTimeCreate	创建时间
tagChannelDefns	通道定义	tagEffective	有效日期	tagTimeStart	开始时间
tagPhaseID	相	tagTimeInstalled	安装日期	tagSeriesValues	序列数值
TagQuantityTypeID	量类型	tagUseCalibration	是否做尺度调整	tagTriggerMethodID	触发方式
tagSeriesDefns	值类型	tagUseTransducer	传感器比率	tagChannelInstances	通道实例
TagOneSeriesDefn	序列定义	tagNominalFrequency	指定系统标称频率	tagChannelDefnIdx	通道定义序号
tagValueTypeID	值类型	tagChannelSettingsArray	通道设定组	tagSeriesBaseQuantity	序列基准值

PQDIF 格式的电能质量数据类型通常分为以下几种。

1. RMS 触发的事件记录

PQDIF RMS 数据记录的书写应符合以下的规定：

（1）数据源记录中，tagQuantityTypeID 元素的值应设置为 ID_QT_PHASOR。

（2）监视器设置记录中，推荐设置：tagTriggerHigh 和 tagTriggerLow。

（3）对于电压和电流总有效值，相角均以 A 相为参考相位（相对 A 相的相角差）。

（4）RMS 触发的事件记录可以包括波形数据。

2. 暂态事件记录

PQDIF 暂态数据记录的书写应符合以下的规定：

（1）数据源记录中，tagQuantityTypeID 元素的值应设置为 ID_QT_WAVEFORM。

（2）通道定义记录中，如果事件数据分别包括了瞬态最大值、最小值序列，则相应的 tagValueType 元素的值应设置为 ID_SERIES_VALUE_TYPE_PEAK。

（3）观测数据记录中，tagTriggerMethodID 元素的值应设置为 ID_TRIGGER_METH_CHANNEL，并指明触发通道 tagChannelTriggerIdx。

3. 趋势数据记录（包括：稳态、统计）

PQDIF 趋势数据记录的书写应符合以下的规定：

（1）数据源记录中，tagQuantityTypeID 元素的值应设置为 ID_QT_VALURLOG。

（2）通道定义记录中，推荐：包括 tagSeriesBaseQuantity 基础电压值。

（3）观测数据记录中，tagTriggerMethodID 元素的值应设置为 ID_TRIGGER_METH_PERIODIC。

4. 波形快照（包括：非周期、周期）

PQDIF 波形数据记录的书写应符合以下的规定：

（1）数据源记录中，tagQuantityTypeID 元素的值应设置为 ID_QT_WAVEFORM。

（2）通道定义记录中，推荐：包括 tagSeriesNominalQuantity 基础电压值。

（3）观测数据记录中，tagTriggerMethodID 元素的值应设置为 ID_TRIGGER_METH_PERIODIC。

5. 谐波类数据的数据源设置和观察数据的记录

谐波和间谐波应根据实际数据计算方法选择谐波组或谐波形式记录，具体如下：

（1）谐波数列的特征量类型（tagQuantityCharacteristicID）应定义成 ID_QC_SPECTRA_HGROUP 或 ID_QC_SPECTRA。

（2）对应于数据源，观察数据记录中的谐波次数，谐波组应使用 tagChannelGroupID，谐波因使用 tagChannelFrequency。

（3）如果谐波（包括基波）通道设置相角数列，那么相位就是相对于 FFT 窗口的相位。

二、电能质量监测系统架构

随着网络通信技术的飞速发展，近年来对电能质量各项指标的监测方式已经从专门测量和定期（或不定期）监测转变为网络化在线监测。全国绝大部分省、区、直辖市电网公司都建立了各自的电能质量在线监测系统，实现了对电网公共连接点处的电能质量全天候动态监测。可以说，我国的电能质量在线监测技术已经实现了网络化和智能化。

下面以国内某省级电网公司电能质量在线监测系统为例，说明电能质量监测系统的建设情况。该电能质量在线监测系统采用三层分布式逻辑结构，如图 1-1 所示。

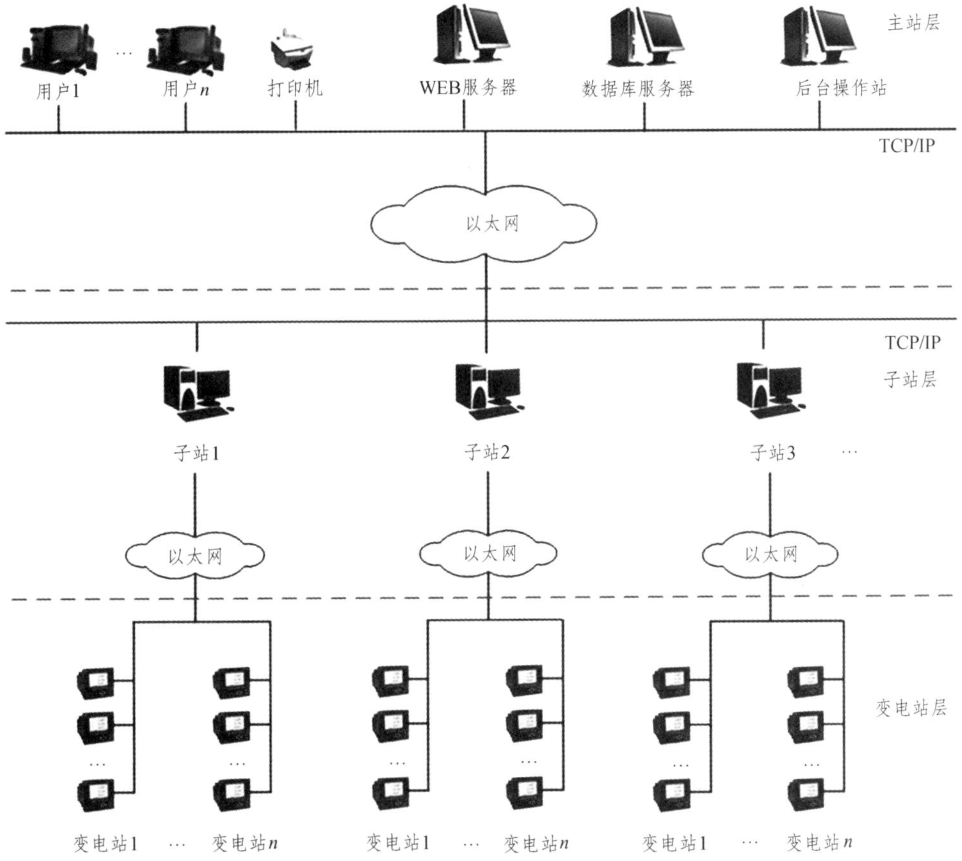

图 1-1　电能质量监测主站系统的典型架构

电能质量监测系统由变电站层、子站层和主站层构成。子站服务器按厂家数量配置，用以实现对该厂家上传数据的 PQDIF 格式转换。所有服务器都部署在主站机房，包括子站通信、接口、应用、数据库和主站接口、数据库、WEB 服务器等。系统具有数据采集及分析处理、计算统计（包括国标要求的五项电能质量指标）、各次谐波功率频谱分析、事件记录、曲线报表分析及查询等功能。系统采用基于 ORACLE 构架下的数据库平台，并以 UNIX 操作系统作为数据库操作系统平台。

整个系统之间均采用以太网通信方式及 TCP/IP 协议实现数据传输及命令交换。系统目前的运行情况基本稳定，主要系统设备、功能总体上运行基本正常，但现有软件平台的架构及其功能不能满足现有标准要求及未来发展的需要。

第三节 电能质量的研究趋势

近年来，对电能质量监测与分析技术的研究呈现出新的发展趋势，主要表现为：

1. 更加关注事件型电能质量问题

未来，事件型的质量问题将会更加突出，成为下一步要面对和治理的重点问题。据统计，电压暂降和短时间中断造成的无序停电和恢复损失已经成为工业发达国家电能质量的第一问题。而针对事件型问题的措施仍较少，国家尚无相关标准，还需要进一步研究。

2. 更加突出针对监测数据的高级应用开发

目前，针对电能质量在线监测系统所做的工作主要是依据电能质量国家标准进行的电能质量分析。未来将更加突出对电能质量数据的分析研究工作，深入挖掘电能质量数据，使其成为服务电力生产、提高企事业潜在竞争力的重要支撑平台。

3. 更加关注优质供电技术及应用

随着中国电力市场化进程的不断推进，欧洲发达国家电力公司所采用的“按质论价”的市场化政策很可能也会在中国得到应用。此外，随着我国经济从粗放型向集约型发展，大用户及特定用户将对电网电能质量提出更高的要求。在此条件下，关注电能质量是电网公司的必然选择，电力产品的质量问题也必然会像工业产品的质量问题一样成为企业的生命线，成为提高企业形象和竞争力的重要途径。

第二章

● ● ●

非线性负荷的电能质量特性及危害

目前，大量非线性、冲击性及不对称负荷的使用引起了电网电能质量的恶化，干扰了电网的安全运行及电网中设备的正常工作。了解不同干扰源的电能质量特性，对于评估干扰源接入电网后引起的电能质量问题具有重要意义。本章我们对电网中多种典型干扰源，如电气化铁路、城市地铁、电弧炉等负荷的电能质量特性进行了分析和总结，最后针对目前电能质量的评估方法进行了总结。

第一节　电气化铁路负荷的电能质量特性

一、牵引供电系统结构

如图 2-1 所示，电气化铁路牵引供电系统主要由牵引变压器、牵引网及其他相关附属设备组成。牵引供电系统上承公用电网，即把公用电网 110 kV 或 220 kV 的三相电能转换为 27.5 kV 的单相电能；下接电力机车或动车组（统称为列车）负荷，即为列车传动系统和辅助供电系统提供电能。列车作为大功率、冲击性负荷，通过牵引供电系统与公用电网耦合，会对公用电网的电能质量造成危害[5]。

二、牵引负荷的种类

（一）交-直型电力机车

20 世纪 50 年代，我国通过技术引进开始了电力机车的研究与开发工作，并研制成功了我国第一代电力机车——韶山 1（SS1）型电力机车，成为中国电气化铁路干线的首批主型机车，经多次技术改进后至今仍有应用。该车型采用 33 级位的整流变压器和单相全波二极管整流电路，实现机车的有级调压。1978 年研制成功的 SS3 型

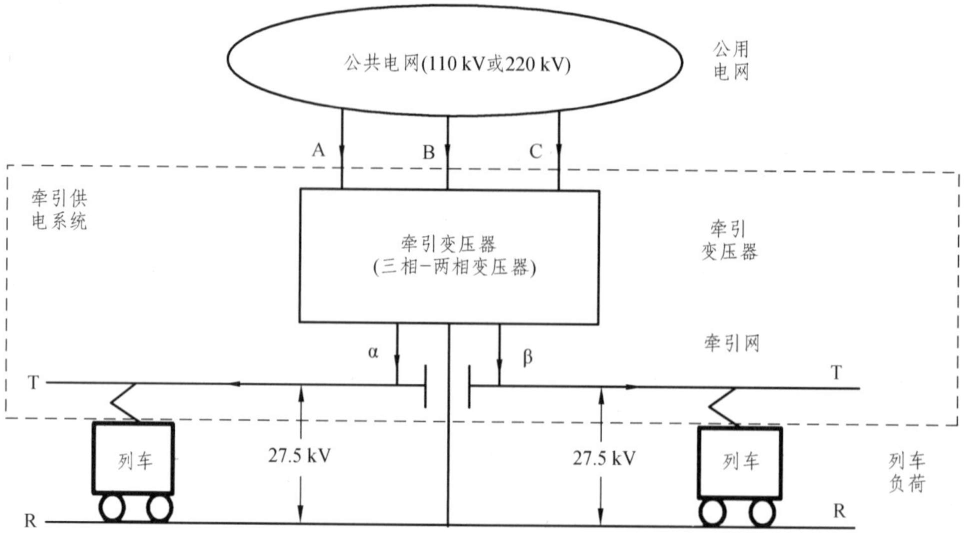

图 2-1　牵引供电系统示意图

机车，采用 8 级变压器加级间晶闸管整流相控调压，不仅改善了牵引性能，还把机车的轴输出功率从 4200 kW 提高到 4800 kW，成为我国第二代干线主型机车。自 80 年代以来，我国通过自主开发，并借鉴引进的 8K、6K 等先进车型的经验，相继研制成功了一系列第三代电力机车。这些机车均采用多段半控桥式晶闸管相控整流电路，实现了平滑调压。1985 年研制成功的 SS4 型 8 轴货运电力机车，是国产交直型电力机车中功率最大的一种，轴输出功率为 6400 kW，成为我国重载货运的主型机车。以后又陆续研制成功了 SS5、SS6 和 SS7 型电力机车。1994 年研制成功了 SS7 型电力机车——速度 160 km/h 的准高速四轴电力机车。之后又成功研制了 SS9 型准高速客运六轴干线电力机车。至此，我国干线电力机车已基本形成了 4、6 和 8 轴以及 3200 kW、4800 kW 和 6400 kW 功率系列的主型电力机车。

交-直型电力机车主电路工作原理如图 2-2 所示。

早期以 SS1 为代表的仅有调压开关控制的电力机车损耗较大，其后的直流电力机车都采用相控调压。为了改变传统相控调压电路功率因数低的缺点，直流电力机车多采用多段桥结构，通过提高段数来改善功率因数。以 SS4G 为代表的不等分三段桥控制的功率因数虽然低于以 SS4 为代表的经济四段桥控制电力机车，但是由于它避免了负载转换这一过程，所以可靠性更高，应用更加广泛。相控整流器的特点是能量单向流动、电流谐波含量高，低次谐波尤其明显。

我国现有的各种交-直型电力机车主电路控制方式和生产厂家如表 2-1 所示。

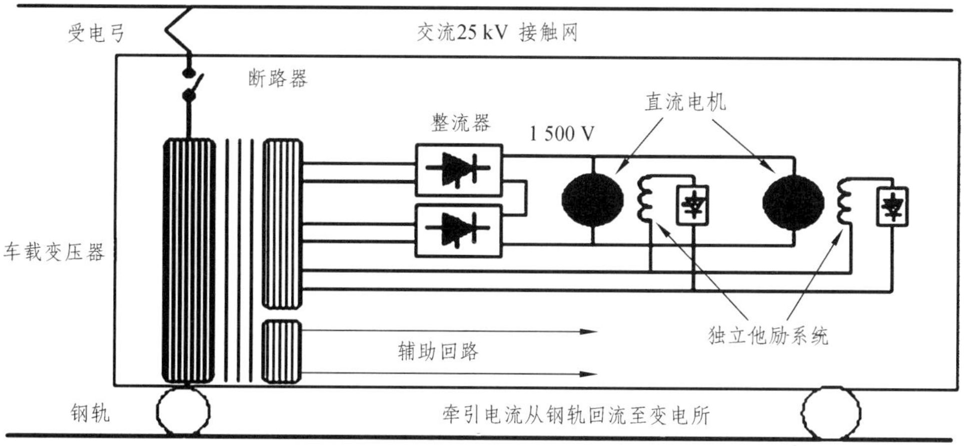

图 2-2　交-直型电力机车工作原理图

表 2-1　现有交-直型电力机车列表

车型	主电路控制方式	生产厂家
SS1	调压开关控制	株州电力机车厂
SS3	调压开关和晶闸管相控相结合	株州电力机车厂
SS3B	不等分三段桥相控调压	株州电力机车厂
SS4	经济四段桥相控调压	株州电力机车厂
SS4B	不等分三段桥相控调压	株州电力机车厂
SS4G	不等分三段桥相控调压	株州电力机车厂
SS6B	不等分三段桥相控调压	株州电力机车厂
SS7	一段半控桥和一段全控桥	大同机车工厂
SS7B	一段半控桥和一段全控桥	大同机车工厂
SS7C	一段半控桥和一段全控桥	大同机车工厂
SS7D	不等分三段桥相控调压	大同机车工厂
SS7E	不等分三段桥相控调压	大同机车工厂
SS8	不等分三段桥相控调压	株州电力机车厂
SS9	不等分三段桥相控调压	株州电力机车厂
SS9G	不等分三段桥相控调压	株州电力机车厂
8K	一段半控桥和一段全控桥	欧洲五十赫兹集团

由表 2-1 可知，按照电力机车主电路及控制原理，交-直型电力机车可以分为以下五类：

（1）以 SS4G 为代表的不等分三段桥控制型，包括 SS4B、SS6B、SS3B、SS8、SS9、SS9G、SS7D、SS7E 等电力机车。

（2）以 SS4 为代表的经济四段桥控制电力机车。

（3）以 8K 为代表的一段半控桥和一段全控桥控制型，包括 SS7、SS7B、SS7C 等电力机车。

（4）调压开关和晶闸管相控相结合的多段桥控制的 SS3 型电力机车。

（5）调压开关控制的 SS1 型电力机车。

目前，我国依然有不少在运的交-直型电力机车，其对电能质量的影响在未来几年仍然不容忽视。

（二）交-直-交型电力机车

交流传动机车和动车组是当今世界机车技术的发展趋势，普遍采用“交-直-交”型主电路，整流部分为四象限 PWM（脉冲宽度调制）整流器，具有高功率因数、低谐波含量等优点[6]。我国在交流传动机车技术方面的研究开始于 20 世纪 70 年代末，于 90 年代初期自主完成了 1000 kW 电压型非对称快速晶闸管油冷变流机组和 1025 kW 三相异步牵引电动机的研制。1996 年 6 月，完成了中国首台干线交流传动原型车——AC4000 的研制；同年年底，在环行试验基地完成了最高速度 120 km/h 的各项试验运行。

2000 年，采用引进欧洲先进的 IPM（智能功率模块）水冷变流系统通过自主系统集成，国产首批 DJ 型“九方”号商用干线交流传动客运电力机车（2 台）和 DJ1 型“蓝箭”号商用干线交流传动高速电动车组动力车（8 台）研制成功并投入商业运营。这标志着中国交流传动自主系统集成能力已经形成，具备自行研发、制造大功率干线交流传动机车车辆的条件和能力。2001 年，作为中德合资企业启动项目而合作生产的 DJ1 型 8 轴重载货运交流传动电力机车下线，20 台 DJ1 型电力机车陆续投入大秦铁路重载运专线运营，承担万吨及以上重载运煤专列牵引。

2001 年，在前期研发的 2500 kV · A 地面试验 GTO（门级可关断晶闸管）油冷变流机组基础上，结合引进、消化、吸收国际先进技术，国产自主知识产权的 3500 kV · A GTO 水冷变流机组和 1225 kW 三相异步牵引电动机研制成功，并在中国首批 DJ2 型“奥星”号高速交流传动客运电力机车上实现了工程化。2002 年，装备国产变流系统的“中华之星”高速交流传动电动车组研发竣工，在秦沈客运专线的高速试验中，跑出了 321.5 km/h 的速度。

今后我国的机车生产企业将不再研制开发交-直型传动机车，而全面转向交-直-交型交流传动机车生产领域。在未来几年中，这些交流传动的机车和动车组将逐步成为我国高速铁路和重载线路的主力车型。

交-直-交型电力机车工作原理如图 2-3 所示，前端为四象限整流器，通过 PWM（脉冲宽度调制）控制可使网侧电流波形逼近正弦波，且电流与电压的相位基本同步。因此，交-直-交型电力机车的电流谐波含量很小、功率因数高。

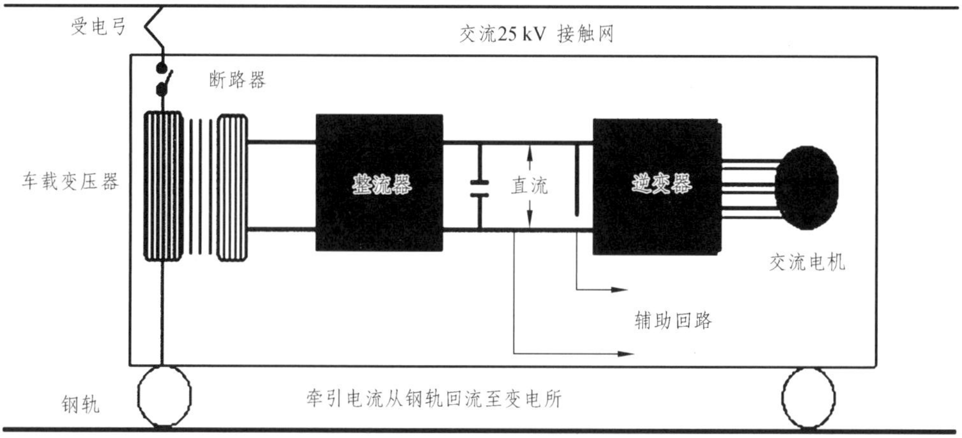

图 2-3 交-直-交型电力机车工作原理

三、牵引负荷的特性

（一）交-直型机车

1. 功率特性

以 HXD1 车型为例，其额定牵引功率为 9600 kW，最大启动牵引力为 760 kN，持续牵引力为 494 kN（23 t 轴重），电制动功率为 9600 kW，最大电制动力为 461 kN。普速列车负荷的功率相对于普通民用和工厂负荷偏大，对于电网的冲击较为明显，使电网产生负序电压电流，影响公用电网中其他负荷的正常运行。

2. 谐波特性

普速列车最初采用相控交-直型牵引变流器，整流过程中会在低频段产生幅值很高的谐波（3、5、7、9、11 次）电流。该谐波电流通过牵引网和牵引变压器，向公用电网注入了含量很高的低频谐波电流，引起公用电网电压发生畸变，图 2-4 展示了典型的传统交-直机车的谐波电流波形和频谱分布。

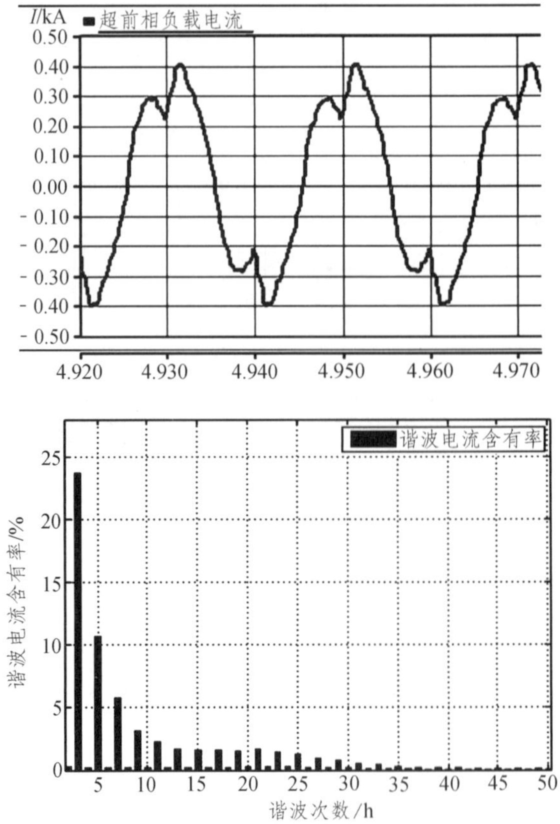

图 2-4 交-直机车典型电流波形和频谱分布图

3. 无功特性

线路中传输多余的无功功率会增大电网压降，增加电网损耗，降低点样和设备的利用率。交-直型列车由于采用相控整流，直流侧增加平波电抗，会导致机车电流滞后网压，因此功率因数较低，会向电网吸收大量的感性无功。线路中传输多余的无功功率会增大电网压降，增加电网损耗，降低电网和设备的利用率。

图 2-5 所示为云南内昆线某变电所一天的功率因数瞬时图，内昆线运行列车为交-直型，由图 2-5（a）可知，在反送正计时功率因数很低，不满足 0.9 的要求；而在反送不计时，功率因数略有提高，但是依旧较低。因此交直型列车运行的普速铁路，功率因数偏低成为了一个重要电能质量问题。

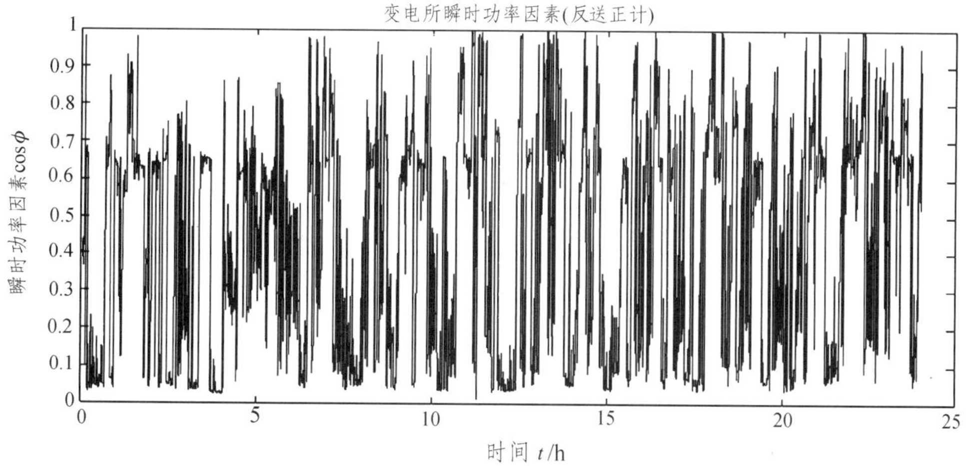

（a）反送正计

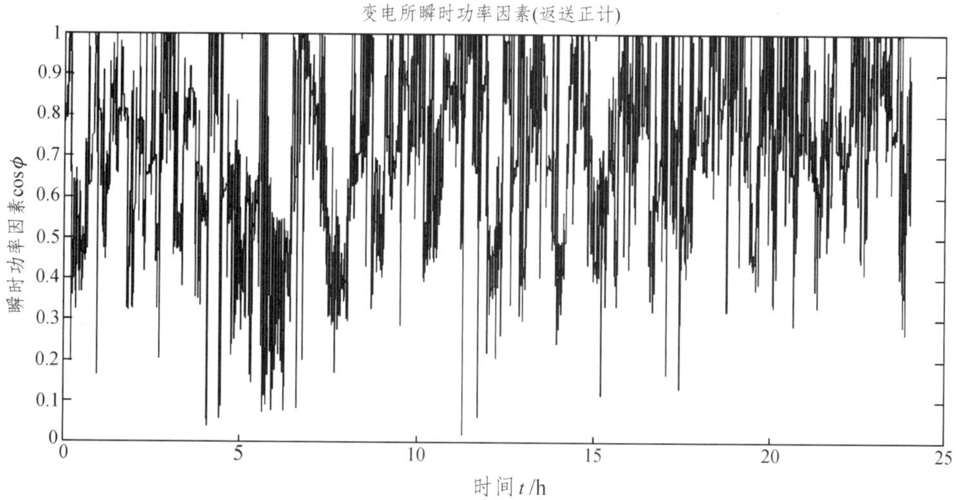

（b）反送不计

图 2-5　云南内昆线某变电所一天的功率因数过程图

（二）交-直-交型机车的负荷特性

1. 功率特性

目前，高速列车速度为 200 ~ 350 km/h，由于速度的提升和列车编组的安排，电网向高速列车传输的功率明显比普速列车的功率大，如图 2-6 所示。以 CRH380 高速动车组为例：CRH380A，采用 6M2T，额定功率为 9600 kW；CRH380AL，采用

14M2T，额定功率为 20 440 kW；如果处于紧密运行状态，一个供电臂上运行 2 列列车，高速列车对电网的冲击会更大，所以高速列车对电网产生的负序问题是目前电气化铁路最急需解决的电能质量问题。

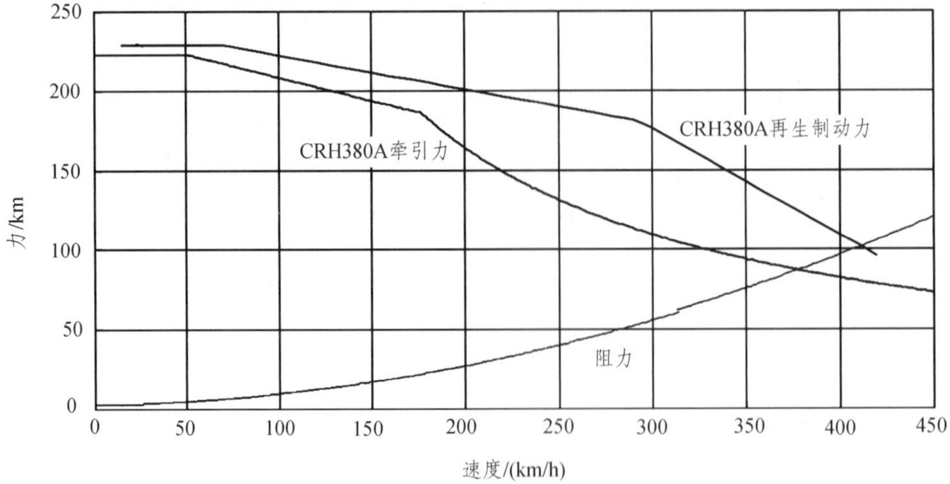

图 2-6 CRH380 在不同速度下的牵引特性图

2. 谐波特性

高速列车目前均采用交-直-交型牵引变流器，并普遍采用电流内环和电压外环的双环控制策略，列车单位功率因数接近 1，谐波发射值较小，且主要集中在开关频率及其整数倍附近的高频段。由高速列车向电网发射的谐波已经限制在标准规定的限值以内。另外，高速铁路一般接入短路容量比较大的电网，因此，高速铁路对电网造成的谐波“污染”随着电力电子技术的发展和电网强度的提高得到了有效的解决。如图 2-7 所示为一列高速列车的电流波形及电流频谱图，可以看出，电流波形畸变明显且由高次谐波造成，主要谐波电流频谱分布向高频移动，低次谐波偏低，且主要是由电网背景低次谐波造成的。

3. 无功特性

高铁列车由于采用 PWM 调制方式，在牵引和回馈制动时基本实现了网侧电流和网压同相位。在正常运行工况下，高铁列车产生的无功功率很小，功率因数较高。以图 2-8 所示的京沪高铁某牵引变电所测试结果为例，在有车时间段，列车在牵引和制动工况下功率因数均接近 1，超过了 0.9，符合国家标准的规定。

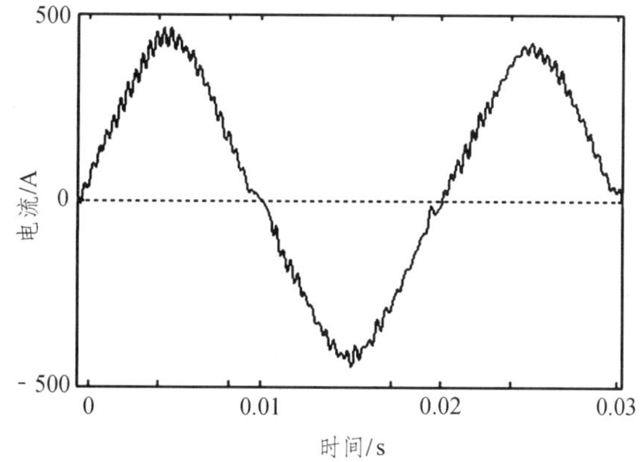

（a）电流波形

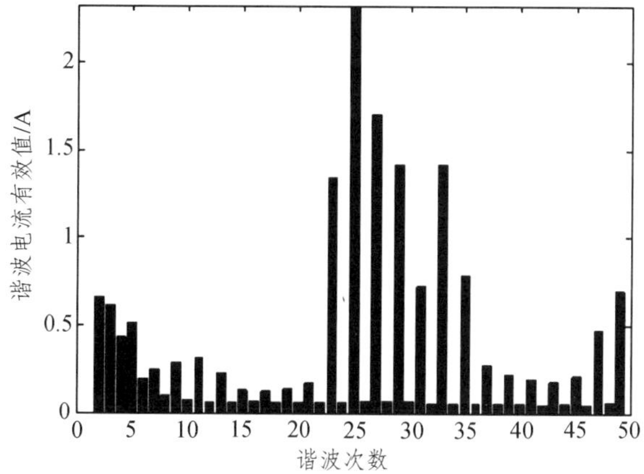

（b）电流频谱

图 2-7 高速列车电流波形及其频谱分布图

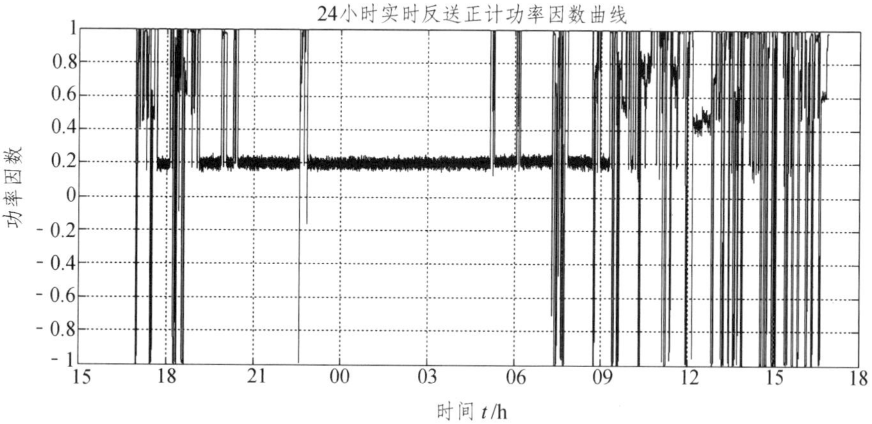

图 2-8 京沪高铁某牵引变电所功率因数测试结果图

四、牵引负荷对电网的影响

（一）谐波对电网的影响

列车是牵引供电系统中主要的谐波源，目前采用的列车主要有两种，一种是交-直型机车，另一种是正逐步推广运行的交-直-交型机车。两种电力机车中的电力电子设备在开关过程中会产生谐波注入牵引网，当谐波频段与牵引网特征频段重合时，还会产生谐振放大，使牵引网中的谐波含量更加丰富。牵引供电系统和电网之间存在电气耦合关系，牵引网中的谐波会通过牵引变压器向系统高压侧渗透，影响高压侧的电能质量。

在本节中，首先提出牵引变压器的谐波等值模型，以分析电网和牵引供电系统之间的谐波耦合特性，接着以电网侧和牵引侧实测数据为实例，对交-直-交型机车和交-直型机车运行线路中变电所的谐波情况进行分析。值得注意的是，列车谐波经接触网反馈至牵引变压器，牵引变压器可能同时拥有多列列车，评价牵引供电系统对电力系统的谐波影响是基于多列车谐波叠加后的综合效果。

1. 谐波对电网渗透的理论分析

以电气化铁路直接供电方式下采用较多的阻抗匹配平衡变压器的谐波渗透模型为例，研究牵引网谐波对高压三相系统的渗透特性。阻抗匹配平衡变压器的结构如图 2-9 所示，其高压侧绕组匝数 $\omega_{AO}=\omega_{BO}=\omega_{CO}=\omega_1$，牵引侧三角接线绕组匝数 $\omega_a=\omega_b=\omega_c=\omega_2$，延边绕组匝数 $\omega_d=\omega_e=\omega_3$，$\omega_3=0.366\omega_2$，变比 $K_1=\omega_1/\omega_2$。

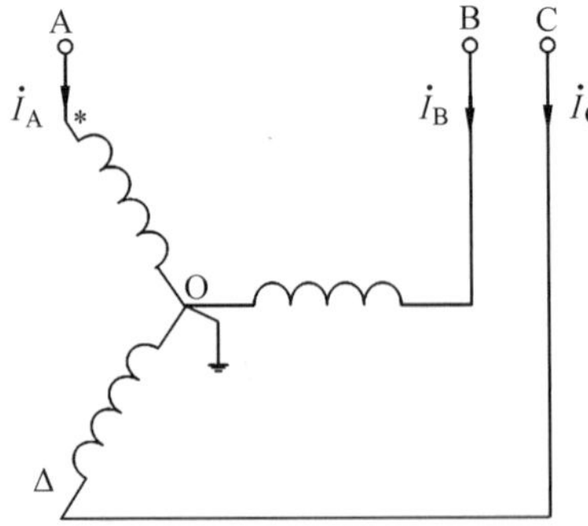

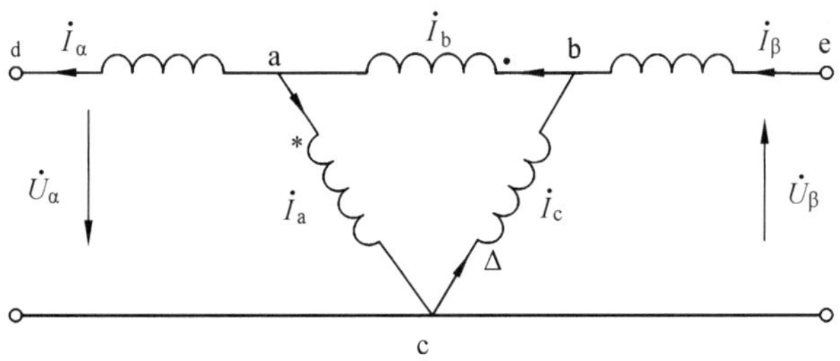

图 2-9　阻抗匹配变压器结构原理图

根据阻抗匹配平衡接线变压器的接线方式，其牵引侧三角接线绕组电流 $I_a(h)$、$I_b(h)$、$I_c(h)$ 与负荷电流 $I_\alpha(h)$、$I_\beta(h)$ 的变换关系为

$$\begin{bmatrix} I_a \\ I_b \\ I_c \end{bmatrix} = \frac{1}{6}\begin{bmatrix} -3-\sqrt{3} & 3-\sqrt{3} \\ 3-\sqrt{3} & 3-\sqrt{3} \\ 3-\sqrt{3} & -3-\sqrt{3} \end{bmatrix}\begin{bmatrix} I_\alpha \\ I_\beta \end{bmatrix} \tag{2-1}$$

以 B 相为例，分析牵引侧谐波电流对公共电网的渗透影响折算到高压侧的 B 相谐波等效电路，如图 2-10 所示。

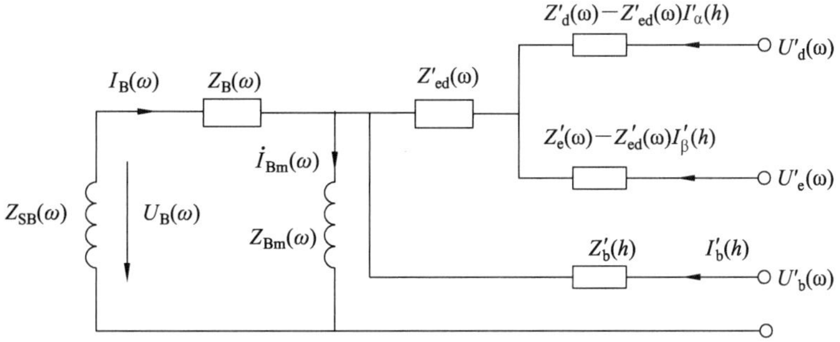

图 2-10　折算到高压侧 B 相谐波等效电路

图 2-10 中，Z_{SB} 为高压三相系统的短路阻抗，由系统短路容量决定；Z_B 为变压器高压侧等值漏抗；Z_{Bm} 为 B 相的励磁阻抗；Z'_d、Z'_e、Z'_b 分别为归算至高压侧的二次侧各绕组等值漏抗；Z'_{ed} 为归算至高压侧的绕组 d 和绕组 e 之间的等值互感漏阻抗。

根据折算到高压侧 B 相的谐波等效电路，渗透到 B 相的谐波电流大小为

$$I'_{bde}(h) = I'_\alpha(h) + I'_\beta(h) + I'_b(h) = \frac{\sqrt{3}}{3K_1}\left[I_\alpha(h) + I_\beta(h)\right] \tag{2-2}$$

式中，$I'_\alpha(h)$、$I'_\beta(h)$、$I'_b(h)$ 为牵引侧谐波电流折算到牵引变压器高压侧的值。

按照电流分配关系，流入 B 相的谐波电流大小为

$$I_{\mathrm{B}}(h)=\frac{Z_{\mathrm{Bm}}(h)}{Z_{\mathrm{Bm}}(h)+Z_{\mathrm{SB}}(h)+Z_{\mathrm{B}}(h)}I'_{\mathrm{bde}}(h) \tag{2-3}$$

则由牵引侧谐波电流造成的 B 相谐波电压大小为

$$U_{\mathrm{B}}(h)=Z_{\mathrm{SB}}(h)I_{\mathrm{B}}(h)=\frac{Z_{\mathrm{Bm}}(h)}{Z_{\mathrm{Bm}}(h)+Z_{\mathrm{SB}}(h)+Z_{\mathrm{B}}(h)}\frac{\sqrt{3}}{3K_1}\left[I_{\alpha}(h)+I_{\beta}(h)\right] \tag{2-4}$$

计算 B 相的谐波电压含有率为

$$P_{\mathrm{B}}(h)=\frac{U_{\mathrm{B}}(h)}{U_{\mathrm{B}}} \tag{2-5}$$

A、C 两相谐波电压计算方式同理。

由式（2-4）可以看出，高压侧谐波电压会受牵引侧谐波电流 $I_{\alpha}(h)$ 、$I_{\beta}(h)$ 的影响，谐波电流越大，在高压侧产生的谐波电压就越大；除此之外，系统短路阻抗的大小也会影响高压侧的谐波电压，在牵引侧谐波电流一定的情况下，系统短路容量越小，系统短路阻抗越大，高压侧的谐波含量就越高。

2. 牵引负荷谐波对电网影响的实测分析

交-直-交型电力机车逐渐在我国电气化铁路中得到广泛采用，其谐波主要特征可概括如下：

（1）交-直-交机车完全能够满足谐波电压标准。

（2）谐波电流幅值：通过运行一段时间内的统计分析得出，其幅频分布广，其中 3、21、25 次谐波电流含量较大。3 次谐波电流含有率超过 2%的概率较大，21 次谐波电流也较大，在某些工况下 25 次谐波电流也较大。

（3）谐波电流的相位：9 次以下的低次谐波在各象限呈现出不均匀分布，9 次以上的谐波在各象限基本呈均匀分布，随着谐波次数的增加，均匀性越强；在一定工况下，低次谐波的相位具有一定的稳定性，工况转化会引起谐波电流相位分布变化。

（4）谐波放大现象：实际测试线路表明，高次谐波在线路中会出现谐波放大，严重时可诱发谐波共振现象，谐波共振现象在沈阳局、成都局均出现过，日本高速铁路一般装设高次谐波抑制装置来抑制谐波共振。高速铁路谐波共振频率一般在 1000 ~ 2000 Hz，高次谐波可能带来高次谐波的谐振问题，需要进一步研究。

以 CRH2 和 CRH3 混跑线路上牵引变电所的三相电压为例，多车运行时 95%概率的谐波畸变率统计值和最大值畸变率如表 2-2 所示，表 2-3 给出了多车情况下系统侧各次谐波含有率，图 2-11 显示了多车情况下的 A 相电压全天的 $\mathrm{THD_U}$ 变化情况，

B、C 相与 A 相类似。

表 2-2 220 kV 侧电压畸变率

	A 相	B 相	C 相
95%畸变率/%	0.4360	0.4766	0.4343
最大畸变率/%	0.6487	0.9043	0.8575

表 2-3 各谐波电压含量

		3 次	5 次	7 次	9 次	11 次	13 次	15 次	17 次
A 相	95%含量/%	0.1705	0.1826	0.2307	0.0598	0.1657	0.2333	0.0631	0.0613
	最大含量/%	0.2169	0.2618	0.3264	0.1017	0.2294	0.3250	0.1238	0.1436
B 相	95%含量/%	0.3316	0.1803	0.1744	0.0677	0.1799	0.2270	0.0781	0.0783
	最大含量/%	0.5982	0.2743	0.2555	0.1102	0.2568	0.3302	0.1781	0.1625
C 相	95%含量/%	0.2935	0.1244	0.2109	0.0456	0.1577	0.2188	0.0523	0.0498
	最大含量/%	0.4872	0.1740	0.2869	0.0774	0.2626	0.3089	0.1764	0.1202
		19 次	21 次	23 次	25 次	27 次	29 次	31 次	33 次
A 相	95%含量/%	0.0492	0.0331	0.0437	0.0461	0.0441	0.0545	0.1022	0.0284
	最大含量/%	0.1395	0.0708	0.0939	0.1580	0.1191	0.1280	0.1932	0.1781
B 相	95%含量/%	0.0533	0.0829	0.0455	0.0457	0.0341	0.0451	0.0899	0.0306
	最大含量/%	0.4049	0.2003	0.2214	0.2148	0.1070	0.1065	0.2277	0.1559
C 相	95%含量/%	0.0553	0.0908	0.0454	0.0431	0.0358	0.0432	0.0935	0.0221
	最大含量/%	0.4624	0.2249	0.2429	0.2123	0.0929	0.0873	0.2435	0.0864
		35 次	37 次	39 次	41 次	43 次	45 次	47 次	49 次
A 相	95%含量/%	0.1581	0.1474	0.0416	0.0185	0.0241	0.0288	0.0273	0.0258
	最大含量/%	0.4748	0.3403	0.0860	0.0373	0.0466	0.0517	0.0472	0.0444
B 相	95%含量/%	0.1035	0.1477	0.0558	0.0212	0.0243	0.0271	0.0266	0.0327
	最大含量/%	0.3349	0.3550	0.1209	0.0389	0.0446	0.0479	0.0475	0.0882
C 相	95%含量/%	0.0574	0.1302	0.0363	0.0206	0.0231	0.0266	0.0256	0.0241
	最大含量/%	0.0904	0.2071	0.0853	0.0381	0.0438	0.0485	0.0500	0.0476

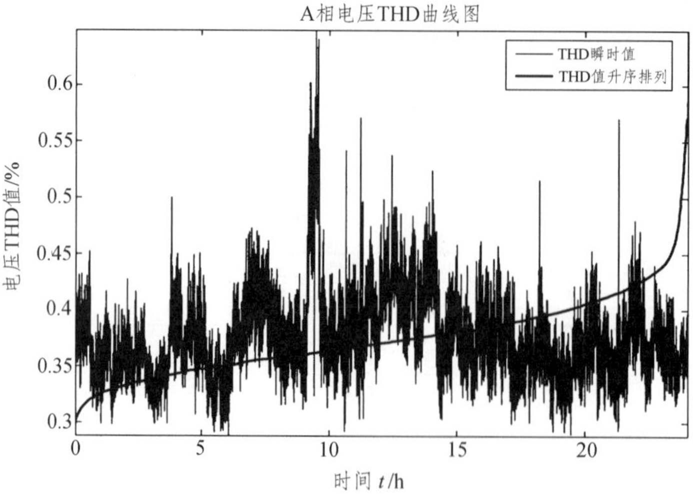

图 2-11　A 相电压 THD 曲线

可见，该交-直-交机车运行线路上牵引变电所高压侧的电压畸变率能够达到 GB/Z 17625—2000 的标准，也能够满足 GB/T-93 的标准，单次谐波电压也满足国家标准 GB/T-93 的标准。

（二）负序对电网的影响

由于牵引负荷是单相负荷，并且在线路运行过程中还伴随着负荷的剧烈波动，会给系统的高压侧造成极大的负序不平衡，牵引负荷在高压侧系统会产生负序电流，流过系统阻抗后则体现为负序电压。高压侧负序电压与许多因素有关，包括牵引变压器的接线方式、区间内列车负荷特性、列车运行方式等。

1. 牵引负荷对电网负序影响的机理分析

下面分别对国内外牵引供电系统常采用的几种牵引变压器接线方式造成的负序电压进行分析。

1）YNd11 接线方式

对 YNd11 接线牵引变压器进行规格化定向，其结构如图 2-12 所示。

其绕组电流与负荷电流的关系为

$$\begin{bmatrix} \dot{I}'_{\mathrm{a}} \\ \dot{I}'_{\mathrm{b}} \\ \dot{I}'_{\mathrm{c}} \end{bmatrix} = \frac{1}{3}\begin{bmatrix} 2 & -1 & -1 \\ -1 & 2 & -1 \\ -1 & -1 & 2 \end{bmatrix}\begin{bmatrix} \dot{I}_{\mathrm{a}} \\ \dot{I}_{\mathrm{b}} \\ \dot{I}_{\mathrm{c}} \end{bmatrix} \tag{2-6}$$

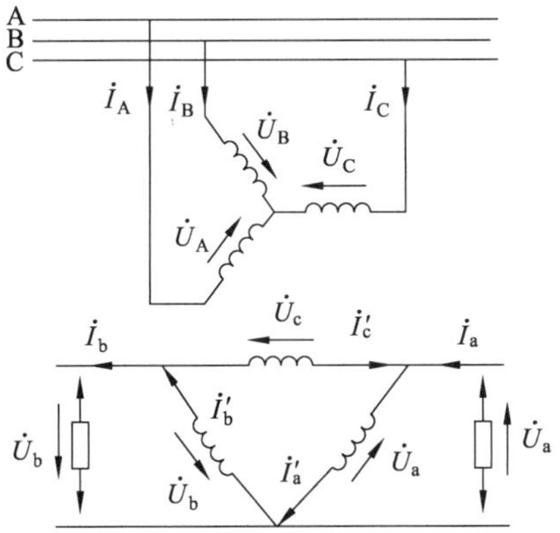

图 2-12 YNd11 牵引变压器结构

原边三相电流与绕组电流的关系为

$$\begin{bmatrix}\dot{I}_A\\ \dot{I}_B\\ \dot{I}_C\end{bmatrix}=\frac{\sqrt{3}}{K_T}\begin{bmatrix}\dot{I}'_a\\ \dot{I}'_b\\ \dot{I}'_c\end{bmatrix} \tag{2-7}$$

式中，K_T 为变压器原边线电压与次边电压之比。

当负荷 a 单独作用时，$\dot{I}_a=I_a\angle-\varphi_a$，如图 2-13 所示。

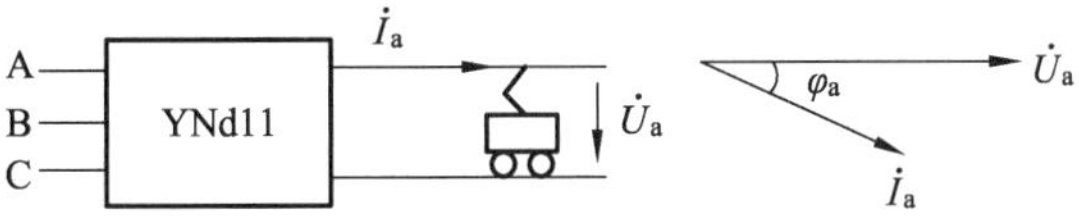

图 2-13 负荷 a 单独作用时

则负荷电流 $\dot{I}_a$ 在牵引变压器次边产生的电流为

$$\begin{bmatrix}\dot{I}'_a\\ \dot{I}'_b\\ \dot{I}'_c\end{bmatrix}=\frac{1}{3}\begin{bmatrix}2\\ -1\\ -1\end{bmatrix}\dot{I}_a \tag{2-8}$$

由对称分量法可以得到负序电流为

$$\dot{I}_a^{(-)}=\frac{1}{3}\begin{bmatrix}1 & a^2 & a\end{bmatrix}\begin{bmatrix}\dot{I}_A\\ \dot{I}_B\\ \dot{I}_C\end{bmatrix}=\frac{1}{4\sqrt{3}}I_a\angle-\varphi_a \tag{2-9}$$

当负荷 b 单独作用时，$\dot{I}_b=I_b\angle-120°-\varphi_b$，如图 2-14 所示。

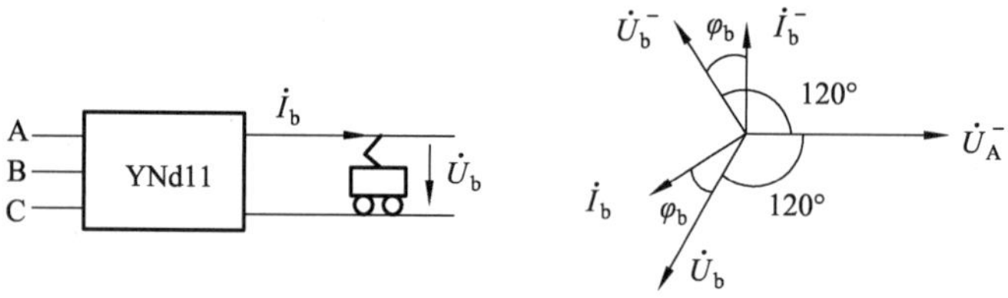

图 2-14　负荷 b 单独作用时

则负荷电流 $\dot{I}_b$ 在牵引变压器次边产生的电流为

$$\begin{bmatrix} \dot{I}'_a \\ \dot{I}'_b \\ \dot{I}'_c \end{bmatrix} = \frac{1}{3}\begin{bmatrix} -1 \\ 2 \\ -1 \end{bmatrix}\dot{I}_b \tag{2-10}$$

由对称分量法可以得到负序电流为

$$\dot{I}_b^{(-)} = \frac{1}{3}\begin{bmatrix} 1 & a^2 & a \end{bmatrix}\begin{bmatrix} \dot{I}_A \\ \dot{I}_B \\ \dot{I}_C \end{bmatrix} = \frac{1}{4\sqrt{3}} I_b \angle 120° - \varphi_b \tag{2-11}$$

当负荷 c 单独作用时，$\dot{I}_c = I_c \angle 120 - \varphi_c$，如图 2-15 所示。

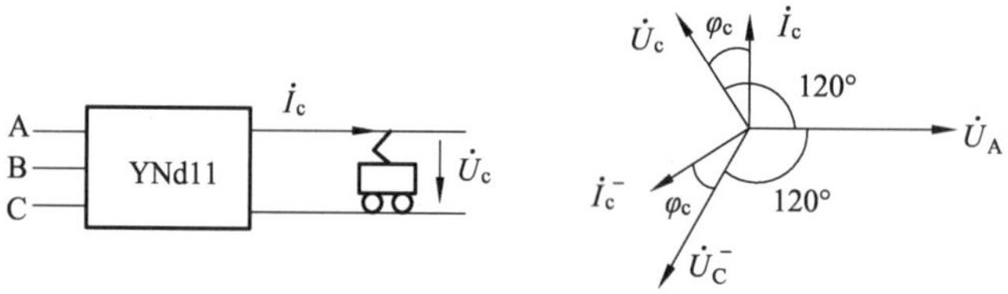

图 2-15　负荷 c 单独作用时

则负荷电流 $\dot{I}_c$ 在牵引变压器次边产生的电流为

$$\begin{bmatrix} \dot{I}'_a \\ \dot{I}'_b \\ \dot{I}'_c \end{bmatrix} = \frac{1}{3}\begin{bmatrix} -1 \\ -1 \\ 2 \end{bmatrix}\dot{I}_c \tag{2-12}$$

由对称分量法可以得到负序电流为

$$\dot{I}_b^{(-)} = \frac{1}{3}\begin{bmatrix} 1 & a^2 & a \end{bmatrix}\begin{bmatrix} \dot{I}_A \\ \dot{I}_B \\ \dot{I}_C \end{bmatrix} = \frac{1}{4\sqrt{3}} I_c \angle -120° - \varphi_c \tag{2-13}$$

2）V/v 接线方式

对 V/v 接线牵引变压器进行规格化定向，其结构如图 2-16 所示。

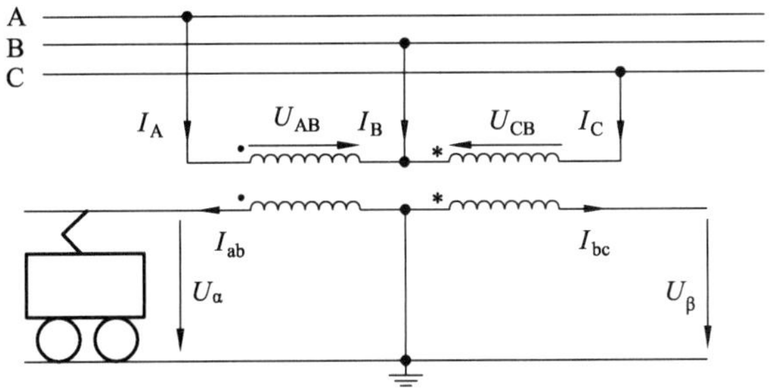

图 2-16　V/v 变压器结构图

变压器原边线电压与次边电压之比 $K_T = \dfrac{110}{27.5} = 4$。

当负荷为 $\dot{I}_{ab}$ 时，$\dot{I}_{ab} = I_{ab}\angle 30 - \varphi_{ab}$，如图 2-17 所示。

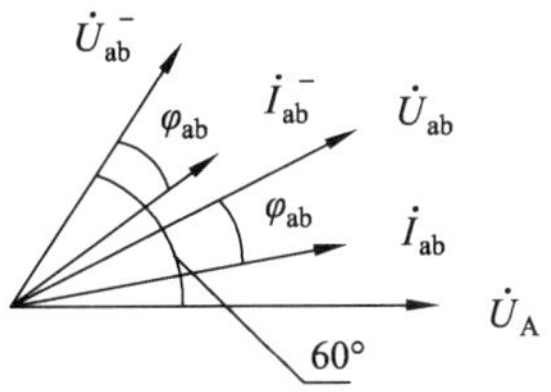

图 2-17　当负荷为 $\dot{I}_{ab}$ 时

牵引变压器原边绕组电流 $\dot{I}_A$、$\dot{I}_B$、$\dot{I}_C$ 为

$$\dot{I}_A = \dot{I}_{AB} = \frac{27.5}{110}\dot{I}_{ab} = \frac{1}{4}I_{ab}\angle 30° - \varphi_{ab} \tag{2-14}$$

$$\dot{I}_B = -\dot{I}_{AB} = -\frac{27.5}{110}\dot{I}_{ab} = -\frac{1}{4}I_{ab}\angle 30° - \varphi_{ab} \tag{2-15}$$

$$\dot{I}_C = 0 \tag{2-16}$$

可以得到 $\dot{I}_{ab}$ 在一次侧 A 相产生的负序电流为

$$\dot{I}_{ab}^{(-)} = \frac{1}{3}\begin{bmatrix}1 & a^2 & a\end{bmatrix}\begin{bmatrix}\dot{I}_A \\ \dot{I}_B \\ \dot{I}_C\end{bmatrix} = \frac{1}{4\sqrt{3}}I_{ab}\angle 60° - \varphi_{ab} \tag{2-17}$$

当负荷为 $\dot{I}_{bc}$ 时，$\dot{I}_{bc} = I_{bc}\angle -90° - \varphi_{bc}$，如图 2-18 所示。

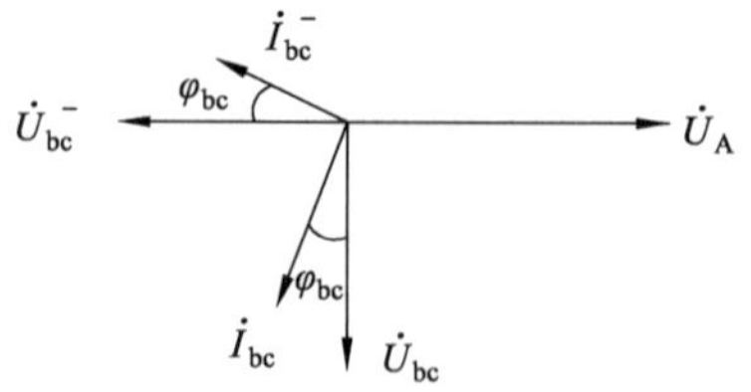

图 2-18　当负荷为 $\dot I_{bc}$ 时

牵引变压器原边绕组电流 $\dot I_A$、$\dot I_B$、$\dot I_C$ 为

$$\dot I_A = 0 \tag{2-18}$$

$$\dot I_B = \dot I_{BC} = \frac{27.5}{110}\dot I_{bc} = \frac{1}{4}I_{ab}\angle -90° - \varphi_{bc} \tag{2-19}$$

$$\dot I_C = -\dot I_{BC} = -\frac{27.5}{110}\dot I_{bc} = -\frac{1}{4}I_{ab}\angle -90° - \varphi_{bc} \tag{2-20}$$

可以得到 $\dot I_{bc}$ 在一次侧 A 相产生的负序电流为

$$\dot I_{bc}^{(-)} = \frac{1}{3}\begin{bmatrix}1 & a^2 & a\end{bmatrix}\begin{bmatrix}\dot I_A \\ \dot I_B \\ \dot I_C\end{bmatrix} = \frac{1}{4\sqrt{3}}I_{bc}\angle 180° - \varphi_{bc} \tag{2-21}$$

当负荷为 $\dot I_{ca}$ 时，$\dot I_{ca} = I_{ca}\angle 150° - \varphi_{ca}$，如图 2-19 所示。

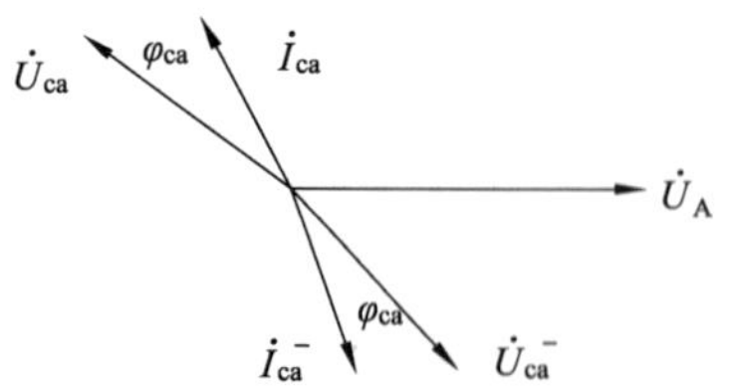

图 2-19　当负荷为 $\dot I_{ca}$ 时

牵引变压器原边绕组电流 $\dot I_A$、$\dot I_B$、$\dot I_C$ 为

$$\dot I_A = -\dot I_{CA} = -\frac{27.5}{110}\dot I_{ca} = -\frac{1}{4}I_{ca}\angle 150° - \varphi_{ca} \tag{2-22}$$

$$\dot I_B = 0 \tag{2-23}$$

$$\dot I_C = \dot I_{CA} = \frac{27.5}{110}\dot I_{ca} = \frac{1}{4}I_{ca}\angle 150° - \varphi_{ca} \tag{2-24}$$

可以得到 $\dot{I}_{ca}$ 在一次侧 A 相产生的负序电流为

$$\dot{I}_{ca}^{(-)}=\frac{1}{3}\begin{bmatrix}1 & a^2 & a\end{bmatrix}\begin{bmatrix}\dot{I}_A\\ \dot{I}_B\\ \dot{I}_C\end{bmatrix}=\frac{1}{4\sqrt{3}}I_{ca}\angle-60°-\varphi_{bc} \tag{2-25}$$

3）Scott 接线方式

对 Scott 接线牵引变压器进行规格化定向，其结构如图 2-20 所示。

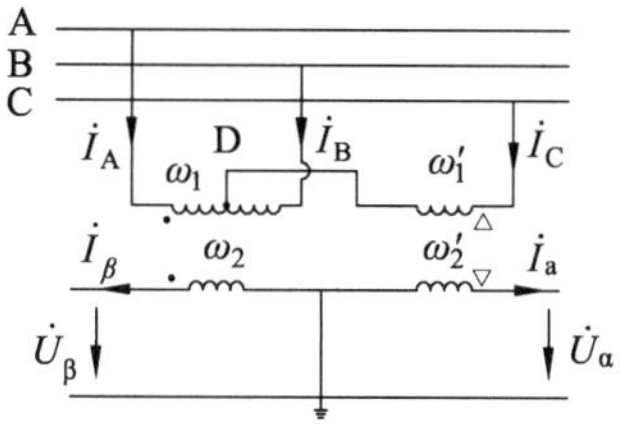

图 2-20　Scott 接线牵引变压器结构图

图 2-20 中，底座原、次边绕组匝数分别为 ω_1、ω_2，高座原、次边匝数分别为 ω_1'、ω_2'，则底座绕组变比 $K_1=\dfrac{\omega_1}{\omega_2}=\dfrac{U_{AB}}{U_\beta}$，底座绕组变比 $K_2=\dfrac{\omega_1'}{\omega_2'}=\dfrac{U_{DC}}{U_\alpha}$。

原次边绕组电流关系为

$$\begin{bmatrix}\dot{I}_A\\ \dot{I}_B\\ \dot{I}_C\end{bmatrix}=\frac{1}{4\sqrt{3}}\begin{bmatrix}-1 & \sqrt{3}\\ -1 & -\sqrt{3}\\ 2 & 0\end{bmatrix}\begin{bmatrix}\dot{I}_c\\ \dot{I}_{ab}\end{bmatrix} \tag{2-26}$$

当负荷 $\dot{I}_c$ 单独作用时，$\dot{I}_c=I_c\angle120°-\varphi_c$。

由对称分量法得到 $\dot{I}_c$ 在 A 相产生的负序电流为

$$\dot{I}_c^{(-)}=\frac{1}{3}\begin{bmatrix}1 & a^2 & a\end{bmatrix}\begin{bmatrix}\dot{I}_A\\ \dot{I}_B\\ \dot{I}_C\end{bmatrix}=\frac{1}{4\sqrt{3}}I_c\angle-120°-\varphi_c \tag{2-27}$$

当负荷 $\dot{I}_{ab}$ 单独作用时，$\dot{I}_{ab}=I_{ab}\angle30°-\varphi_{ab}$。

由对称分量法得到 $\dot{I}_{ab}$ 在 A 相产生的负序电流为

$$\dot{I}_{ab}^{(-)}=\frac{1}{3}\begin{bmatrix}1 & a^2 & a\end{bmatrix}\begin{bmatrix}\dot{I}_A\\ \dot{I}_B\\ \dot{I}_C\end{bmatrix}=\frac{1}{4\sqrt{3}}I_{ab}\angle60°-\varphi_{ab} \tag{2-28}$$

为了通用起见，可以得到一个统一的牵引变电所负序电流表达式为

$$\dot{I}^{(-)}=\frac{1}{\sqrt{3}}\sum_{p=1}^{n}K_p i_p \mathrm{e}^{-\mathrm{j}(2\psi_p+\varphi_p)} \tag{2-29}$$

式中，K_p 为牵引侧第 p 个端口电压 $\dot{U}_p$ 与高压侧线电压 $\sqrt{3}U_\mathrm{A}$ 之比，$p=1,2,\cdots,n$，i_p 为牵引侧第 p 个端口的电流量，ψ_p 为 $\dot{U}_p$ 滞后 $\dot{U}_\mathrm{A}$ 的角度（称为端口 p 的接线角），φ_p 为端口 p 的电流 i_p 滞后其端口电压 $\dot{U}_p$ 的角度（称为功率因数角，设滞后为“+”）。

在工程实际中，电力系统的负序短路阻抗近似等于正序短路阻抗，则

$$Z_\mathrm{S}^{(-)}=\frac{{U_\mathrm{N}}^2}{S_\mathrm{d}} \tag{2-30}$$

因此，可以得到由于牵引负荷不平衡造成的电网负序电压为

$$U^{(-)}=Z_\mathrm{S}^{(-)}\dot{I}^{(-)}=\frac{{U_\mathrm{N}}^2}{S_\mathrm{d}}\dot{I}^{(-)} \tag{2-31}$$

由上式可以看出，三相电压不平衡与负荷在各端口上的分布方式及牵引变压器的接线方式有关。在常用的牵引变压器中，平衡接线变压器牵引侧电压相位差为 90°，当两相牵引负荷相等时，可以有效减小负序电流对电网造成的影响，而其他接线方式，如 YNd11 接线牵引变压器的牵引侧电压相位差为 120°，减小负序的效果则次于平衡变压器。除此之外，系统短路容量与三相不平衡也有一定的关系，系统短路容量越大，牵引负荷对电网造成的负序影响越小。

2. 牵引负荷对电网负序影响的实例分析

针对不同线路工况、不同负荷及变压器不同接线方式，选取了 5 条线路上共 24 个牵引变电所进行测试。

图 2-21、2-22 分别为牵引变电所 1、2 的电压不平衡度瞬时值曲线图，从图中可以明显看出变电所 1 的不平衡度比变电所 2 的要高得多，甚至有 5 倍以上。而这两个所同处于南昆线，负荷情况也比较相似，只是这两个所的系统容量相差很大（变电所 1 为 470 MV·A，变电所 2 为 1229 MV·A），牵引所对高压侧系统产生的负序影响就有所不同。

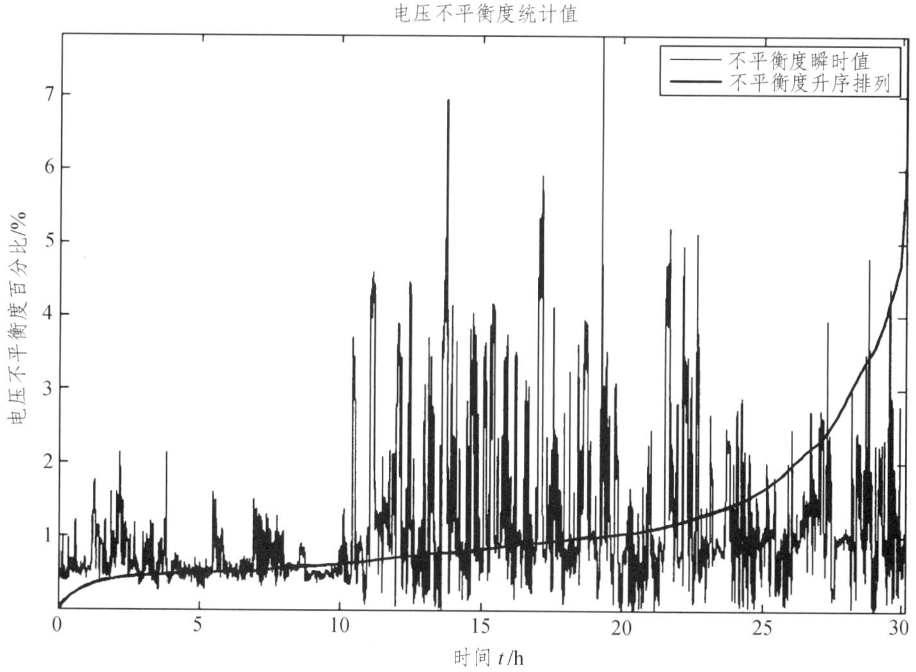

图 2-21　变电所 1 电压不平衡度瞬时曲线图

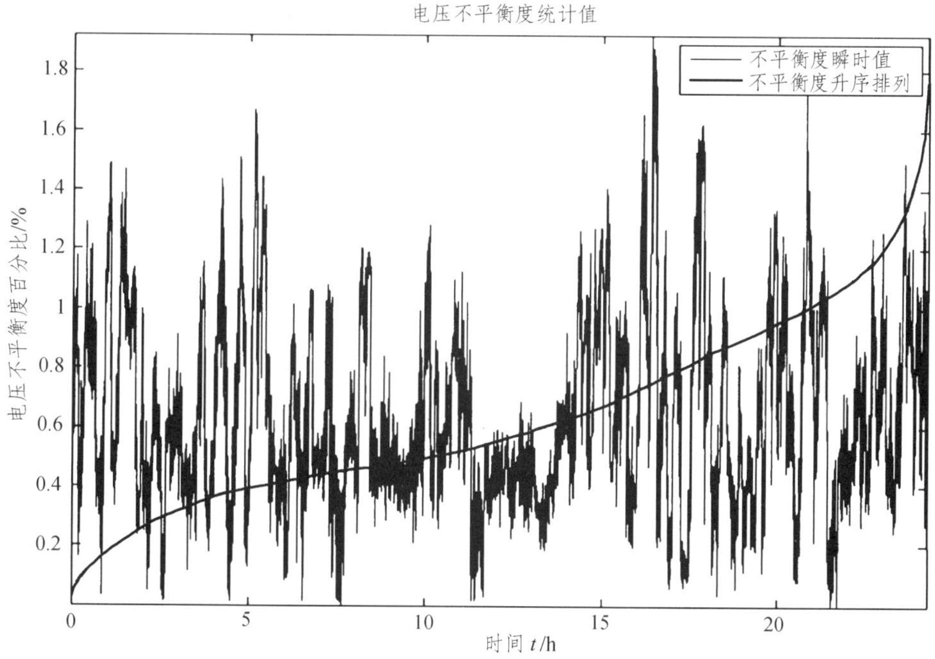

图 2-22　变电所 2 电压不平衡度瞬时曲线图

从统计结果来看，根据现行国家标准要求，牵引变电所合格率为 70.83%，其中成昆线、沪昆线、六沾线上的牵引变电所都能够达到标准；南昆线和内昆线上的几个牵引变电所不平衡度较大，远超过国家标准。而同一线上的其他牵引变电所与其相差较大，这说明不平衡度除了受变压器接线方式影响，还跟所连的系统密切相关，受其影响较大。换句话说，评价牵引变电所负序问题时必须要考虑系统容量。

第二节 城市地铁负荷的电能质量危害

一、城市地铁负荷对电网的影响

高压及特高压直流输电在系统调试、检修或发生单极故障的情况下，采用单极大地回线的运行方式。单极大地回线运行时，巨大的直流电流经接地极流入大地，造成较大范围的地电位变化，使得变电站主变压器中性点流过直流电流，引起变压器发生直流偏磁。在城市轨道交通中，供电牵引网采用直流电供电方式，通常采用铁轨作为供电的一极。然而，地铁钢轨很难做到对大地的完全绝缘，因此有一部分杂散电流经钢轨泄漏到地下，杂散电流也会对周边的电力变压器产生不利的影响。发生直流偏磁后，产生的直流磁势或直流磁通会引起变压器一系列电磁效应，将引起变压器励磁电流大幅增加，铁心饱和程度加深，造成局部过热。同时漏磁通的大幅增加，也会导致绕组电动力增大，使变压器振动和噪声加剧。在偏磁电流的长期作用下，会使变压器的机械性能和抗短路能力下降，从而在变压器遭受外部突发短路故障时引发更大的电网事故。某地铁轨道交通公司已有 1 条线路在运营，5 条线路在试运行或在建中，计划到 2030 年建成 12 条地铁线路，形成“米”字形构架，呈中心轴带放射形态，总里程为 456 km。随着该城市 2 号地铁延长线运营，220 kV 某电站主变压器出现振动及噪声异常情况。

二、地铁轨道交通杂散电流

地铁轨道交通供电电源一般取自城市电网，通过城市电网一次电力系统和轨道交通供电系统实现电力的输送或变换，地铁供电一般间隔几个站设置一个牵引变电所，牵引所将三相交流电整流成直流电（750 ~ 1500 V）由馈电线将直流电输送给接触网或第三轨，通过弓网或第三轨受流为列车供电，如图 2-23 所示。

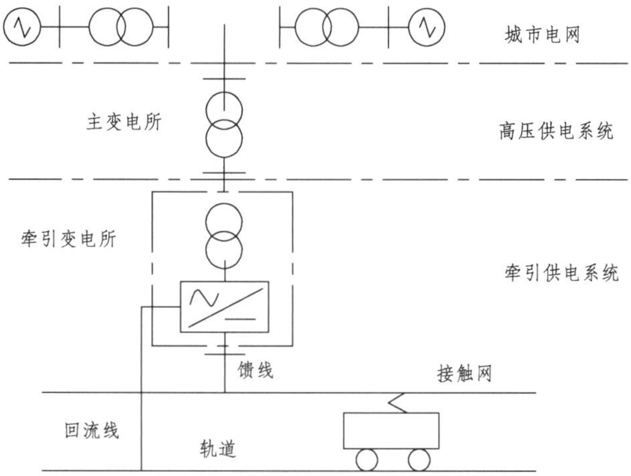

图 2-23　城市地铁牵引供电系统

牵引电流经由钢轨（也称走行轨）、回流线返回牵引变电所。由于钢轨不能做到对地的完全绝缘，有一小部分从轨道与地面绝缘不良的位置泄漏到地铁道床及周围土壤介质中，形成杂散电流[7]。杂散电流通过沿线的道床钢筋、隧道、高架桥或建筑物的结构钢筋或土壤回流到牵引变电所负极，城轨杂散电流分布及其等效电路如图 2-24 所示。钢轨对地的泄漏电阻一般为 5 ~ 100 Ω/km，当地铁列车行驶时，泄漏电流就通过泄漏电阻流入大地，形成移动的泄漏电流源。国内地铁轨道交通工程的接地系统设计均要求接地电阻小于 0.5 Ω，而电力系统的 220 kV 变电站接地网要求接地电阻也小于 0.5 Ω，当城市地铁线路与周边变电站距离较近时，地铁的杂散电流容易通过变电站接地网流入变压器绕组中，造成变压器直流偏磁问题。

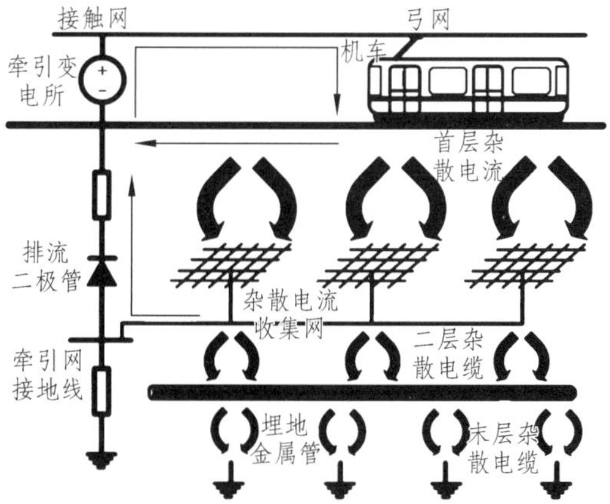

（a）杂散电流分布

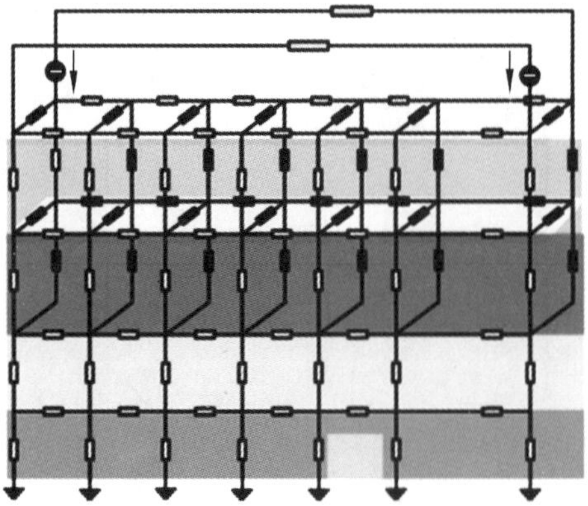

（b）等效电路

图 2-24　城轨杂散电流分布及其等效电路图

三、杂散电流导致变压器直流偏磁现象分析

（一）变压器直流偏磁机理

图 2-25 为变压器直流偏磁机理示意图。图 2-25（a）中的实线为正常情况下铁心磁通变化曲线，虚线为直流分量作用下磁通变化曲线；图 2-25（b）为变压器的典型磁化曲线；图 2-25（c）为变压器励磁电流曲线。变压器正常工作时，工作点在磁化曲线的近似线性区域（A 点），此时励磁电流为对称正弦交流电流，如图 2-25（c）中实线所示；当中性点流过一定量的直流电流时，直流电流产生的磁通和交流电流产生的磁通叠加，使得磁通曲线发生偏移[图 2-25（a）中的虚线]，进而导致变压器工作点超过磁化曲线拐点而进入非线性饱和区（B 点）。此时，为保证交流磁通的正弦波形，励磁电流会发生明显畸变，在直流量半周会出现尖波[图 2-25（c）中虚线]，即出现直流偏磁现象。与交流过励磁饱和不同，直流偏磁属于半波饱和，只在有直流量的区间出现励磁电流的畸变。

（二）杂散电流流通路径分析

220 kV 变电站变压器多采用中性点直接接地的方式运行，当站内有多台 220 kV 变压器时，至少有一台中性点接地。地铁运行产生的杂散电流会经大地流入接地变压器绕组，导致变压器出现直流偏磁现象。杂散电流通过大地流入中性点接地的变压器的路径如图 2-26 所示。地铁运行时，流入土壤中未被排流装置收集的杂散电流有一部分流入大地，经过地下土壤或金属管线等，最终经变电站接地网进入中性点

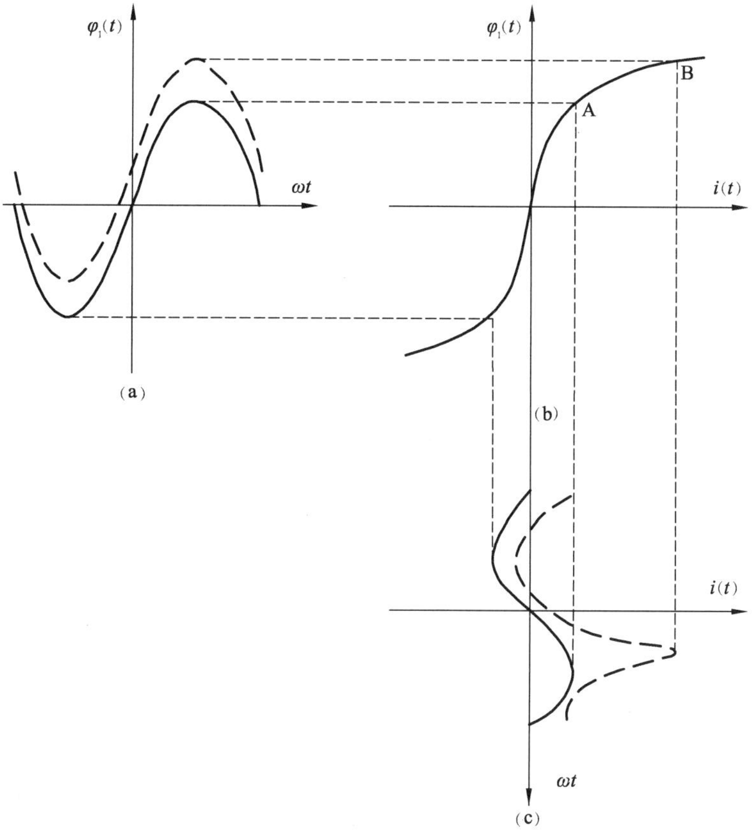

图 2-25　直流电流对变压器励磁特性的影响图

接地的变压器 A 中；电流流过变压器 A 的绕组以后，经输电线路流入另一中性点接地的变压器 B 的绕组，最终经变压器 B 的接地中性点流入地网，进入大地后流回牵引变电站的负极。由于杂散电流为直流电流，其流过变压器绕组时会导致变压器出现直流偏磁现象。

四、地铁轨道交通杂散电流实测分析

某 220 kV 变电站共两台 220 kV 变压器，其中 1 号变压器中性点不接地运行，2 号变压器中性点接地运行。2015 年 12 月，巡视人员发现 2 号变压器间歇性出现噪声和振动增大。通过倒换中性点接地，发现只有中性点接地的变压器产生异常噪声和振动。对中性点接地变压器的中性点电流进行测试，波形如图 2-27（a）所示，电流值正负交替、无规律跳动。频谱分析表明，中性点电流含有大量直流分量，如图 2-27（b）所示。

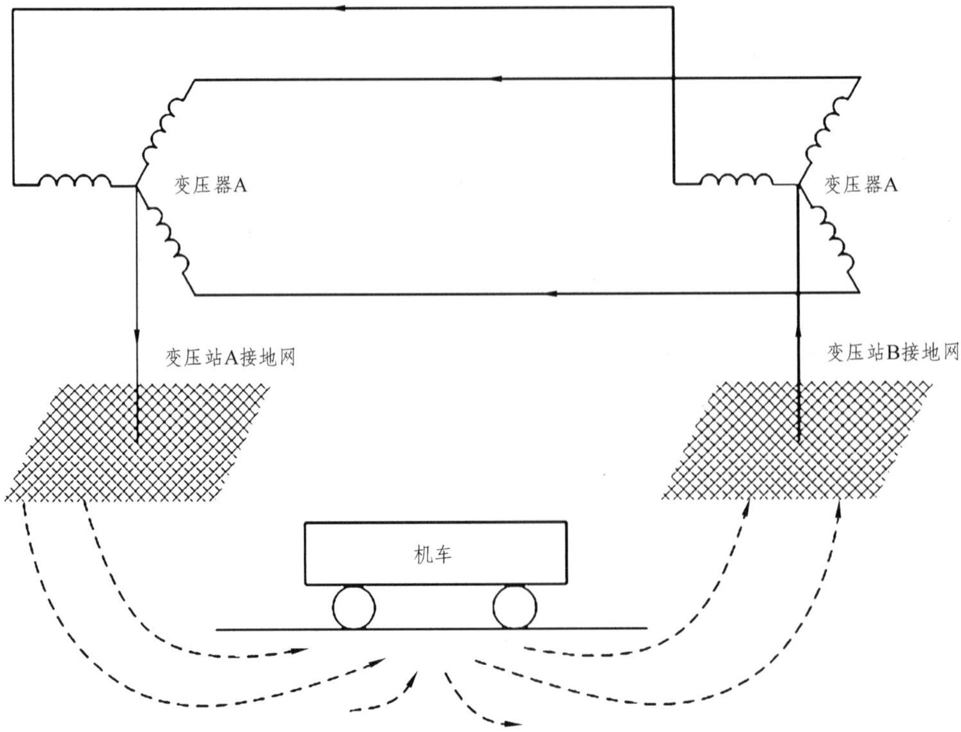

图 2-26　地铁杂散电流进入交流系统示意图

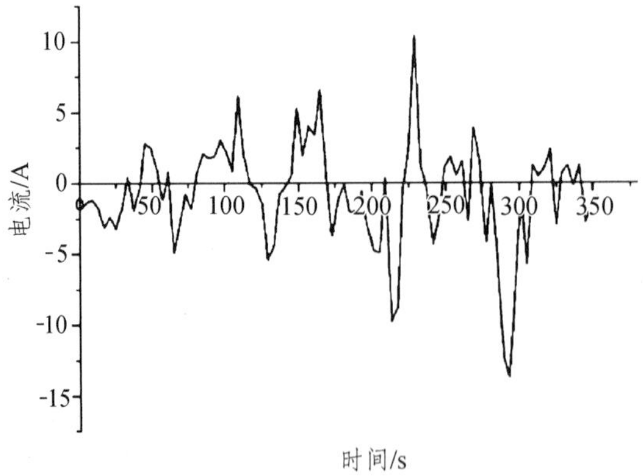

（a）中性点电流

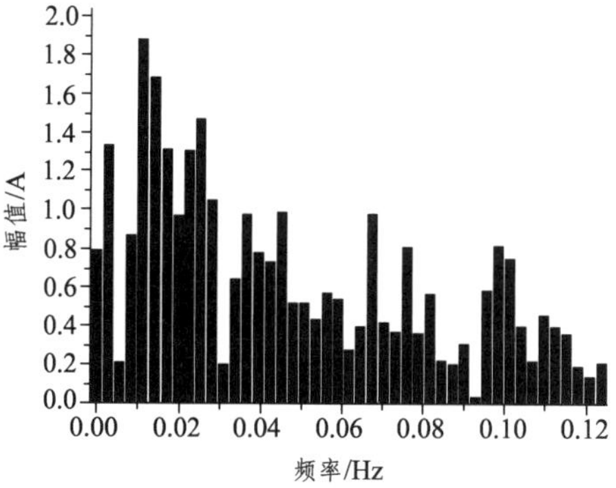

（b）频率分析

图 2-27　中性点电流检测分析图

对变压器中性点电流、噪声进行同步监测，发现主变压器噪声与中性点直流分量大小表现出一定的相关性（见图 2-28）。检测数据表明，变压器中性点流入较大直流导致出现直流偏磁现象，从而引起变压器的异常噪声和振动。

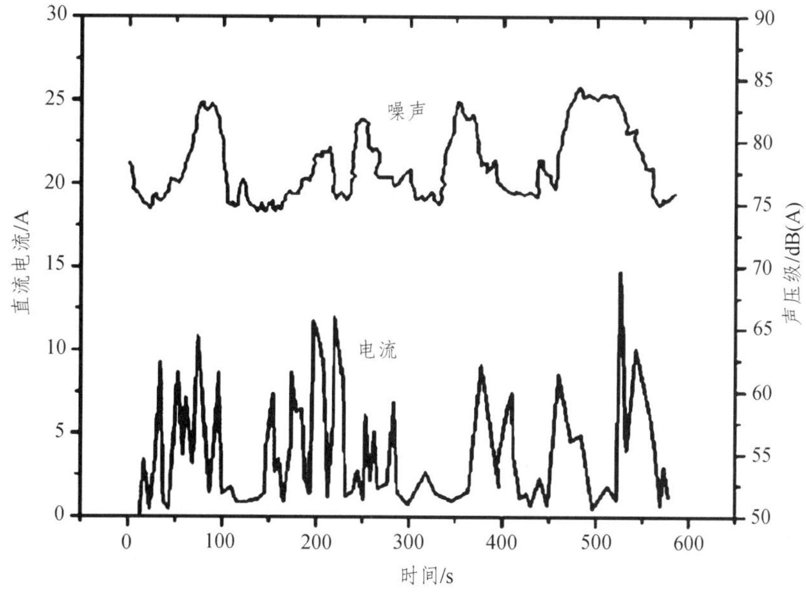

图 2-28　电流和噪声同步检测图

由于该地区无直流接地极，可排除直流输电导致变压器直流偏磁现象。对 2 号变压器噪声进行跟踪监测，发现噪声的出现和消失表现出一定的规律：零点以后变压器噪声逐步降低，5 点左右噪声逐步增大（见图 2-29）。噪声出现和消失的时间与地铁 2 号线的运营时间相吻合，且该变电站离地铁 2 号线西沿线较近，该异常现象也是在地铁 2 号线西沿线开通以后出现，因此确认该变压器直流偏磁现象是由地铁 2 号线运行产生的杂散电流引起。

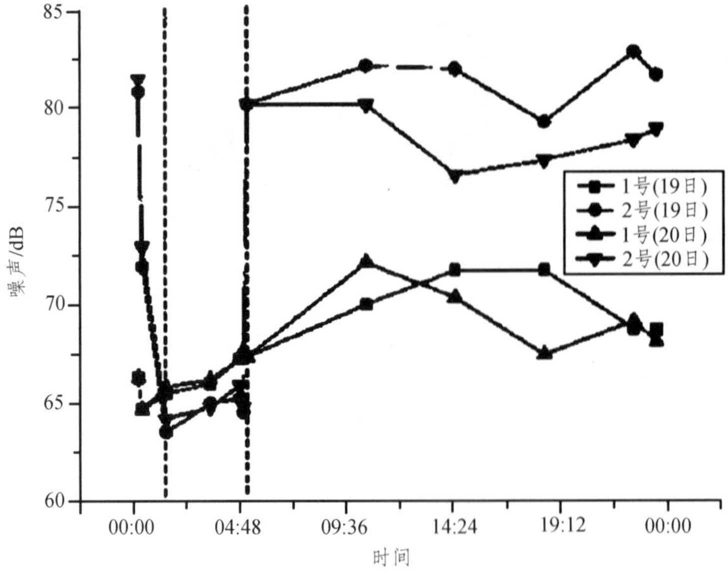

图 2-29 噪声随时间变化趋势图

第三节 电弧炉的电能质量危害

一、电弧炉供电系统及其工作特性

（一）电弧炉供电系统

电弧炉是指利用电极电弧产生的高温熔炼矿石和金属的电炉。在电力系统中，交流电弧炉是一种复杂的、典型的非线性负荷，经过电抗器、电弧炉变压器、载流体、断路器和隔离开关等装置与高压电网相连[8]。图 2-30 为交流电弧炉供电系统的典型电路模型。图中，T_1 为供电变压器，T_2 为电弧炉变压器，X_S 为系统的短路电抗，X_1 为电缆等效电抗；SVC（无功补偿装置）和无源滤波器分别起无功补偿和谐波抑制的作用；在 35 kV 母线上安装电压和电流互感器，用于测量 35 kV 母线电压和电弧炉变压器一次侧电流，并对系统起保护作用。

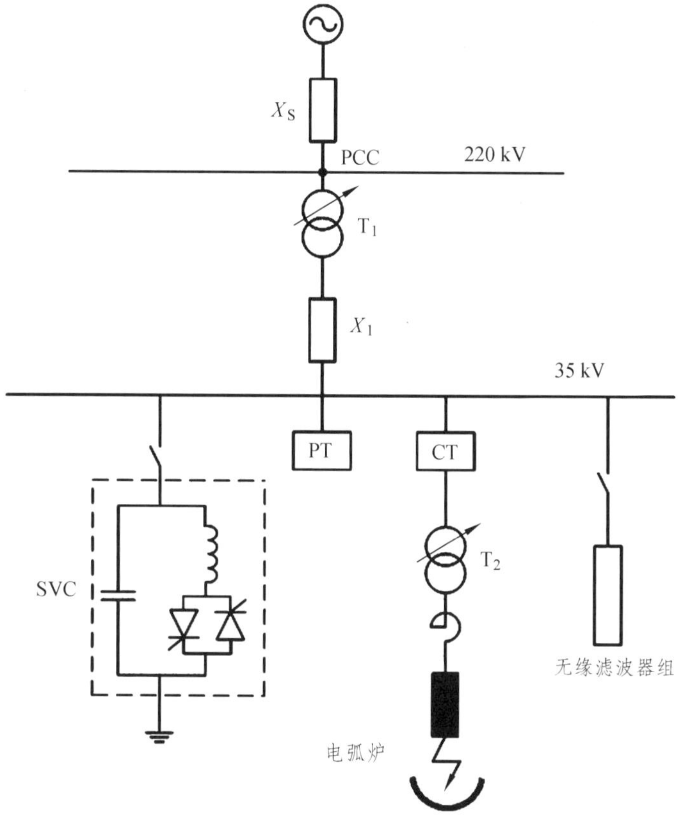

图 2-30　交流电弧炉供电系统图

电弧炉炉体及其供电系统的设计是影响该系统电能质量的因素。其中，由于流过短网的电流很大，且短网相间距较小，导致短网之间存在互感现象，当三相短网阻抗相差到一定值时，就会造成三相不平衡。在电弧炉炉体内，电弧电阻为电弧两相之间金属液体的等效电阻，在冶炼过程中，电弧电阻的大小会发生剧烈的变化，此时电弧炉具有明显的非线性特征，从而引发严重的电能质量问题。因此，对电弧炉的工作特性进行分析显得十分必要。

（二）电弧炉的工作特性

交流电弧炉传统冶炼的几个阶段包括：装料、熔化期、氧化期、还原期和出钢，电弧炉冶炼流程图如图 2-31 所示。

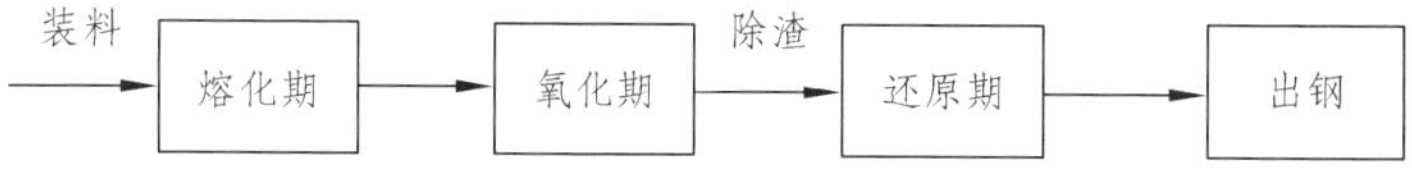

图 2-31　电弧炉工作流程

在交流电弧炉冶炼的过程中，由于电弧发生波动、断路、短路等现象，电能质量问题随之产生，主要包括熔化期、氧化期、还原期时期。在熔化期，电弧炉通过电弧来融化炉料，由于炉料受热不均，出现倒塌，导致电弧在炉内做不规则的运动。在氧化期，为了去除钢液中的杂质，需要进行矿石氧化或者吹氧等操作，钢水处于沸腾状态时，电弧弧长也随之发生波动，从而引起电弧电流的波动。在还原期，向电弧炉内加入造渣剂，进行造渣处理，电弧在这段时间内较为稳定。

由此可见，从熔化期到还原期这一过程，电弧运动逐渐趋于稳定。由于电弧炉在运行过程中电弧弧长的波动，导致电弧进行不规则波动、短路、断路等，进而出现电压波动、闪变、三相不平衡、谐波含量高和功率因数低等现象。针对这一问题，电弧炉通过调节系统在一定程度上可以控制弧长的变化，使电弧炉运行更加稳定，但电能质量问题仍不可忽视。

二、电弧炉负荷对电网的影响

由于电弧炉的工作特性，会对电网的电能质量产生诸多影响，其中包括[9]：

1. 电压波动、闪变

大部分电力系统事故是由电压波动、闪变造成的。电弧炉作为典型的污染源，在熔化期发生电弧断路、短路，导致电网电压波动、闪变，从而降低用户侧的用电质量，影响日常生活、生产，带来一定的经济损失。

2. 三相不平衡

在冶炼过程中，电弧短路、断路使电弧炉大多处于三相不平衡的工作状态，导致电弧炉三相负荷具有不对称性，加上短网设计不合理、三相阻抗相差较大等因素，共同引起电网的负序问题。电力系统中的负序分量会导致增大设备和线路的损耗，还可能引起继电保护负序启动元件的频繁启动，造成继电保护装置的误动，降低系统的供电可靠性。

3. 谐波电流

谐波分量也是电弧炉影响电网电能质量的主要因素之一。电弧炉的谐波含量丰富，大量谐波电流经过线路流入电网。谐波的大小与电弧炉的电压等级、熔化期和还原期，电弧炉的控制系统有关。针对电弧炉的谐波问题，一方面对电弧炉炉体及冶炼技术进行改进，另一方面在负载侧安装滤波装置，主要包括无源滤波器和有源滤波器，在一定程度上抑制了谐波对电网的影响。

4. 平均功率因数低

电弧炉在运行过程中消耗大量的无功功率，平均功率因数在 0.7 左右，严重时更低，短网的功率因数则为 0.1 ~ 0.2。这不仅降低整个电网的功率因数，而且电网在提供无功功率的同时，也会导致电网损耗增大，影响传输效率和电能质量。

三、电弧炉负荷对电能质量影响的实测分析

某钢铁厂电弧炉负荷的电能质量测试与分析结果如下。

1. 有功功率、无功功率及功率因数

图 2-32 ~ 图 2-34 分别为测试各时间段 35 kV 泰益Ⅱ回线有功功率、无功功率及功率因数的趋势图。

从图 2-32 ~ 图 2-34 可以看出，在正常运行阶段，有功功率波动较大，三相有功功率最大为 25.6 MW，最小为 4.8 MW；无功功率最大为 25.6 Mvar，最小为−3.3 Mvar（安装 2 组容量均为 4.8 Mvar 的滤波器，出力和为−5.76 Mvar）；功率因数正向最大为 1，正向最小为 0.78，反向最大为−0.78，平均功率因数为 0.46。

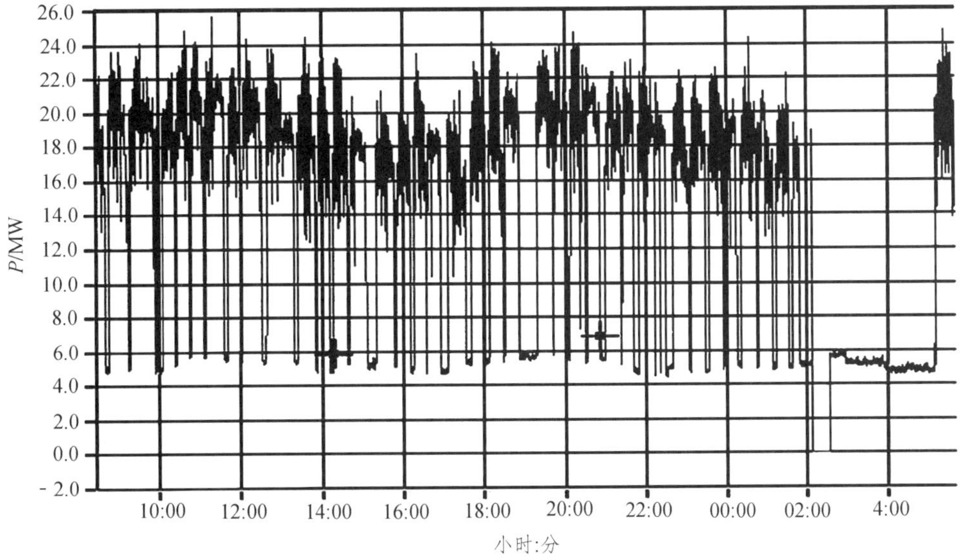

图 2-32 有功功率趋势图

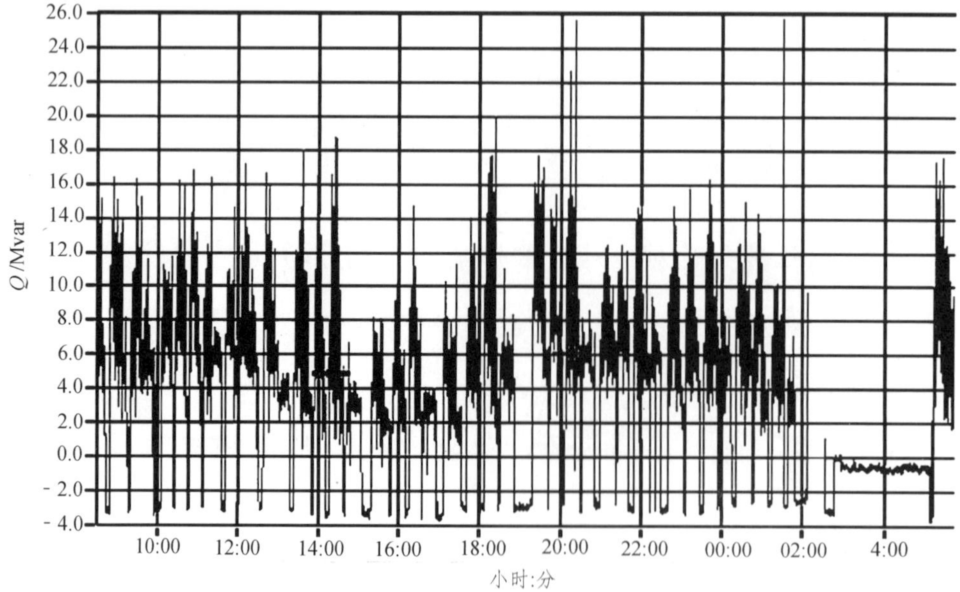

图 2-33　无功功率趋势图

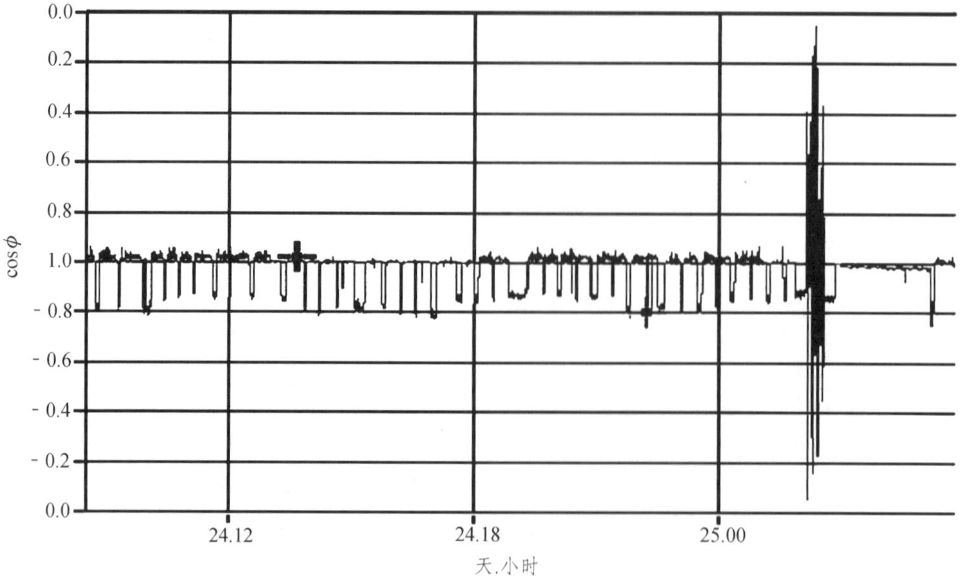

图 2-34　功率因数趋势图

2. 35 kV 电压趋势

35 kV 母线相电压趋势如图 2-35 所示。

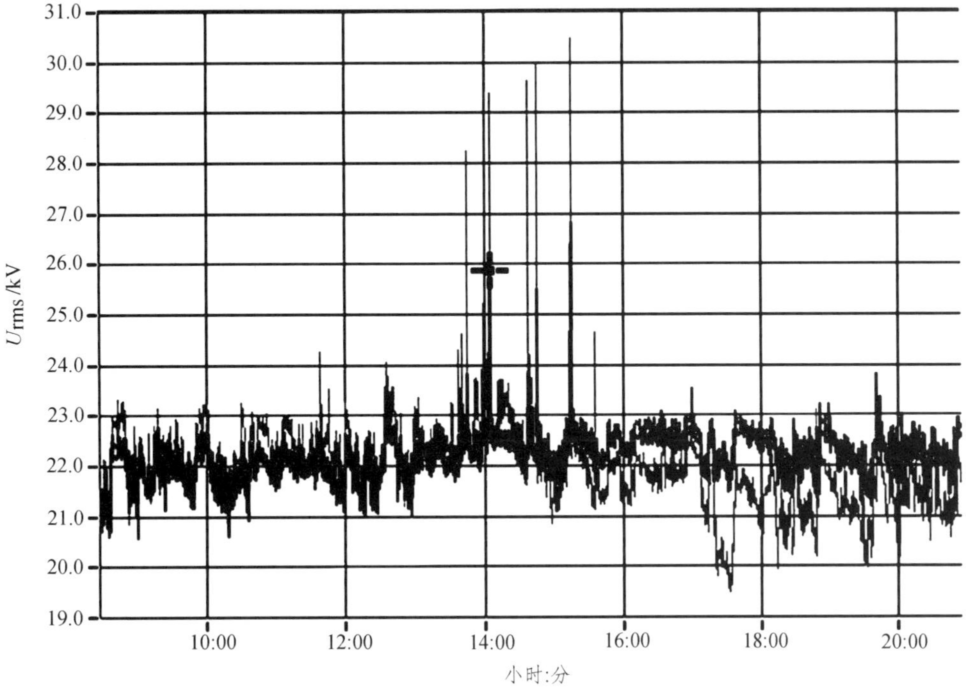

图 2-35　35 kV 母线电压趋势图

从图 2-35 可以看出，在正常生产阶段，35 kV 母线电压波动较大，相对地电压最小值为 19.7 kV，最大值为 30.4 kV。

3. 35 kV 母线电压波动与闪变

图 2-36 为 35 kV 母线电压短时闪变趋势图。

从图 2-36 中可以看出，在负荷时间段电压闪变较高，短时闪变最大值为 9.17（B 相），95%概率大值为 8.3，远超过国家标准《电能质量 电压波动和闪变》（GB/T 12326—2008）中的短时时闪变限值 1.0 的要求。

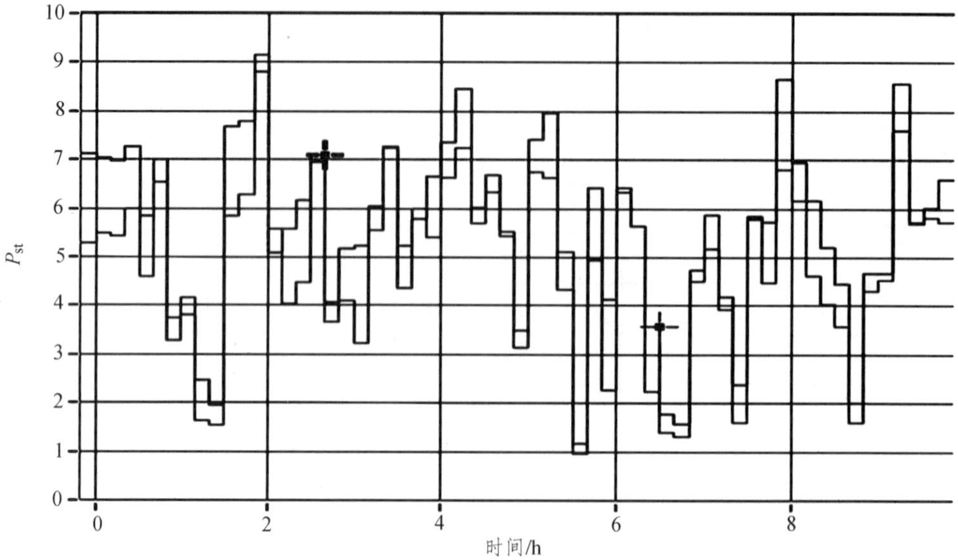

图 2-36　35 kV 母线电压短时闪变趋势图

第三章

电能质量监测技术

电能质量与经济发展水平及用户的需求关系密切，随着国家经济建设及技术条件的不断发展，在相关政策层面上，对供电电能质量的要求将不断加强。从 1995 年颁布的《中华人民共和国电力法》到国家电监会于 2010 年实施的《供电监管办法》可以看出，供电电能质量问题已经引起国家决策层的重视，今后将会提出更高的要求。

开展电能质量工作首先要解决电能质量监测问题，目前的电能质量监测方式主要分为在线监测、不定时监测、专项监测三种。对电能质量要求较高的客户及系统公共连接点处宜采用在线监测方式。对于主要电能质量干扰源用户应根据具体情况进行连续或不定时监测。随着计算机网络技术的发展，电能质量在线监测技术已经得到广泛应用。

第一节 电能质量监测方法

本节以我们研制的“多通道电能质量监测装置”为例，说明电能质量监测方法。

一、系统硬件设计

多通道电能质量监测系统的总体结构主要包括信号调理模块、多通道同步采样的数据采集模块、后台核心处理模块等，其中信号调理模块主要由电流、电压隔离采样电路和放大与滤波电路组成。总体框图如图 3-1 所示。

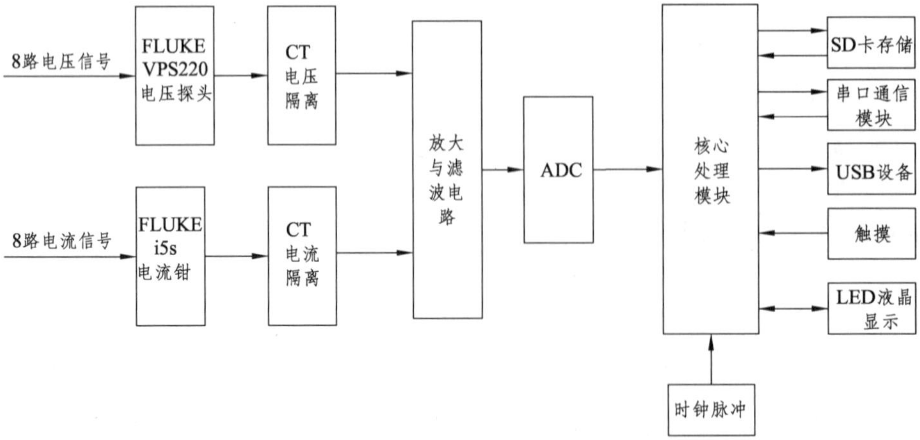

图 3-1　数据采集系统总体结构图

二、电压电流传感器

（一）FLUKE 电压探头

对于电压信号的采集，电能质量测试仪配用 FLUKE VPS220 电压探头连接所测电压信号与面板上的电压输入接口，其外观如图 3-2 所示。

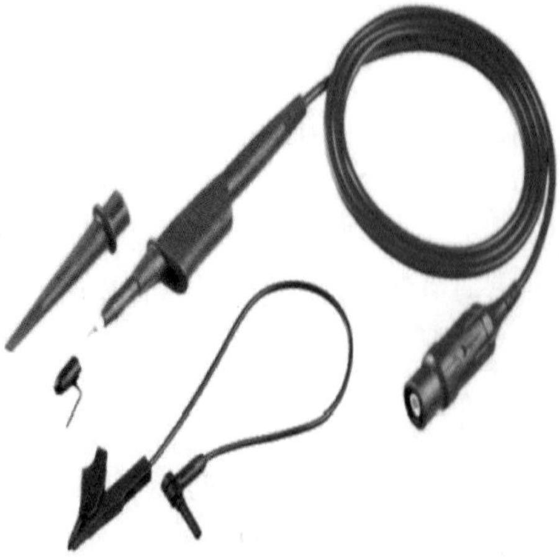

图 3-2　VPS220 电压探头

VPS220 的主要作用是将电压信号的大小衰减至原来的 1/100 倍后接入多通道电能质量检测仪的电压通道，其主要技术指标如表 3-1 所示。

表 3-1　VPS220 电压探头主要技术指标

技术指标	参数
变比	100∶1
带宽	200 MHz
最大输入电压	1000 V（CAT Ⅱ）或 600 V（CAT Ⅲ）
最大对地电压	1000 V（CAT Ⅱ）或 600 V（CAT Ⅲ） 符合 IEC/EN 61010-031
输入阻抗	100 MΩ
输入电容	4.6 pF
补偿范围	10～25 pF
电缆长度	1.2 m

注：

CAT Ⅰ：在变压器或类似设备的二次电气线路端进行测试。

CAT Ⅱ：对通过电源线连接到电源插座的用电设备的一次电气线路进行测试。

CAT Ⅲ：直接连接到配电设备的大型用电设备（固定设备）的一次线路及配电设备到插座之间的电力线路。

CAT Ⅳ：任何室外供电线路或设备的测试。

（二）FLUKE i5s 电流钳

对于电流信号的采集，电能质量测试仪配用 FLUKE i5s 电流钳连接所测电流信号与面板上的电流输入接口，其外观如图 3-3 所示。

图 3-3　FLUKE i5s 电流钳

FLUKE i5s 电流钳主要功能是将电流信号转换为电压信号。使用时让所测电流处的导线穿过钳口，电流钳另一端接入检测仪的电流通道，其主要技术指标如表 3-2 所示。

表 3-2　FLUKE i5S 电流钳主要技术指标

技术指标	参数
额定电流范围	5 A
连续电流范围	10 mA ~ 6 A
输出值	400 mA
最大无损电流	70 A
最低可测电流	10 mA
基本精度	48 ~ 65 Hz　10 mA ~ 1A：1%+5 mA 1 ~ 5 A：1%
输出负载阻抗	并联阻抗>1 MΩ，最高 47 pF
安全	按照 IEC/EN 61010-1 为 600 V CAT Ⅲ级，污染等级 2
最大电压	600 V AC

三、数据采集模块

本项目采用 USB-4114 数据采集模块，USB-4114 为高分辨率、16 通道模拟、32 通道数字并行数据采集设备，支持 USB2.0 高速接口。USB-4114 具有 100 kHz 的采集速度、16 bit 的 AD 分辨率、0.01%FSR 的高精度、±10 V 和±5 V 的满量程输入范围，各通道的稳定性一致很好，在不进行零点与增益校准的情况，完全能满足要求。

USB-4114 的主要技术规范如表 3-3 所示。

表 3-3　USB-4114 主要技术规范

模拟通道		数字通道	
通道数	16 通道，单端双极性电压信号输入	通道数	32 通道
采样频率	最高 100 kHz（可扩展至 250 kHz），采样期可设置，以 10 ns 为步进，设置范围 1000 ~ 65 535	采样频率	与模拟通道并行采集
分辨率	16 bit	输入电平	V_{IH}≥2.4 V V_{IL}≤0.8 V

续表

模拟通道		数字通道	
存储深度	总深度 256 KSa（可扩展至 512 KSa/Ch）	输出电平	V_{OH}≥4.0 V V_{OL}≤0.4 V
输入阻抗	1 MΩ ‖ 10 pF	模块尺寸	100 mm×145 mm
信号带宽	30 kHz	工作温度	−10 °C ~ 50 °C
输入量程	±5 V、±10 V	存储温度	−25 °C ~ +75 °C
时基精度	$\pm15\times10^{-6}$	相对湿度	10% ~ 90%
精度	±0.01%		

滤波是信号处理的重要环节，对工频动态信号上叠加的噪声可通过抗混叠滤波，即采用模拟低通滤波器和数字低通滤波器来消除。由于被测信号频率、信号采样频率、信号分析的谐波次数是确定的，所以低通滤波器（模拟的和数字的）截止频率也随之确定。为保证测试仪能够准确测试 50 次以下的各次谐波，本模块的低通滤波器截止频率设定为 3000 Hz。

（一）采样自适应模块

针对谐波分析，通常都是通过快速傅里叶变换（FFT）来实现的，然而电力系统的频率并不是时刻都为工频这一恒定值，它会在工频左右的一个范围内发生变化。如若没有进行整周波采样，采样频率和信号频率不同步，便会产生频谱泄漏，使计算出的信号参数（频率、幅值和相位）不准确，尤其是相位的误差很大，无法满足测量精度的要求。因此，电能质量数据采集模块应当对电网频率具有自适应能力。

采样频率自适应模块主要由二阶有源低通滤波器、过零比较器和采样频率控制器顺序连接而成，如图 3-4 所示。采样频率自适应模块采集来自互感器的电压、电流信号，并采用二阶有源低通滤波器和过零比较器将输入的电力信号转换成方波输入 FPGA（现场可编程门阵列）的采样频率控制器；采样频率控制器通过 100 MHz 时钟实时地测量被测电信号基波周期和频率，基波周期的测量误差控制在±20 ns 范围内。

电压、电流互感器的电信号经过低通滤波器过滤掉高频干扰和噪声信号，经 ADC 转换成数字信号，通过 FPGA 实现数据存储和 USB 通信。同时，互感器的电信号也会经二阶低通滤波器滤波，该二阶低通滤波器具有较低的截止频率仅保留基波附近的频谱信号。滤波后的信号通过过零比较器转换成方波信号传输至 FPGA 内部的采样频率控制器。采样频率控制器通过 100 MHz 时钟实时地测量信号基波的周期 T 和

频率 f，将 ADC 的采样频率设置为当前电网频率 f 的整数倍。由此实现在电能质量数据采集时采样频率的自适应动态调整。

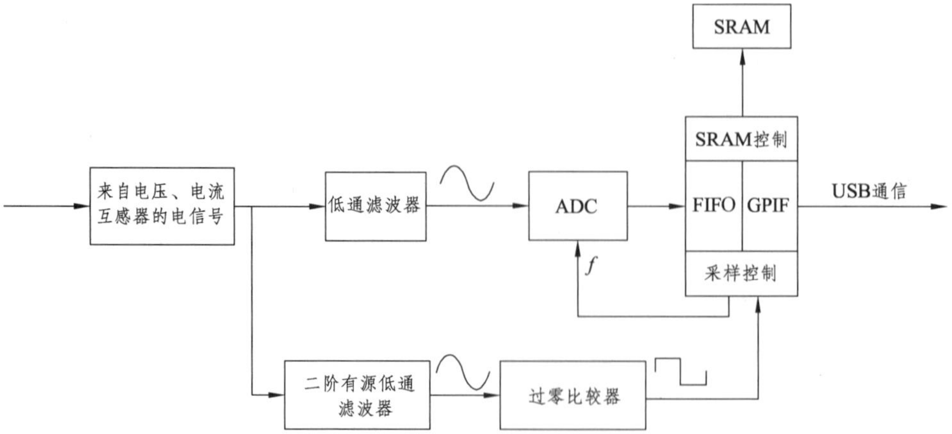

图 3-4　采样频率自适应模块结构图

FPGA 内部的 FIFO 存储器和 SRAM 控制器将采集的二进制数据存入 FPGA 外围的 SRAM 中，该 SRAM 被设计为 FIFO 访问模式，用户可以连续不断地进行采集数据的存储，不受存储深度的限制，实现连续的数据采集与存盘。当一次采样结束后，上位机通过 USB 总线将存在 SRAM 中的采样数据读出。

该功能模块的主要效果有：

（1）采用二阶低通滤波器和过零比较器将输入的电力信号转换成方波，FPGA 内部采用 100 MHz 时钟，使测量到的周期误差控制在±20 ns 范围内，提高了测量精度。

（2）自适应电网频率的电能质量数据采集装置能够实时调整采样频率，并同步输出采样值和电网频率。

（3）通过采样频率自适应模块实现采样频率自适应动态调整，减小频谱泄漏，确保采集数据的完整性。同时，本模块不仅适用于电力系统，还可以广泛应用于空气动力学领域测试，振动、应变、冲击结构力学领域的测试等其他数据采集领域。

（二）实时半波有效值计算

半波有效值法是电压故障录波启动判据设计的基本方法。由此提出了一种可以实时半波有效值计算的电能质量数据采集卡，方便启动故障录波。半波有效值计算主要由 FPGA 内部的乘法器、DSP48 等资源实现的。板载信号处理模块对输入的电压信号进行实时半波有效值计算并输出，节省了后台分析软件的运算量，提高了系统的实时性。

本装置采用的半波有效值计算原理：板载信号处理模块实现半波有效值计算模块是利用 FPGA 内部的乘法器、DSP48 等资源，实时计算各个采样通道的波形在 1 个周期内通过等时间间距采样的电压信号，得到 N 点离散电压信号值 $u(k)$，由此得到该周期电压信号的等效电压值 U 之后，根据实际电力系统中不同电压等级的输电线路标准值设定相关阈值，用于判断电压波动是否超出标准范围，以确定是否启动录波。等效电压值 U 为

$$U=\sqrt{\sum_{k=0}^{N}u^2(k)/N} \tag{3-1}$$

式中，U 为周期电压信号的一个周期内的有效值；$u(k)$ 为离散电压。半波有效值的计算方式如图 3-5 所示，U_1 为一个周期内的有效值，U_2 为前一个周期的后半个周期与下一个周期的前半个周期内的有效值。以此类推，可以得到 U_3、U_4、U_5、U_6……如此可以得到全时段的半波有效值。

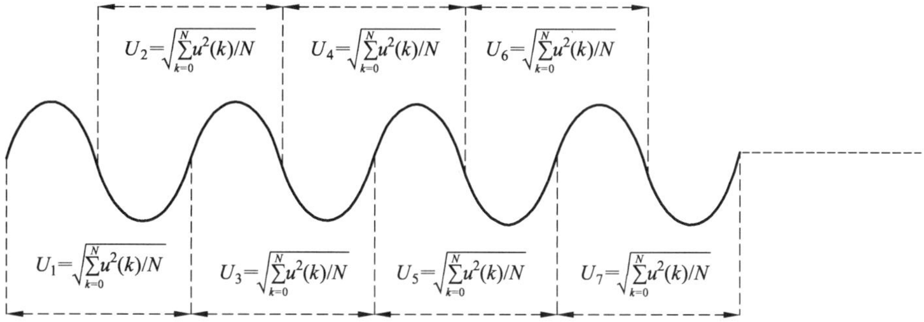

图 3-5 半波有效值计算原理

结合图 3-5，该功能的具体实施方式如下所述：电压信号由面板输入电压跟随器，跟随器输出的信号输入 ADC，ADC 采用 16 bit 高精度 ADC，ADC 将输入的模拟信号转换成二进制补码数据，FPGA 内部的 FIFO 和 SRAM 控制器将采集的二进制数据存入跟随器输出的信号输入 ADC，ADC 采用 16 bit 高精度 ADC，ADC 将输入的模拟信号转换成二进制补码数据存入 FPGA 外围的 SRAM 中，该 SRAM 被设计为 FIFO 访问模式，用户可以连接不断地进行数据采集的存储，不受存储深度的限制，实现连续的数据采集与存盘。当一次采样结束后，利用 FPGA 内部的乘法器和 DSP48 等资源，实时计算出各个通道采样数据的平方值，再求得一个周波内采样值的平方和，再求平均后开方，得到一个数值，这就是各个通道的半波有效值。上位机通过 USB

总线将存在 SRAM 中的半波有效值读出。

该功能的主要效果有：

（1）实时半波有效值计算利用 FPGA 内部的乘法器、DSP48 等资源结合半波有效值的计算原理，实现半波有效值自动输出。

（2）可以直接输出测量电压、电流信号的半波有效值，简化了后期对采样数据的处理过程，提高实时性，输出结果更加具有实用性。

（3）可以作为故障录波的先行条件，可以实时监测到采样电压信号的骤升、骤降等变化，方便故障录波。不仅适用于电力系统，还可以广泛应用于空气动力学领域测试，振动、应变、冲击结构力学领域的测试等其他数据采集领域。

第二节　电能质量在线监测系统

本节以云南电网电能质量在线监测系统为例，说明电能质量在线监测的系统架构、系统功能问题。

一、系统架构

电能质量在线监测系统可以多级部署，形成自下而上的监测体系，也可以单个部署，形成一个相对独立的监测系统。多级部署的监测系统多应用于网公司级电能质量主站系统建设。如南方电网公司在线监测主站系统的部署方式为“两级部署，三级应用”。所谓“两级部署”，是指在省公司级和网公司级部署在线监测系统，所谓“三级应用”，是指在省公司级、网公司级和地市级开展数据分析与应用工作，也就是说，通常在地市级并不部署电能质量在线监测主站系统。

对于电能质量在线监测系统，其系统架构通常分为三层，即数据层、服务层和应用层，如图 3-6 所示。

1. 应用层

应用层通常采用网络浏览器方式进行数据查询。基于 Web 的客户端程序采用 ASP.NET 等脚本技术用浏览器即可完成所有业务操作。客户可直接访问服务器端组件，获取数据，执行本地更新后再实现服务器上的更新，最后将数据存入数据库。

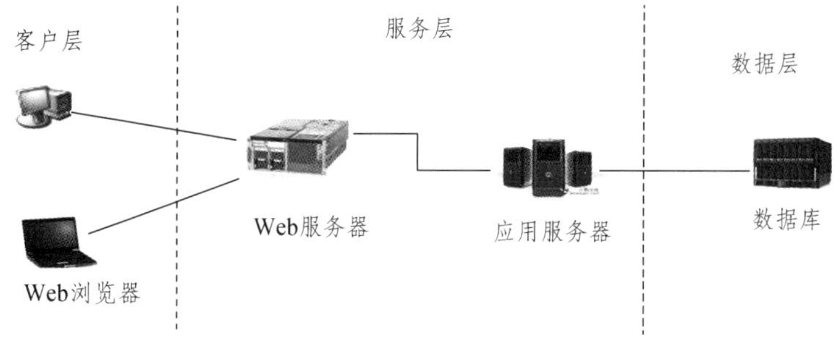

图 3-6 电能质量在线监测系统

2. 服务层

服务层主要包括 web 服务器和应用程序服务器。采用具有分布式计算能力的集成结构、支持客户机的应用程序服务器，是位于数据和用户之间的中间件，用于实现业务系统的安全验证、数据访问、组件管理、服务调度，管理客户端的调用请求等功能，而且还能通过数据接口实现管理系统和其他业务系统的双向数据交换，其交换文档引擎支持各类主流的数据传输服务，如 HTTP、HTTPS、FTP、SMTP、消息队列和文本文件。

3. 数据层

典型应用是关系型数据库和其他后端数据资源，如数据库管理系统。数据库主要用于存储和管理整个系统的配置信息和监测数据，为通信服务软件、管理分析软件、WEB 服务软件等提供数据存储、检索等数据服务。

二、对监测终端的要求

《电能质量监测设备通用要求》（GB/T 19862—2005）从考察电网公共连接点处的电能质量指标情况出发，对电能质量监测终端进行了较为详细的技术规范。一般来说，用于考察公共连接点电能质量指标的监测内容如表 3-4 所示。

表 3-4 电能质量监测数据采集内容

指标	内容
基波	电压/电流有效值
	电压/电流相位
	有功功率、无功功率、视在功率、功率因数、相移、功率因数

续表

指标	内容
谐波	电压/电流总谐波畸变率
	2～50 次谐波电压/电流有效值（含有率）
	谐波电压/电流的相位
	谐波功率
不平衡	电压/电流各序分量及不平衡度
电压闪变	电压短时闪变
	电压长时闪变
电压波动	电压波动次数
频率	频率
间谐波	间谐波电压/电流含有率
暂升/暂降	波形数据及事件参数
短时中断	波形数据及事件参数
其他	电压/电流有效值
	有功功率、无功功率、视在功率、功率因数

电能质量监测数据采集还应满足以下要求：

（1）能采集反映系统监测设备运行状态的相关信息，并具备对远方设备进行参数设置的功能。

（2）可对采集数据按设定周期进行召唤刷新，可对指定区域进行数据召唤刷新。

（3）具备根据设定周期定时自动采集或人工随时召唤电能质量监测终端保存的历史数据。

（4）采集服务器从各监测终端收集数据并保存。

三、监测系统功能要求

1. 数据处理与分析

电能质量在线监测系统应具备稳态及暂态数据分析功能，如表 3-5 所示。此外，建议具备数据合理性检查和处理功能，用以判断数据是否合理，是否存在坏数据的问题，如果不将数据进行筛选和处理必然会造成统计数据的错误。

表 3-5　数据处理功能内容及要求

功能名称	功能内容	要求
稳态电能质量指标分析	1. 国标规定的五项稳态电能质量指标分析（电压偏差、频率偏差、三相电压不平衡、谐波、闪变），判断是否超过标准限值； 2. 对超标数据分析其可能对电力系统产生的影响	必须依据国标规定的方法进行分析和判断，当国标更新后，必须提供分析模块更新
暂态电能质量指标分析	1. 可实现电压暂升/暂降、电压中断、脉冲暂态、谐振暂态的分类、统计及记录，记录数据应完整以便对事件数据的深入分析； 2. 提供 ITIC 曲线、CBEMA 曲线、SEMI 曲线、SARFI 指标等分析	能够以图形、表格方式提供分析结果

2. 数据查询

电能质量应具有快速的数据查询功能，可实现以下多种方式的查询：

（1）具备按日、周、月、季度、半年、全年以及按任意时间段对某个监测终端的稳态电能质量数据进行查询的功能。

（2）具备按用户指定的暂态电能质量事件数据进行查询的功能。

（3）数据查询内容包括：实时数据、分析数据、稳态及暂态原始数据等。

（4）支持按地区、电压等级、负荷类型等多种方式的电能质量统计查询。

（5）可生成图形化、表格化的数据查询结果。

3. Web 发布

Web 发布应满足如下要求：

（1）基于 Web 浏览器浏览，无需安装控件。

（2）依据用户名及密码进入系统，用户名由南网一级主站分配，用户名体现着不同权限。

（3）通信中断、上传数据不合理消息时有提醒功能。

（4）具有暂态事件提醒功能。

（5）具有各级主站之间的公告发布、邮件往来功能。

四、系统应用

1. 电压振荡问题分析

某供电局片区偶尔发生电压谐振问题，疑与用户的用电行为有关，因此，在用户侧安装了一台电能质量在线监测装置。某日下午 3:15，该片区 10 kV Ⅰ母线发生电压谐振，事故发生时刻产生了电压振荡现象。为了对其进行分析，在事故发生后，调取了用户侧电能质量在线监测系统的数据，如图 3-7 所示。

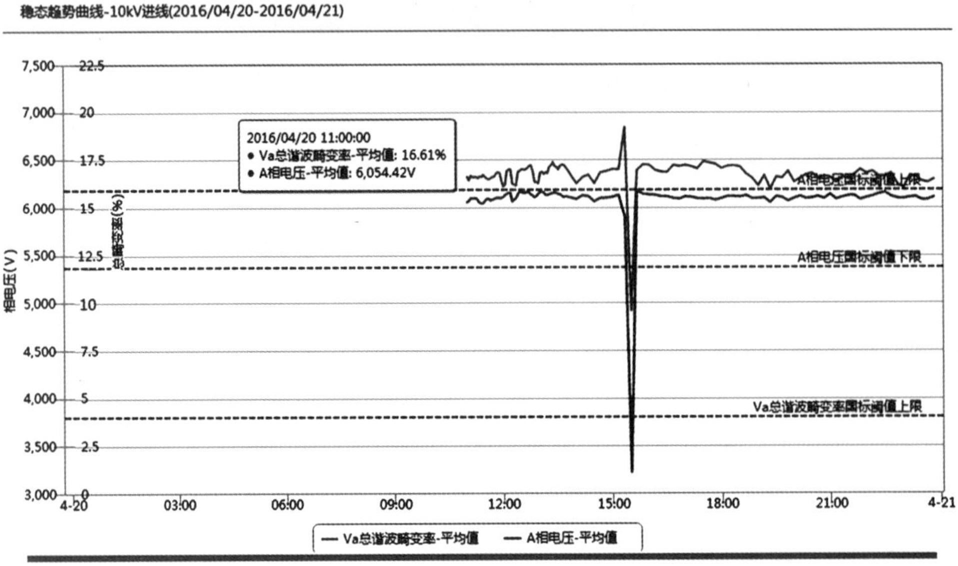

图 3-7 电压与谐波电压 THD 趋势图

由图 3-7 可知，当发生电压振荡事故时，谐波电压 THD 的 10 min 平均值高达 19.19%，可初步推出：电压振荡与谐波电压有关。

在图 3-8 中，通过对比谐波电压 THD 和各次谐波电压发现，该值与 3 次谐波电压的变化趋势高度一致，进一步判定此次的电压振荡与 3 次谐波电压相关。最终通过分析得知，此次的电压谐振事件与 PT 侧安装的消谐器有关，而与用户的用电行为关系不大。

2. 电压闪变问题分析

某片区的风电场并网投入运行后，多次产生电压闪变超标，严重危害当地用户的用电安全，为了掌握该片区的闪变情况，在变电站 10 kV 侧安装了一台电能质量在线监测装置，记录到的电压有效值和电压闪变如图 3-9 所示。

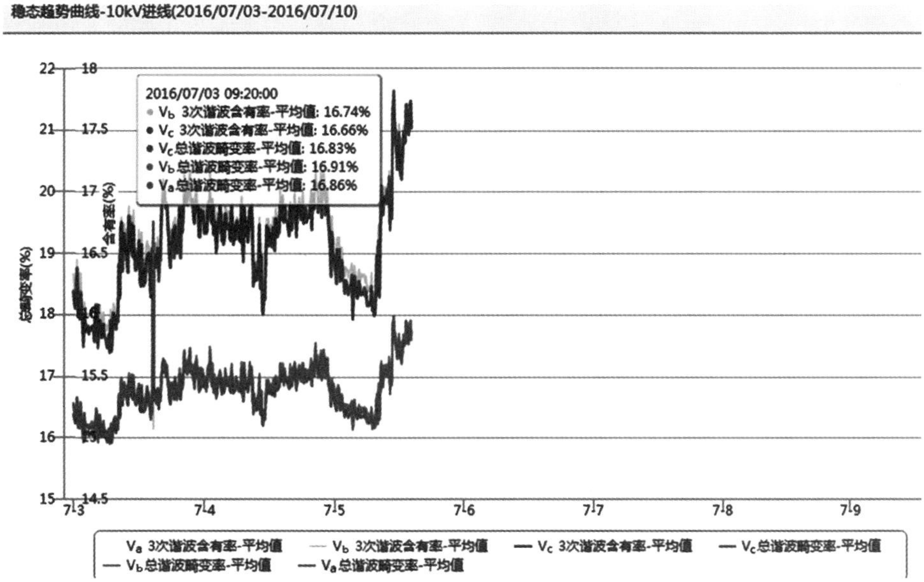

图 3-8　谐波电压 THD 与 3 次谐波电压含有率趋势对比图

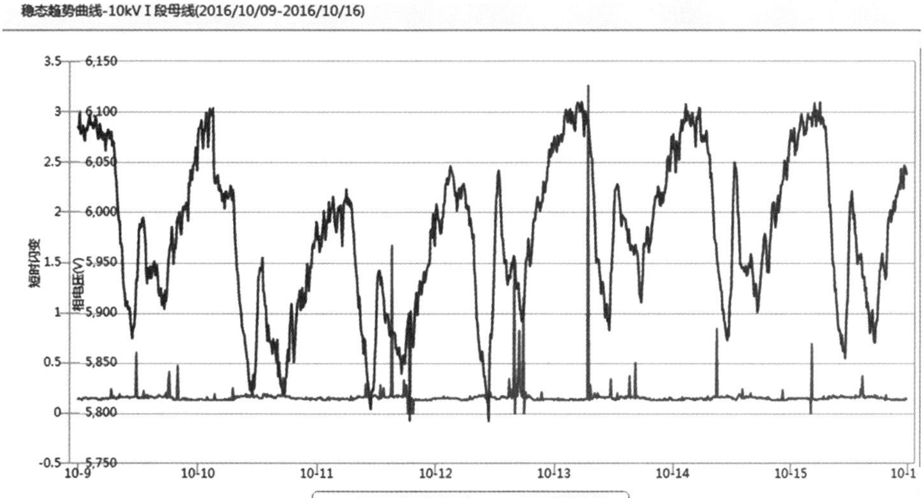

图 3-9　电压有效值与短时电压闪变对比图

由图 3-9 可见，短时电压闪变最大值已超过 3.0，闪变值较大的时刻并不一定是电压值较大的时刻，但闪变值较大的时刻多数在夜间。

为了进一步分析电压闪变与风电场之间的联系，对风电场内 35 kV Ⅰ段进行了电能质量测试。图 3-10、图 3-11、图 3-12 分别为该风电场内 35 kV Ⅰ段的有功功率、无功功率、功率因数曲线，对比分析可以发现由于没有 AVC 控制，随着风电场有功出力的变大，最大值为 48.82 MW（见图 3-10），风电场需要从系统下大量无功，最大值为−8.26 Mvar（见图 3-11），导致电压的跌落，图 3-12 中 B 相为 19.64 kV。特别是在 21:40，风电场的有功出力最大点和系统电压最低点是一致的。由此可见，风电场对变电站的电压变化的影响是显著的。

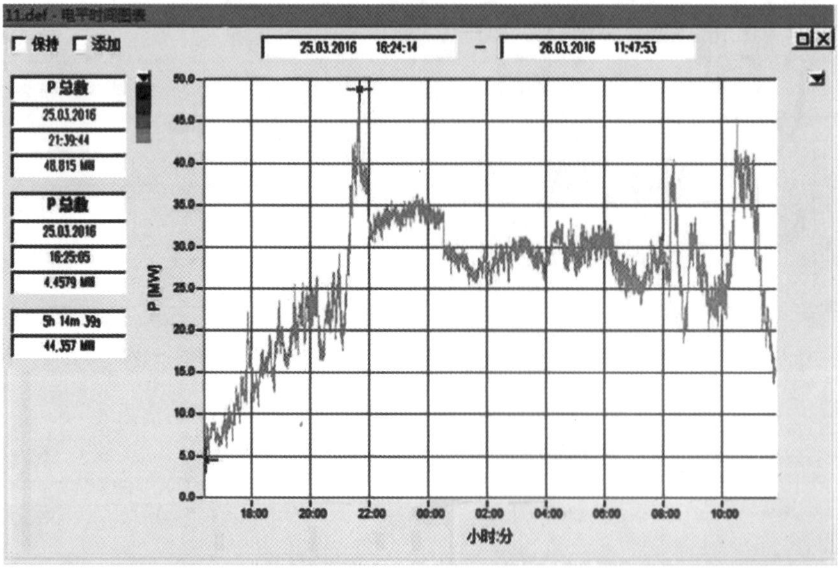

图 3-10 有功功率趋势图

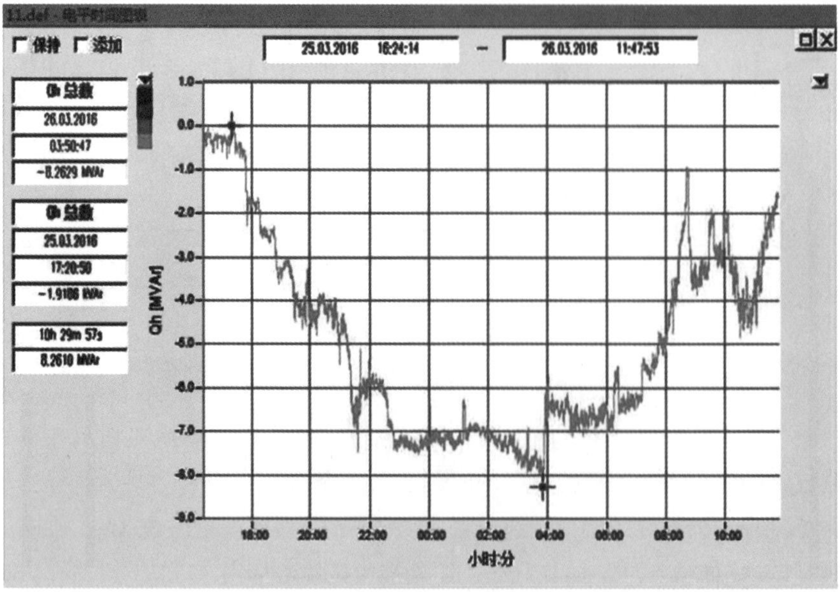

图 3-11 无功功率趋势图

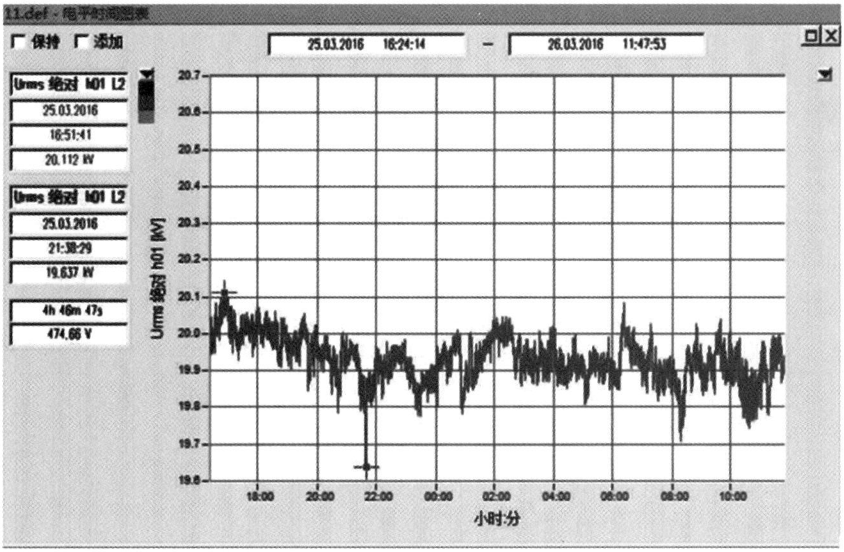

图 3-12　电压有效值趋势图

此外，从电压闪变值较大的时刻基本上是在夜间也可以佐证，该地区的电压闪变超标问题与风电场相关，其主要原因是风电场缺乏 AVC 控制，无功调节能力不足。

第三节　基于无线通信的电能质量监测技术

一、基于无线网络的 VPN 组网方案

对于钢铁、冶金、化工等未建成专用通信网络的行业，由于光纤网络铺设成本高，实施周期长，后期运维工作量较大，客观上妨碍了这些行业中电能质量监测的推广应用。

VPN（虚拟专用网络）是在开放的公用网络上建立专用网的一种技术，通过采用隧道技术、加解密技术、认证技术、密钥管理技术以及访问控制技术在公网上建立一个临时、安全的连接。目前 4G 路由器、防火墙设备以及 Windows、Linux 等操作系统均支持 VPN 功能。

基于 4G 技术的电能质量监测通信网络硬件架构如图 3-13 所示。电能质量在线监测装置或移动便携式监测仪通过 4G 路由器接入无线网络，同一变电站内的多台终端可共用一台 4G 路由器。通信网络 L2TP 隧道主要由 L2TP 访问集中器（LAC）和

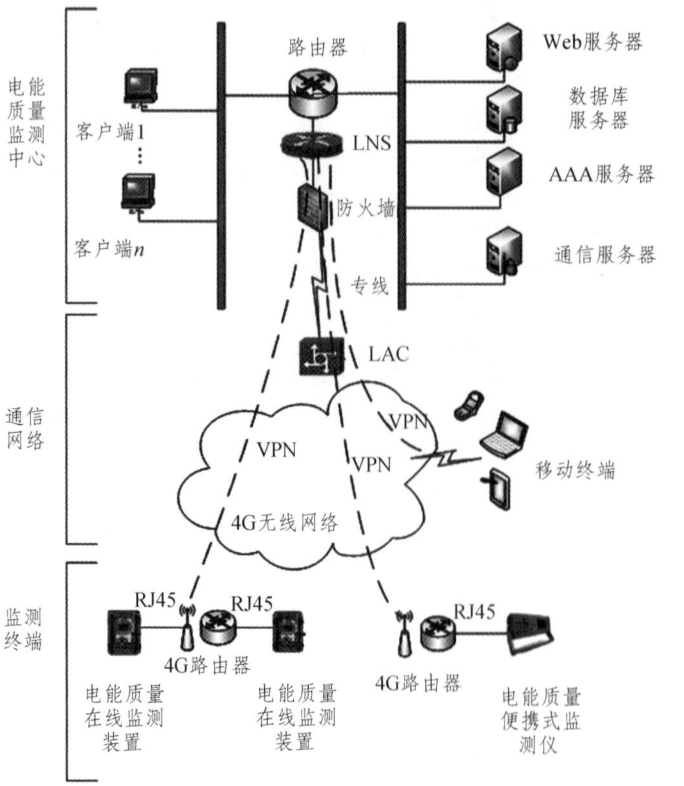

图 3-13　基于 4G 的电能质量监测通信网络硬件架构图

L2TP 网络服务器（LNS）构成。LAC 即为邻近 PPP 用户端的网络访问服务器（NAS），利用隧道传送任何封装在 PPP 中的网络层协议数据单元，是输入呼叫的起始方和输出呼叫的接收方，并采用专网 APN 认证方式，防止非法用户拨入电能质量通信专网。LNS 是 PPP 端系统上用于处理 L2TP 的服务器端，负责建立、维护、释放隧道。LAC 与 LNS 之间采用专线连接，防火墙封锁任何除 VPN 使用外的端口，将 4G 无线公网与监测中心内网相隔离，保证内网安全。电能质量监控中心 AAA 服务器存放监测终端 4G 路由器建立连接时所需要的用户名和密码，支持远程认证拨入用户服务（RADIUS）协议，对接入终端进行 L2TP 拨入认证。通信服务器采用两种方式采集电能质量监测终端的测量数据，分别为基于 IEC 61850 定义的制造报文协议（MMS）实时通信传输服务，以及基于 FTP 的 PQDIF 文件传输方式。前者用于实时在线监测，后者用于传输一段时间的历史数据。数据库服务器用于存储电能质量实时和历史测量数据以及经分析统计后得到的各项指标，便于监测中心客户端与接入 4G 网络的移动查询终端（如笔记本计算机，智能手机，平板计算机等）采用浏览器方式通过 Web 服务器进行查询。

基于 4G 技术的监测数据传输分为两阶段：

（1）建立监测终端与监测中心通信服务器间的 VPN 连接。

（2）通信服务器主动召唤并通过 VPN 隧道传输来自终端的实时和历史测量数据。

基于 L2TP 和 IPSec 的 VPN 隧道建立过程如图 3-14 所示。

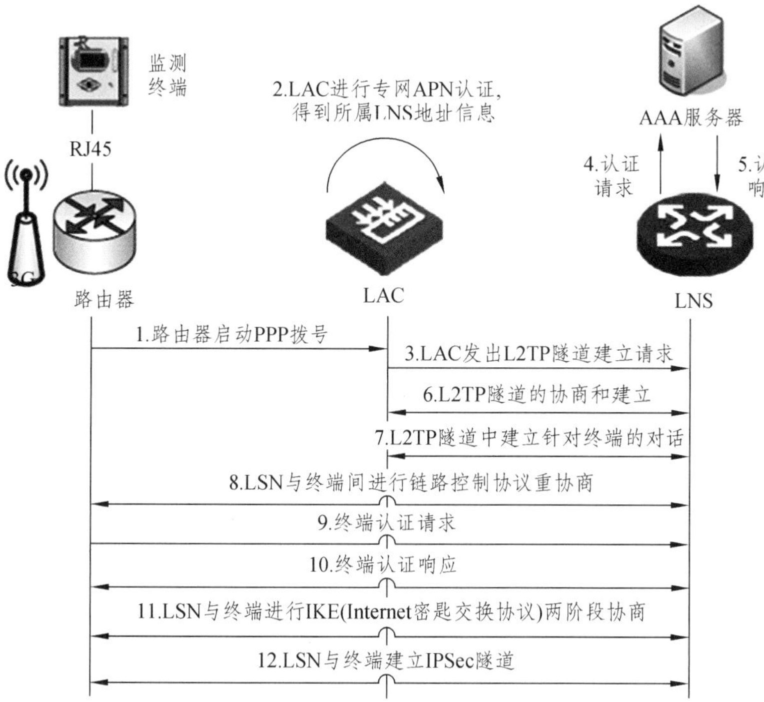

图 3-14 基于 L2TP 和 IPSec 的 VPN 隧道建立过程

VPN 建立后，通信服务器即可通过 IP 地址访问终端。电能质量监测终端同时实现了 MMS 和 FTP 服务，客户端可基于 MMS 协议读取电能质量监测实时数据报告或通过 FTP 协议召唤终端定期生成的历史数据 PQDIF 文件。

电能质量监测数据通过基于 L2TP 和 IPSec 的 VPN 隧道传输时，首先需进行 L2TP 封装，随后进行 IPSec 封装，两阶段封装流程图及对应数据包格式如图 3-15 所示。其中，IPSec 封装依次采用了两个基本协议：封装安全载荷协议（ESP）提供数据加密保证；认证头协议（AH）提供数据源验证和完整性保证。

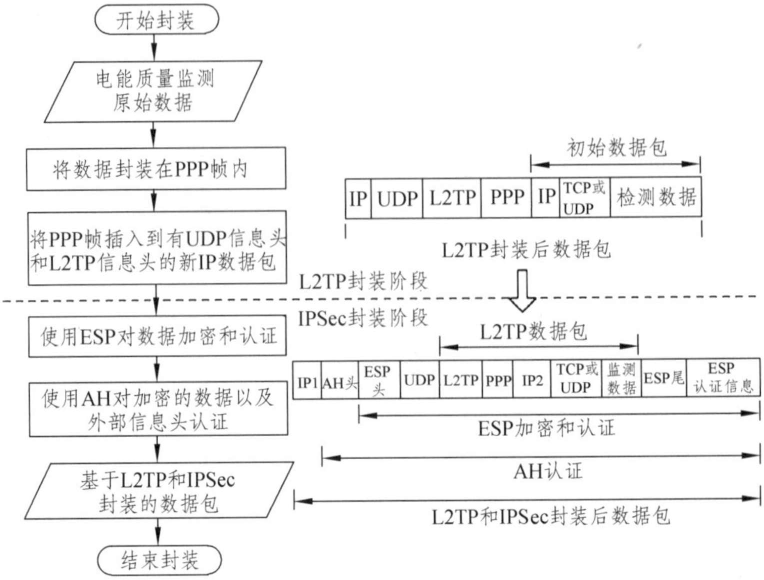

图 3-15　基于 L2TP 与 IPSec 的 VPN 隧道中数据传输两阶段封装流程图以及对应数据包格式

二、用户服务定制与主动推送系统框架

电力用户的服务定制和主动推送系统主要实现对电力用户群的服务定制与资源信息的主动推送。该系统通过用户侧电能质量监测子站进行用户需求任务信息解析，获取服务需求，同时检索用户侧电能质量监测子站平台的资源节点，并将结果存入资源信息库，云代理从资源信息库中获取满足用户需求的检索结果，并将服务信息推送到云代理进行资源检索优化决策，最后推送给电力用户。定制推送系统框架如图 3-16 所示。

系统由用户需求库、注册电力资源库以及用户侧电能质量监测子站等三个部分组成。用户需求库主要包括节能监测与分析模块、电能质量综合指标模块、供电技术咨询模块以及装置异常提醒模块；注册资源库主要包括电能质量监测设备、电能质量分析工具、监测数据，以及对软硬件资源进行注册、发布、检索、监控与优化模块；用户侧电能质量监测子站主要包括电能质量监测数据通信、主站系统侧的数据接入以及电能质量数据分析。

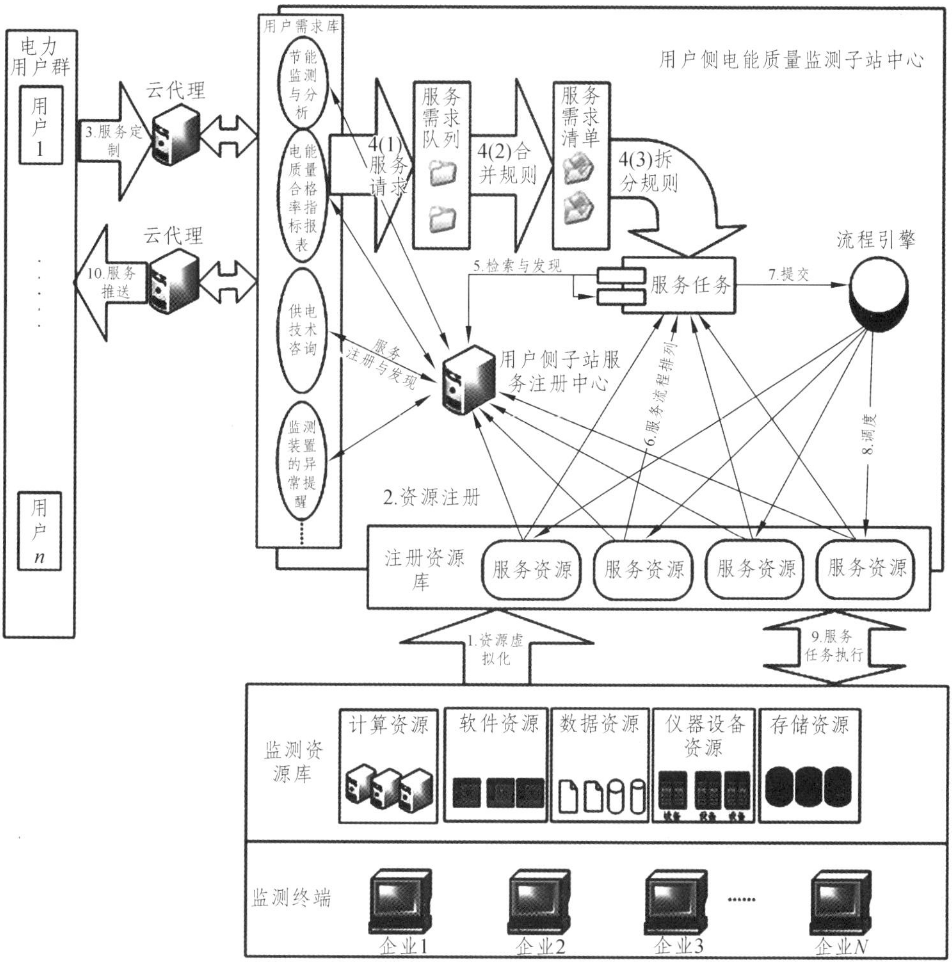

图 3-16　定制推送系统框架

（一）用户需求库

用户需求库包括节能监测与分析模块、电能质量综合指标模块、供电技术咨询模块以及装置异常提醒模块。各模块的功能如下：

（1）用户需求库的节能监测与分析模块：主要通过对所采集的用户侧监测点数据进行定量分析，依据国家电能质量监测法规和技术标准对用户的用电状况进行评价，并将评价意见和改进措施通过子站平台推送到用户端。

（2）用户需求库的电能质量综合指标模块：采用一种考虑时空动态特性的电能质量云评价新方法，通过构建电能质量评价的动态云推理框架和算法，完成电能质量综合评价，从定量输入到动态推理，再到定量输出的映射变换，实时发布监测点电能质量评价结果，电力用户群可以实时登录子站平台进行查询。

（3）用户需求库的供电技术咨询模块：通过对所采集的用户侧监测点数据进行分析，对当前供电系统的状态进行评估，并将供电技术的改进措施与意见通过子站平台推送到用户端。

（4）用户需求库的装置异常提醒模块：通过分析已获取的终端监测数据，判断哪些监测装置产生异常以及产生异常的原因，并将对异常的处理方法通过子站平台推送给用户。

如图 3-17 所示，电能质量数据主要由电网生产数据、设备状态数据、电网营销数据以及科研成果数据四个部分组成。其中，电网生产数据主要包括用电量数据、“两率”数据以及电压监测数据。通过“大数据分析与应用”模块可实现技术研究与孵化、辅助决策支持、大数据融合等功能。

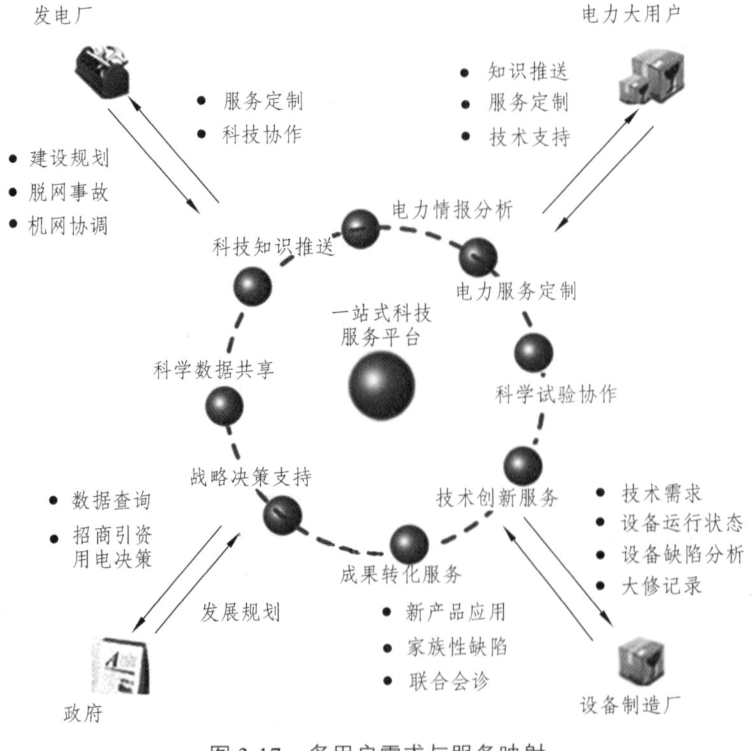

图 3-17　多用户需求与服务映射

子站平台用户包括发电厂、电力大用户、设备制造厂以及政府，发电厂通过子站平台向电网提供建设规划、发电量预测、脱网事件记录、机网协调参数等信息，电网通过子站平台向发电厂提供科技查询与协作、用电量服务定制、电网建设规划等信息。电力大用户通过子站平台向电网提供用电规划、技术请求等信息，电网通过子站平台向电力大用户提供知识推送、技术支持、供电质量定制等信息。设备制造厂通过子站平台向电网提供新产品应用、家庭性缺陷分析、设备状态联合会诊等数据，电网通过公共服务平台向设备制造厂提供技术需求、设备运行状态、设备缺陷分析、设备大修记录查询等信息。政府通过子站平台推送发展规划数据，电网可向政府提供供电质量查询以及面向招商引资的电力决策等基础数据。

（二）注册电力资源库

注册电力资源库主要包括电能质量计算资源、监测设备资源、电能质量分析软件资源、监测数据资源，以及对上述软硬件资源的虚拟化和管控。注册电力资源库通过虚拟化技术将电力资源以抽象的数字化形式进行描述，通过封装后注册到子站平台数据中心，形成共享电力资源池，子站平台对虚拟化封装后的电力资源进行定义、发布、定制、实时调度和监控。其中，用户侧电能质量监测子站包括电能质量监测数据通信、主站系统侧的数据接入以及电能质量数据分析，其中电能质量监测数据通信和主站系统侧数据接入主要通过公网宽带、4G 无线网络的数据通信方式完成电力用户群电能质量监测装置的接入，并采用基于 PQView 平台进行数据转换与接入，进而完成主站系统的数据集成及展示，并通过子站平台进行电力用户群电能质量监测数据的接入、部署与管理。

如图 3-18 所示，电力资源库数据资源虚拟化过程是通过虚拟化封装对监测数据提供逻辑和抽象的表示与管理，通过虚拟化技术，可以实现虚拟化数据资源的实时迁移和动态调度。虚拟化技术可使监测数据资源的表示、访问简化为统一优化管理，是实现电能质量监测数据资源主动推送与监测平台业务协同化的关键技术基础。监测系统数据资源虚拟化过程主要围绕两部分工作来完成，首先是建立数据资源特性文档，其次是资源特性操作的实现。即首先建立面向服务的监测数据资源信息集成表达模型及其数据结构，使用户侧监测系统的服务过程保持信息一致化。然后建立新数据资源特性文档并注册到监测平台数据中心，依据数据资源特性文档描述监测平台数据资源和服务过程，生成基于 XML 的数据资源特性描述文档的文件。应用基于 WS-RF 规范的 Web Service 实现管理接口和操作接口，对每一类数据资源应用编程语言实现资源特性操作类。最后根据数据资源操作文档定义资源特性操作类，调用虚拟器件数据资源部署接口，部署数据资源特性操作类和数据资源特性描述文件，组成新 WS-Resource 服务。调用数据资源发布接口，搜集数据资源属性信息注册到用户侧电能质量监测平台注册中心。

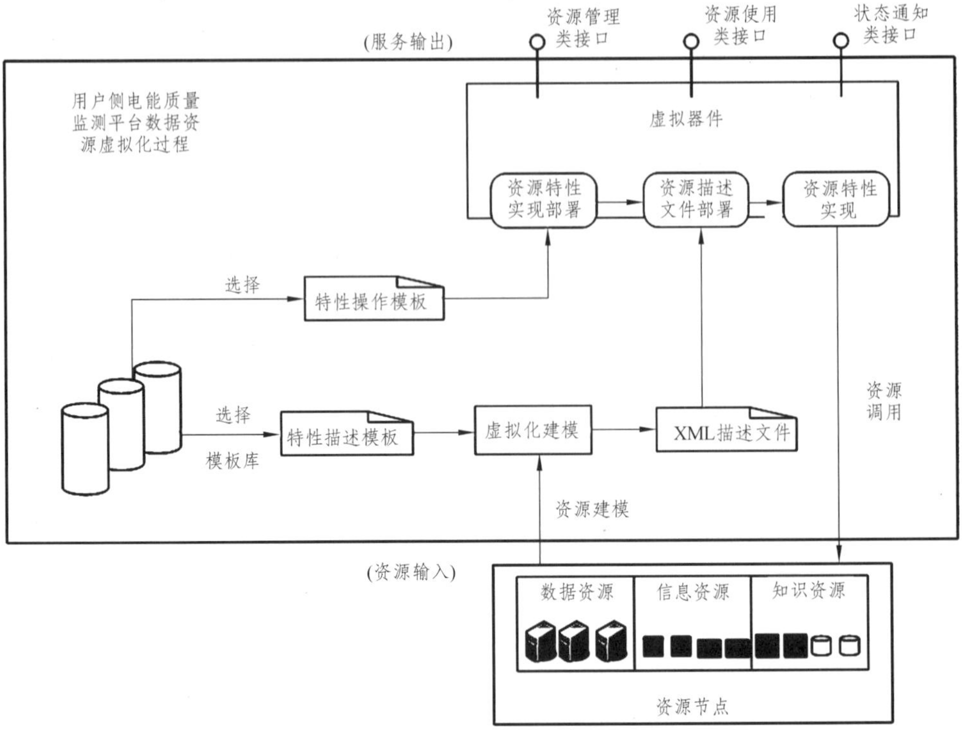

图 3-18　电力资源库数据资源虚拟化过程

（三）用户侧电能质量服务定制推送子站

用户侧电能质量服务定制推送子站包括电能质量监测数据通信、主站系统侧的数据接入以及电能质量数据分析。其中，电能质量数据分析是指子站平台通过将电力用户群电能质量监测数据解析读入数据库中，并通过子站平台的数据分析软件进行用户群电能质量综合指标分析，同时找出污染严重的用户站点，对区域电力用户群电能质量进行评估，并将分析评估结果通过子站平台推送给电力用户群。

用户侧电能质量监测子站完成电力用户群的服务定制与资源信息的主动推送，有利于用户侧及时找出影响电能质量的原因，并采用相应的整改措施，改善现有的供电系统供电质量，为电网的进一步建设完善和事故分析提供准确的历史数据和基础数据。该系统拥有用户服务定制与资源主动推送的功能，大大促进了供、用电双方的交流，用户可以在子站平台上发布服务需求，而电力监管部门可以通过资源库对用户需求进行响应，并将用户所需资源主动推送给用户，以便用户及时的发现供电问题，并对出现的问题提出改进措施。另外，用户也可以登录公共服务平台进行信息的查询等。

用户侧子站平台的实现模型是将 SOA（面向服务的体系架构）向云计算服务平

台扩展，构建基于 SOA 的云计算平台，重点关注服务定义的良好性、实用性、持续性和扩充性。利用 SOA 技术架构优势整合用户侧各监测点资源，既可以调用本地单一功能服务，也可以将异地功能服务集成起来，创建复杂的应用，最终形成松耦合的、基于标准的、协议独立的分布式计算体系结构。SOA 是 Web 服务的主要实现架构，所以实现模型在 SOA 技术体系结构基础上综合应用了 Web 服务的技术。应用基于消息的企业服务总线模式实现各监测点分布式异构资源的部署与管理，同时采用异步或事件驱动模型，实现服务随需应变。企业服务总线提供了即插即用的服务功能。所有的应用服务以高度分布的方式分散在网络上，并驻留在各个独立的、可部署的服务容器中，服务容器提供了分布式的基于 Web Service 服务应用的部署和运行时支持环境、服务接口实现以及监管所支持组件和组件服务，如图 3-19 所示。

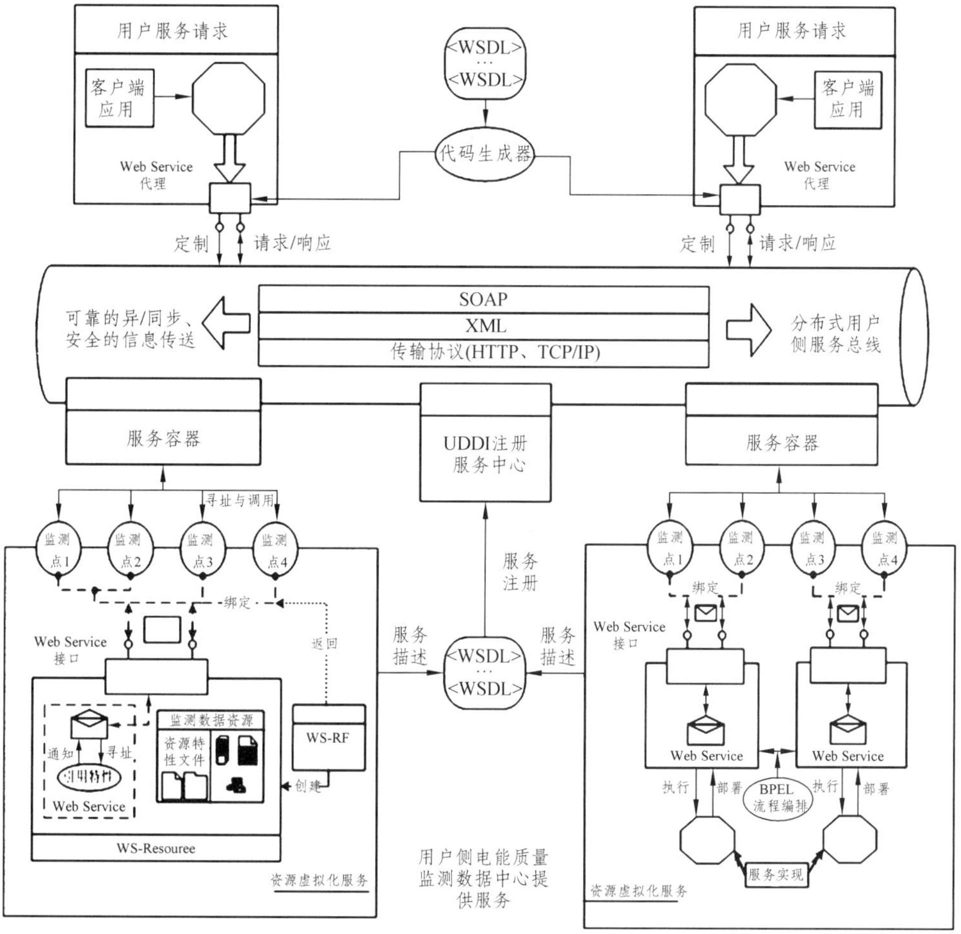

图 3-19　用户侧子站平台的实现模型图

第四章

电能质量分析方法

第一节　电能质量问题分析的基本流程

电能质量问题主要体现在电能质量事故分析和电能质量经济性评价两个方面。电能质量问题分析的基本流程如图 4-1 所示，对图 4-1 的说明如下：

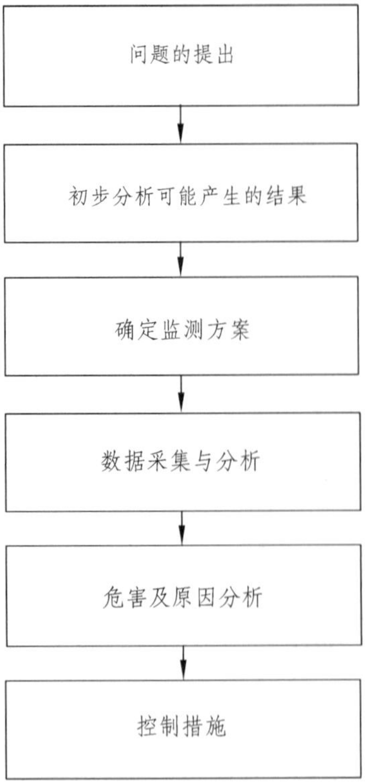

图 4-1　电能质量问题分析流程

1. 问题的提出

针对出现的电能质量问题，首先要开展现场事故调查，并尽可能多地收集背景资料，特别是事故前电网或用户运行方式的变化，事故过程中的电能质量现象，以及事故对电网或用户造成危害等。

2. 初步分析可能产生的原因

电网或电力用户发生的电能质量问题可能与电能质量相关，但有可能与电能质量无关，在解决问题之前，首先要评估电能质量问题可能产生的原因，这就需要专家的工程经验，比如，容性电力设备的损毁可能与谐波谐振有关，风机脱网事故可能与低电压穿越能力不足或负序电流过大有关，10 kV 或 35 kV 电压等级电能质量监测点的谐波电压总畸变率超标可能与中性点接地方式有关等。

3. 确定监测方案

对于缺乏现场监测数据的，通常需要采用事故发生点的电能质量数据。如果是由于稳态电能质量造成的事件，建议采用便携式电能质量监测设备，对于偶然性较强的事件，则建议采用在线式电能质量监测装置。此外，在测试前还需要明确包括测点、监测指标、监测时间等在内的监测方案。

4. 数据采集与分析

电能质量数据分析方法较多，常用的分析方法包括：傅里叶变换法（FFT）、瞬时无功功率法、Prony 分析方法、希尔伯特-黄变换法（HHT）、小波分析方法等。对于谐波分析，FFT 变换依然是当前最有效的分析方法，其存在栅栏效应、频谱泄漏等问题需要在测量时予以考虑。

5. 危害及原因分析

在提出控制措施之前，首先要评估该电能质量问题存在的危害，进行定性或定量的分析，然后分析问题产生的原因。

6. 控制措施

对于危害较大的，通常要考虑电能质量的控制措施。“先管控，后工程”是电能质量控制的基本原则，要优先考虑调整措施，对于无法通过管控措施解决的，才考虑电能质量的控制工程。在实施电能质量控制过程中要考虑到投入与经济效益的协调性，并不是指标控制得越低，其治理效果就越好。

第二节 谐波与间谐波分析方法

电网的谐波问题一直是威胁电网安全稳定运行的重要问题，更是电力部门实现优质供电的重要基础，也是保证高效率、高质量工业生产的必要条件。因此，本小节将对常用的谐波检测与分析方法进行详述。

一、傅里叶变换方法

（一）连续傅里叶变换

傅里叶变换能实现时域到频域的变换，在电力系统中谐波检测中常用于稳态谐波的分析。它不具备时域局部性，只能得到谐波在整个时间段内的频域特征信息，可以把信号分为不同频域进行分析，准确地计算出各次稳态谐波的幅频特征。

连续傅里叶变换（CFT）：若有一个连续的电压周期信号或电流周期信号，可以表示为

$$f(t)=f(t+kT)\quad (k=0，1，2，3，\cdots) \tag{4-10}$$

式中，T 为信号周期，单位为秒（s）。

若函数 $f(t)$ 满足狄利赫利条件，就能够分解变为基波与无数次高次谐波之和的傅里叶级数，其利用三角函数的形态表示的傅里叶级数为

$$\begin{aligned} f(t) &= a_0+a_1\cos\omega t+a_2\cos 2\omega t+\cdots+b_1\sin\omega t+b_2\sin 2\omega t+\cdots \\ &= a_0+\sum_{n=1}^{\infty}(a_n\cos n\omega t+b_n\sin n\omega t)=a_0+\sum_{n=1}^{\infty}c_n\sin(n\omega t+\varphi_n) \end{aligned} \tag{4-11}$$

式中，$\omega=2\pi f=2\pi/T$ 为周期函数基波角频率；a_0 为直流分量；c_n 、φ_n 为 n 次谐波的幅值、初相角；a_n 、b_n 为 n 次谐波的正弦和余弦系数。

其相互关系为

$$c_n=\sqrt{a_n^2+b_n^2} \tag{4-12}$$

$$\varphi_n=\arctan\frac{a_n}{b_n} \tag{4-13}$$

利用三角函数具有的正交性性质，可以求得各项傅里叶系数为

$$a_0=\frac{1}{T}\int_0^T f(t)\mathrm{d}t=\frac{1}{2\pi}\int_0^{2\pi} f(\omega t)\mathrm{d}\omega t \tag{4-14}$$

$$a_n=\frac{2}{T}\int_0^T f(t)\cos n\omega t\mathrm{d}t=\frac{1}{\pi}\int_0^{2\pi} f(\omega t)\cos n\omega t\mathrm{d}(\omega t) \tag{4-15}$$

$$b_n=\frac{2}{T}\int_0^T f(t)\sin n\omega t\mathrm{d}t=\frac{1}{\pi}\int_0^{2\pi} f(\omega t)\sin n\omega t\mathrm{d}(\omega t) \tag{4-16}$$

因为指数函数组 $\{\mathrm{e}^{\mathrm{j}n\omega t}\}$，$(n=0,\pm1,\pm2,\cdots)$ 是一个标准正交基，任何一个函数都可以由它的线性组合来表示：

$$f(t)=\sum_{n=-\infty}^{\infty}F_n\mathrm{e}^{\mathrm{j}nwt},(n=0,\pm1,\pm2,\cdots) \tag{4-17}$$

其中，傅里叶系数 F_n 为

$$F_n=\frac{1}{T}\int_0^T f(t)\mathrm{e}^{-\mathrm{j}nwt}\mathrm{d}t \tag{4-18}$$

（二）离散傅里叶变换

谐波检测一般使用计算机进行，但计算机只能计算有限长的离散时间序列，为了实现有限长的离散时间序列的变换，提出了离散傅里叶变换。对连续信号 $x(t)$ 同步采样，总体采样点数为 N，得到有限长的离散时间数列 $x(n)$。

$$x(n)=\begin{cases}\tilde{x}(n) & 0\leqslant n\leqslant N-1\\ 0 & n<0,\ n\geqslant N\end{cases} \tag{4-19}$$

对信号 $x(n)$ 进行离散傅里叶变换 DFT[$x(n)$]为

$$X(k)=\sum_{n=0}^{N-1}x(n)\mathrm{e}^{-\mathrm{j}\frac{2\pi k}{N}n}\quad 0\leqslant k\leqslant N-1 \tag{4-20}$$

信号 $X(k)$ 的离散傅里叶逆变换 IDFT[$X(k)$]为

$$x(n)=\frac{1}{N}\sum_{k=0}^{N-1}X(k)\mathrm{e}^{-\mathrm{j}\frac{2\pi k}{N}n}\quad 0\leqslant n\leqslant N-1 \tag{4-21}$$

（三）快速傅里叶变换

离散傅里叶可以使连续信号变成有限长的频域离散信号，但是计算量很大。为了方便观察，将离散傅里叶变换改写：

$$X(k)=\sum_{n=0}^{N-1}x(n)W_N^{kn}\quad k=0,1,\cdots,N-1;\ W_N=\mathrm{e}^{-\mathrm{j}\frac{2\pi}{N}} \tag{4-22}$$

观察式（4-22）能够得到，当采样点数为 N 时，完成离散傅里叶变换需要经过 N^2

次乘法计算和 $N(N-1)$ 次加法计算，N 值越大，计算量增长得越快。FFT 是根据 DFT 的奇偶、虚实等特性，对 DFT 进行改进而获得的快速算法。式（4-22）中 W_N 为周期函数，具有周期性和对称性。利用这一特性，将 N 点的 DFT 分化成两个点数为 $N/2$ 的 DFT，这时运算量为 $(N/2)^2+(N/2)^2=N^2/2$，为变换前的一半。若把原来的 DFT 点数分成 $N/4$、$N/8$ 或者更细，那么运算量将大大减少。

将 $x(n)$ 按奇偶性分解成奇数和偶数两个序列，每个序列长度都是 $N/2$，其中 $x_1(n)$ 为偶数序列，$x_2(n)$ 为奇数序列。

$$x(n)=x_1(n)+x_2(n) \quad x_1(n)=x(2n) \quad x_2(n)=x(2n+1) \tag{4-23}$$

对 $x(n)$ 进行离散傅里叶变换：

$$X(k)=DFT[x(n)]=\sum_{n=0}^{N-1}x(n)W_N^{kn}=\sum_{n=0}^{\frac{N}{2}-1}x_1(n)W_N^{2nk}+W_N^k\sum_{n=0}^{\frac{N}{2}-1}x_2(n)W_N^{2nk} \tag{4-24}$$

式中：

$$W_N^{2kn}=(\mathrm{e}^{-\mathrm{j}\frac{2\pi}{N}})^{2kn}=(\mathrm{e}^{-\mathrm{j}\frac{2\pi}{N/2}})^{kn}=W_{N/2}^{kn} \tag{4-25}$$

将式（4-25）代入式（4-24），得

$$X(K)=\sum_{n=0}^{N/2-1}x_1(n)W_{N/2}^{kn}+W_N^k\sum_{n=0}^{N/2-1}x_2(n)W_{N/2}^{kn}=X_1(k)+W_N^kX_2(k) \tag{4-26}$$

式中，$X_1(k)$、$X_2(k)$ 为 $x_1(n)$、$x_2(n)$ 的 $N/2$ 点的 DFT。$X_1(k)$、$X_2(k)$ 是周期函数，且 $W_N^{(N/2+k)}=W_N^{N/2}W_N^k=-W_N^k$，所以 $X(k)$ 的 DFT 可以表示为

$$\begin{cases}X(k)=X_1(k)+W_N^KX_2(k)\\X(k+N/2)=X_1(k)-W_N^KX_2(k)\end{cases} \quad k=0,1,2,\cdots,N-1 \tag{4-27}$$

由此可知，经由 $n-1$ 次分化变换，$N=2n$ 点的 DFT 可以被分解成两点 DFT。那么经由一系列的变换，乘法次数可以减少 $(N/2)\lg 2N$ 次，加法次数减少 $N\lg 2N$ 次。所以 FFT 是可以缩减计算量、提高运算速度的。

（四）频谱分析中的问题

FFT 作为离散傅里叶变换的一种更简单迅速的改进算法，目前在电力系统谐波检测中广泛使用。但是使用 FFT 会出现栅栏效应、频谱混叠和频率泄露等现象，影响准确性。国内外研究人员针对 FFT 应用的以上问题不断地进行研究，提出了一些解决方法。

1. 频谱混叠

采样定理规定，当采样频率为 f_s，所要研究的信号中包含的频率最大值为 f_c 时，只有使得 $f_s \geqslant 2f_c$ 时，才可以无失真地保留各次谐波分量的完整信息。当 $f_s \leqslant 2f_c$ 时，按照定理最高只能检测到信号频率为 $f_s/2$ 的谐波。由于频谱的周期性，原信号中频率低于 $f_s/2$ 的谐波频谱中会掺杂全部频率高于 $f_s/2$ 的谐波分量，形成频谱混叠现象而导致误差等后果。目前，减小频谱混叠的比较普遍的方法有模拟滤波和数字滤波。

使用 FFT 最重要的一步就是要选择合适的采样频率。例如，对于基波频率为 $f_0 = 50$ Hz 的正弦信号，若要采样的信号含有的谐波的最大次数为 17 次（$f_c =$ 850 Hz），采样频率须大于 1700 Hz。采样频率跟采样点数也有相应的联系，当采样点数 N=256 时，采样频率表示为：f_s=50×256=12 800 Hz，这时可以满足要求。

2. 栅栏效应

连续的信号 $f(t)$ 经过 n 点采样后，只能采集到采样点处的信息，非采样点处的信息无法采集，这样我们只能得到信号的部分信息，这种现象就叫作栅栏效应。

栅栏效应和频谱混叠一样，产生的误差是由于算法的性质决定的，只能改善不能根除，但可以在采样时每个周期增加一些采样点数 N，使得“栅栏”之间的距离变小，原来不在采样点处的信号变为采样点处信号。为了在不改变原有的数据的基础上增加采样点，在数据的最后用 0 补充，频率分辨率和数据窗的宽度都不变，变化的只是长度。

3. 频谱泄漏

进行谐波检测时，要使用计算机进行方法计算，就要对信号进行离散采样，将采样后的离散信号经 A/D 转换成数字信号，计算机再应用适合的算法对信号进行检测。而在实际应用中，不可能实现绝对的同步采样，所以肯定会出现截断误差。根据卷积原理，在使用 FFT 时相当于在信号上加数据窗截断，在时域内加数据窗转换为数学表达就是信号与窗函数的乘积，在频域等同于信号与窗函数的卷积：

$$V(\mathrm{e}^{\mathrm{j}\omega})\frac{1}{2\pi}\int_{-\pi}^{\pi}X(\mathrm{e}^{\mathrm{j}\omega})W[\mathrm{e}^{\mathrm{j}(\omega-\theta)}]\mathrm{d}\theta \tag{4-28}$$

由式（4-28）可知，频谱 $V(\mathrm{e}^{\mathrm{j}\omega})$ 经卷积计算后可能会出现频谱泄漏现象。

目前，已经存在修正频率法和数字锁相器法等常用的且效果较好的修正频谱泄露的方法，如图 4.2 所示的频率同步数字锁相装置。利用加窗和插值算法对 FFT 也可以进行修正，加窗可减少频谱泄露，插值算法能够修正因为栅栏效应而产生的误差。

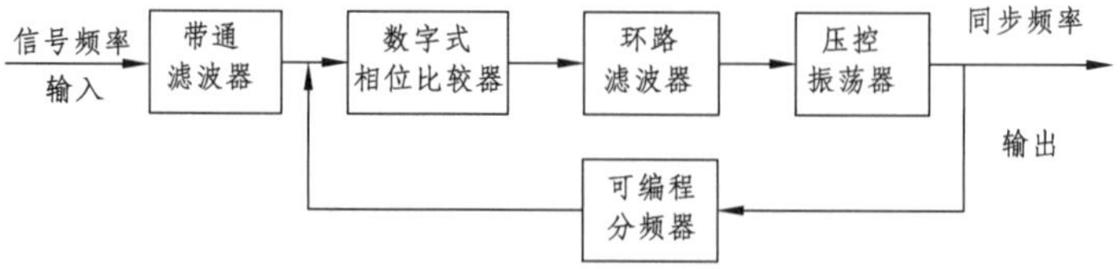

图 4-2 数字锁相器工作原理

二、基于 Prony 算法的谐波分析方法

（一）Prony 算法原理

1795 年，法国数学家 Prony 提出了用复指数函数的线性组合来描述等间距采样数据的数学模型。Prony 算法是一种能够根据采样值直接估算出信号幅值、频率、衰减因子和初相角的分析方法[10]。

$x(0)$，$x(1)$，…，$x(N-1)$为采样数据，令

$$\hat{x}(n)=\sum_{m=1}^{p} b_m z_m^n \text{，} n=0, 1, \cdots, N-1 \tag{4-29}$$

式中，p 为 Prony 模型的阶数；N 为采样数据点的个数，且 $N \geqslant 2p$。设 b_m 和 z_m 是复数，则

$$b_m = A_m \mathrm{e}^{\mathrm{j}\theta_m} \tag{4-30}$$

$$z_m = \mathrm{e}^{(\alpha_m + \mathrm{j}2\pi f_m)\Delta t} \tag{4-31}$$

式中，A_m 为振幅；θ_m 为相位；α_m 为衰减因子；f_m 为振荡频率；Δt 为采样间隔。为使拟合信号向实际信号逼近，采用平方误差最小的原则，即

$$\min \varepsilon = \sum_{n=0}^{N-1} |x(n)-\hat{x}(n)|^2 \tag{4-32}$$

式中 A_m，f_m，θ_m 和 α_m 为未知量，求解步骤如下。

1. 构造特征多项式

由式（4-29）构造：

$$\hat{x}(n-m)=\sum_{l=1}^{p} b_l z_l^{n-m} \text{，} 0 \leqslant n-m \leqslant N-1 \tag{4-33}$$

a_m 乘以式（4-33），并求和，得

$$\sum_{m=0}^{p} a_m \hat{x}(n-m)=\sum_{l=1}^{p} b_l \sum_{m=0}^{p} a_m z_l^{n-m} \tag{4-34}$$

令 $z_l^{n-m}=z_l^{n-p}z_l^{p-m}$，将其代入式（4-34）可得

$$\sum_{m=0}^{p}a_m\hat{x}(n-m)=\sum_{l=1}^{p}b_l z_l^{n-p}\sum_{m=0}^{p}a_m z_l^{p-m} \tag{4-35}$$

构造特征多项式为

$$\varphi(z)=z^p+a_1z^{p-1}+a_2z^{p-2}+\cdots+a_{p-1}z+a_p \tag{4-36}$$

式中，z_1，z_2，…，z_p 为式（4-36）的根。式（4-35）中的 $\sum\limits_{m=0}^{p}a_m z_l^{p-m}$ 恰好是式（4-36）位于根 z_m 处的多项式 $\varphi(z_m)$，而 $\varphi(z_m)=0$，即

$$\hat{x}(n)=-\sum_{m=1}^{p}a_m\hat{x}(n-m) \tag{4-37}$$

2. 求解 z_m 和 b_m 的值

当 $N>2p$ 时，可求出式（4-68）的最小二乘解，将求出的 a_m 代入式（4-36），可求得式（4-36）的解 z_m，将 z_m 代入式（4-29），即可求出 b_m。

3. 求取幅值、频率、初相位和衰减因子

依据求出的 z_m 和 b_m，按式（4-38）可求得幅值、频率、初相位和衰减因子。

$$\begin{cases}A_m=|b_m|\\ f_m=\arctan[\mathrm{Im}(z_m)/\mathrm{Re}(z_m)]/2\pi\Delta t\\ \theta_m=\arctan[\mathrm{Im}(b_m)/\mathrm{Re}(b_m)]\\ \alpha_m=\ln|z_m|/\Delta t\end{cases} \tag{4-38}$$

式中，$m=1,2,\cdots,p$。

（二）参数选取

电能质量的许多问题是与波形相关的，如谐波、间谐波、负序、无功功率、电压突升、电压突降、振荡暂态等。本文以谐波分析为例来验证 Prony 算法应用于电能质量波形分析的可行性。

1. 采样参数

Prony 算法的采样参数包括采样周期和采样时间。采样周期过大，样本点就少，这样可能会丢失某些重要信息；采样周期太小，样本点过多，可能会使信号与误差

的比值下降。根据采样定理，只有采样频率大于信号最高频率的 2 倍时，才不会产生频谱混叠现象。在实际应用中，考虑到应有相当的裕度，一般令采样频率取信号最高频率的 4 倍，此外 Prony 算法必须采取等时间间隔采样。采样时间过短会造成 Prony 分析结果不准确；时间采样过长，算法对于衰减较快的模式可能会无法辨识。采样时间一般应至少为最低频率情况下的 2 个周期，但也不宜太长，实践证明过长的采样时间有时反而会恶化辨识精度。

2. 阶数选取

Prony 算法需要设置模型阶数，但实际的模式个数是未知的，因此模型的阶数选取也就成为 Prony 算法的一大难题。对于模型的阶数选取，常见的做法是将拟合曲线与实际数据曲线做拟合分析，判断两者的拟合效果。信噪比 *SNR* 是常用的拟合指标。*SNR* 定义为

$$SNR = 20\lg\frac{rms[y(k)]}{rms[y(k)-\hat{y}(k)]} \tag{4-39}$$

其中 *rms* 表示均方根，单位为 dB。一般认为 *SNR* 大于 20 dB 以上时，拟合结果基本可以接受。但 Prony 算法对振荡曲线的拟合性能极好，加之若要做到准确辨识，从实验结果来看，20 dB 并不理想。本文通过大量实验数据的仿真分析，认为若要做到准确拟合，*SNR* 值通常不应低于 50 dB。

若某信号解析表达式为

$$\begin{aligned} y(t) = {} & 57.7\mathrm{e}^{-0.000\,11}\cos(2\pi\times 50.02t+\pi/6)+1.43\mathrm{e}^{-0.0735t} \\ & \cos(2\pi\times 150.011t+\pi/4)+0.782\mathrm{e}^{-0.1657t}\cos(2\pi\times 250.139t+\pi/5)+ \\ & 0.215\mathrm{e}^{-0.032t}\cos(2\pi\times 25.017t+\pi/3) \end{aligned} \tag{4-40}$$

由式（4-40）可知，它包含 1 个基波模式、2 个谐波模式、1 个间谐波模式。

实验步骤：

（1）在 MATLAB 平台上编写 Prony 算法程序，并构建信号的数学表达式。

（2）依据本文 2.1 部分所述，选取采样间隔为 0.0005 s，采样时间取 0.1 s（5 个周波），即采样点个数为 200 个。

（3）对采样数据进行 Prony 分析。

（4）依据式（4-39）计算 *SNR* 值，确定模型阶数。

（5）依据式（4-38）得到各模式的幅值、频率等信息。

下面探讨模型的阶数选取问题。当模型阶数取不同值时的 *SNR* 值如表 4-1 所示。

表 4-1　不同阶数的 SNR 值

阶数	SNR/dB	阶数	SNR/dB	阶数	SNR/dB
5	24.8718	8	175.7643	11	210.8997
6	47.9100	9	0.0039	12	206.6027
7	48.4568	10	211.2719	13	209.9647

由表 4-1 可知，当 $n<8$ 时，$SNR<50$ dB，不能很好地满足拟合要求；当 $n=8$ 时，SNR 值已经较为理想，考虑到模型阶数应当具有一定裕量，且不应随模型阶数显著变化，选择模型阶数 $n=10$。事实上，达到拟合要求后取更高的模型阶数已没有意义，且拟合指标并不一定随模型阶数的增加而提高，反而会增加计算量。

当模型阶数取 10 时，对采样数据做 Prony 分析可得到如表 4-2 所示的结果，对照式（4-40）可得：采用 Prony 算法非常精确地得到了各模式的幅值、频率、衰减因子、初相位等物理量值，其误差低于 10^{-5}。值得注意的是，由于 $n=10$，因此做 Prony 分析时会多出一个模式分量，但其幅值近似为 0，显然为冗余模式，应舍去。

表 4-2　Prony 分析结果

模式	幅值/V	衰减因子	频率/Hz	初相位/弧度
1	57.7000	−0.0001	50.0200	0.5236
2	1.4300	−0.0735	150.0110	0.7854
3	0.7820	−0.1657	250.1390	0.6283
4	0.2150	−0.0320	25.0170	1.0472
5	0.0000	−405.2438	81.6346	0.6732

依据表 4-2 的分析结果（去除冗余模式）对信号进行重构，并将之与原始曲线进行对比，如图 4-3 所示。可见，由于拟合情况极好，因此两条曲线极好地重叠在一起。

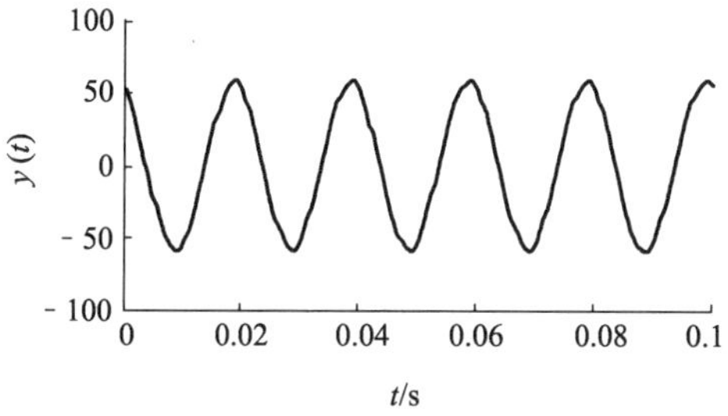

图 4-3　实际曲线与 Prony 重构曲线的对比

Prony 算法具有快速、精确的特点，可以精确得出信号中各模式的幅值、频率、衰减因子、初相位等信息。将 Prony 算法应用于电能质量波形分析时，还应注意若干实际问题，如模型参数的选取问题、去噪问题等。

第三节 谐波阻抗分析方法

现有的谐波阻抗测量估计方法基本上可以分为“干扰式”和“非干扰式”两种。“干扰式”方法主要包括注入法、开关元件法等，通过向系统强迫注入谐波电流或是间谐波电流，或是开断系统某一支路来测量谐波阻抗，该类方法都是通过改变系统的运行状态而产生特定的谐波电流，可能会对系统运行造成不利影响，因此不能广泛使用。“非干扰式”方法主要包括波动量法、回归法等，利用系统自身的谐波源以及可测量参数等来估计谐波阻抗和谐波电压。由于电容器组支路是变电所的常见设备，同时电容器的投切也属于正常操作，因此基于电容器投切的方法得到广泛应用，其可以分为暂态和稳态两类。基于暂态的测量方法是通过测量暂态扰动所引起的电压或电流的暂态变化来提取谐波阻抗，典型的暂态扰动是系统的电容器组的分合闸状态。基于稳态的测量方法是利用系统扰动前后的稳态波形来确定谐波阻抗。

一、“干扰式”谐波阻抗分析方法

（一）谐波电流注入法

谐波电流注入法通过向系统强迫注入谐波电流或间谐波电流来测量系统谐波阻抗。利用谐波电流注入器，将它产生的不同频率谐波电流由要测量的公共连接点处注入电力系统，测量在该点产生的谐波电压，该谐波电压与注入的谐波电流之比就是该点的系统谐波阻抗。其等效电路图如图 4-4 所示。

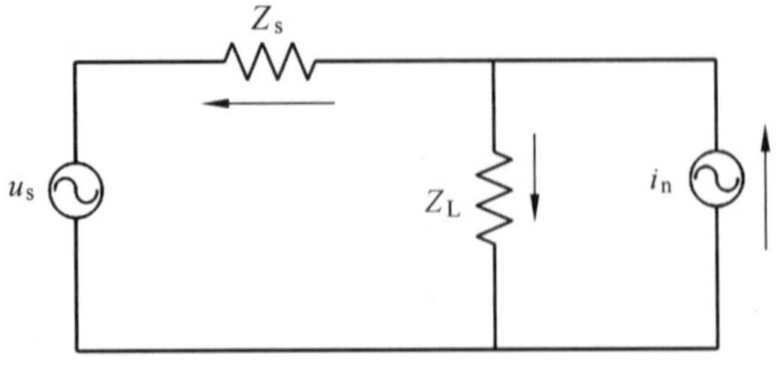

图 4-4 谐波电流注入法等效电路图

谐波电流注入器是一种阻抗为非线性的装置，当系统电压（ 基本上是正弦波）施加其上时，它汲取的是非正弦电流，亦即它是谐波源。从原理上说，测量时系统中应没有其它的该次谐波源，或者是和注入器相比，其它谐波源的该次谐波电流很小，可以忽略不计，从而此时该点的 n 次谐波电压是或基本上是由注入器的 n 次谐波电流产生的。否则，就不能由电压和电流的简单比例关系求得系统谐波阻抗。

实际的电力系统中存在特征谐波，特征谐波是指定系统或装置正常运行时所产生谐波，一般是频率为基波频率整数倍的固有谐波信号。用注入法测量谐波阻抗，如果也以特征谐波频率为频率（即 $50n$ Hz，n 为 1、2.·...）的谐波电流信号注入系统，要得到正确的结果，必须注入一个很大的电流信号才能抑制系统中的特征谐波信号，这不但需要一个功率很大的电流注入装置，而且对整个系统造成一定程度的干扰。为了解决这个问题，通常是使注入器产生的谐波电流是非整数次的，一般将其频率设定为 25 Hz 的奇次整数倍。可以认为电力系统中并不含有这些频率的谐波源，因而可较准确地测得该频率的系统阻抗值，利用这些测量结果作图或插值法可求得所需频率的系统谐波阻抗。

应用非整数次谐波电流发生器，采用谐波电流注入法测量系统的谐波阻抗，几乎可以测量全部注入频率的谐波阻抗，然后再利用插值法得到整数次谐波阻抗，而且系统中已经存在的谐波对谐波频率测量几乎没有什么影响，很低的信号电平就能满足要求，具有相当高的测量准确性。它的局限性是在发生谐振的频率附近阻抗分布离散，利用插值法误差较大，同时，注入系统的谐波电流有可能影响系统的正常运行。

（二）开短路法

开短路法一般包括直接开短路和并联阻抗元件的开短路法。其都是在需要测量谐波阻抗的位置，通过开关元件的动作产生谐波电流扰动。从而根据所测得的谐波电流和谐波电压计算得到系统的谐波阻抗，该方法应用也比较广泛。其等效电路图如图 4-5 所示。

直接开短路法的计算分析：当开关 s 打开时，测量公共连接点谐波电压 V_{01}，然后闭合开关 s，测量公共联接点谐波电压 V_{02} 和谐波电流 I_{02}。则开关 s 闭合前后有：

$$\begin{cases} V_{01} = I_s * Z_s \\ V_{02} = (I_s - I_{02}) * Z_s \end{cases} \tag{4-41}$$

则可以通过计算得到：

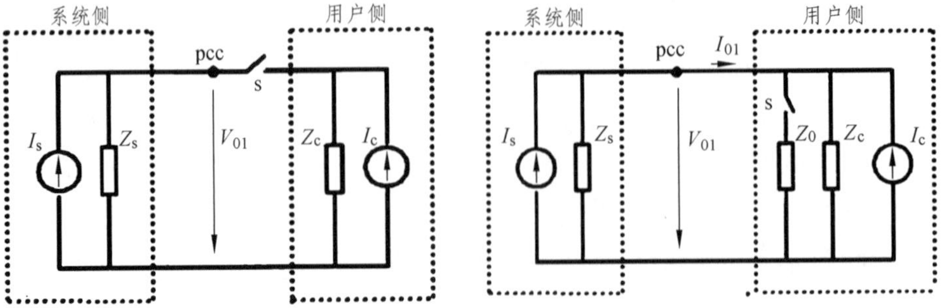

（a）直接开短路法　　　　（b）并联阻抗元件的开短路法

图 4-5　开短路法测量谐波阻抗等效电路图

$$Z_s = \frac{V_{01} - V_{02}}{I_{02}} \tag{4-42}$$

该方法优势在于不需要 Z_s 以及 Z_c 的准确估计值，V_{01} 可以在谐波负荷未投入系统运行时测量，而 V_{02} 和 I_{02} 可以在负载正常运行时测量，但是该方法的缺点是显而易见的，系统不带所测负荷的情况较少、时段较短，对系统的正常运行影响较大，对于谐波阻抗特性估计的准确性有较大的影响。

并联阻抗元件计算分析：当开关 s 打开时，测量公共连接点谐波电压 V_{01} 和谐波电流 I_{01}，然后闭合开关 s，测量公共联接点谐波电压 V_{02} 和谐波电流 I_{02}。

则开关 s 闭合前 Z_0 未并入系统时有：

$$\begin{cases} V_{01} = Z_s(I_s - I_{01}) \\ \dfrac{V_{01}}{Z_s} + \dfrac{V_{01}}{Z_C} = I_s + I_c \end{cases} \tag{4-43}$$

则开关 s 闭合后 Z_0 并入系统时有：

$$\begin{cases} V_{02} = Z_s(I_s - I_{02}) \\ \dfrac{V_{02}}{Z_s} + \dfrac{V_{02}}{Z_c} + \dfrac{V_{02}}{Z_0} = I_s + I_c \end{cases} \tag{4-44}$$

式（4-43）和式（4-44）相减可以得到：

$$(V_{01} - V_{02})\left(\frac{1}{Z_s} + \frac{1}{Z_c}\right) = \frac{V_{02}}{Z_0} \Rightarrow \left(\frac{1}{Z_s} + \frac{1}{Z_c}\right) = \frac{V_{02}}{Z_0(V_{01} - V_{02})} \tag{4-45}$$

以及

$$\frac{V_{02}}{V_{01}} = \frac{I_s - I_{02}}{I_s - I_{01}} \Rightarrow I_s = \frac{V_{01}I_{02} - V_{02}I_{01}}{V_{01} - V_{02}} \tag{4-46}$$

将式（4-45）代入（4-43）中即可得到系统谐波阻抗值 Z_s：

$$Z_s = \frac{V_{01} - V_{02}}{I_{02} - I_{01}} \tag{4-47}$$

该方法的优点与直接开短路法一样，不需要 Z_s 以及 Z_c 的准确估计值，V_{01} 和 I_{01} 可以在并联阻抗未投入系统运行时测量，而 V_{02} 和 I_{02} 可以在并联阻抗投入运行时测量，在实际应用中通常是通过开关电容器支路或者晶闸管支路来得到。相对于谐波电流注入法其精度仅仅取决于各个测量参数的精确程度。但是该方法的缺点在于系统不带所测负荷的时间段一般不能太长，因此这对于系统谐波阻抗的准确估计有较大影响。

二、“非干扰式”谐波发射水平估计

（一）波动量法

波动量法的基本原理为：系统谐波阻抗受系统短路阻抗影响较大，当运行方式固定时，短时间内系统谐波阻抗较为稳定，不会有大的波动，则通过测量在 pcc 点的谐波电流 I_o 及谐波电压 V_o 在该段时间内的波动可以估计出系统谐波阻抗。波动量法等值电路如图 4-6 所示。图中，I_s 为系统侧等值谐波电流源；I_o 为用户侧等值谐波电流源；Z_s 和 Z_o 分别是系统侧等值谐波阻抗与用户侧等值谐波阻抗；V_o 和 I_o 分别为公共连接点测得的谐波电压与谐波电流。

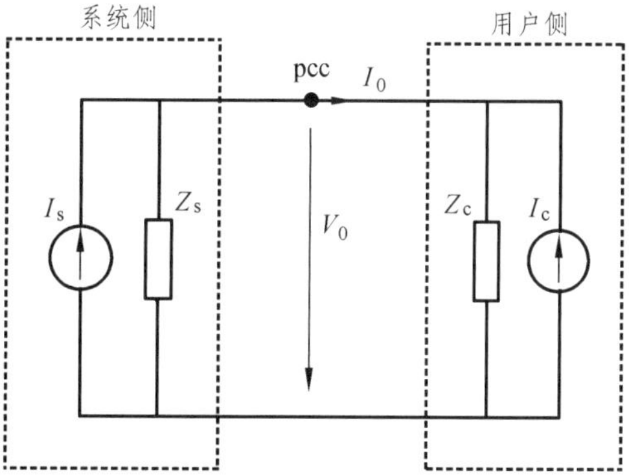

图 4-6　波动量法测谐波阻抗等值电路图

如果用户产生的谐波电流在 pcc 点占支配地位，则通过在 pcc 点的谐波电流 I_o 及谐波电压 V_o 在该段时间内的波动可以估计系统谐波阻抗 Z_s。由系统的诺顿等值电路有：

$$\dot{V}_o = Z_s(\dot{I}_s - \dot{I}_o)$$
$$\dot{V}_o = Z_c(\dot{I}_c + \dot{I}_o) \tag{4-48}$$

如果在 Δt 时间内，由 I_c 引起的 I_o 的波动量是 ΔI_o，而 I_s 和 Z_s 保持不变，则有：

$$\dot{V}_o + \Delta\dot{V}_o = Z_s\dot{I}_s - Z_s(\dot{I}_o + \Delta\dot{I}_o) \tag{4-49}$$

根据式（4-48）和式（4-49）可以得到：

$$Z_s = \frac{\Delta\dot{V}_o}{\Delta\dot{I}_o} \tag{4-50}$$

同理，如果波动出现在谐波源 I_s 一侧，而 I_c 和 Z_c 保持不变，则有：

$$Z_s = -\frac{\Delta\dot{V}_o}{\Delta\dot{I}_o} \tag{4-51}$$

由式（4-50）和式（4-51）得到的一系列复数的实部有正有负，从 Z_s 和 Z_c 的特性可知，复阻抗的实部应该为正，即 $\mathrm{Re}[Z_s]>o$，$\mathrm{Re}[Z_c]>o$。则定义：

$$Z_k = \frac{\Delta\dot{V}_o}{\Delta\dot{I}_o} \tag{4-52}$$

如果 $\mathrm{Re}[Z_k]>0$，用户侧的谐波电流 I_c 明显发生改变，则 Z_k 是相应的 Z_s 的估计值；

如果 $\mathrm{Re}[Z_k]<0$，系统侧的谐波电流 I_s 明显发生改变，则 Z_k 是相应的 Z_c 的估计值；

可以通过对得到的一系列 Z_s 和 Z_c 的估计值取均值或利用其它数理统计方法减少误差。要注意的是，如果谐波电压和谐波电流的变化太小，则其波动值可能与噪声同一水平，估计值也就不再有意义了。

该方法的优点：首先，是一种完全意义上的非干扰式谐波阻抗测量方法，对系统的正常运行不会产生任何的干扰，克服了干扰式测量方法在估计谐波阻抗的同时对系统产生严重干扰的问题；其次，估计方法原理比较简单，易于应用；再次，该方法的测量结果精度相对较高。当然，该方法也有很明显的缺点，要求测量仪器对于谐波电压和电流具有相当高的测量精度，同时，其测量结果的准确性与负荷在 PCC 点产生的谐波波动有很大的关系，因此，需要负荷产生足够大的谐波波动才能够保证测量结果的准确性，在所分析的谐波频率范围内，用户侧的谐波阻抗值应大于系统侧的谐波阻抗值。

（二）二元线性回归法

二元线性回归法是指运用影响一个因变量的两个自变量进行回归分析的一种方

法。关键是通过因变量同两个自变量的因果关系进行回归分析求解回归方程，对回归方程进行检验得出估计值。

设样本的相关方程为 $y = b_0 + b_1x_1 + b_2x_2 + \xi$，则其回方程为 $\hat{y} = b_0 + b_1\hat{x}_1 + b_2\hat{x}_2$，其实验数据为 $(y_i, x_{1i}, x_{2i})\ i = 1, \cdots n$，共有 n 组实验数据，将实验数据与理论数据的误差平方和记为总误差 $\delta = \sum_{i=1}^{n}(y_i - b_0 - b_1x_1 - b_2x_2)^2$，根据最小二乘原理，可以通过总误差最小从而得到 b_0, b_1, b_2 的估计值。

根据数学分析中的极值原理，要使得总误差最小，可以通过求解式（4-53）得到

$$\begin{cases} \dfrac{\partial\delta}{\partial b_0} = 0 \\ \dfrac{\partial\delta}{\partial b_1} = 0 \\ \dfrac{\partial\delta}{\partial b_2} = 0 \end{cases} \tag{4-53}$$

可以得到

$$\begin{cases} b_0 = \overline{y} - b_1\overline{x_1} - b_2\overline{x_2} \\ b_1 = D_1 / D \\ b_2 = D_2 / D \end{cases} \tag{4-54}$$

式（4-54）中

$$\overline{y} = \frac{1}{n}\sum_{i=1}^{n} y_i,\ \overline{x_1} = \frac{1}{n}\sum_{i=1}^{n} x_{i1},\ \overline{x_2} = \frac{1}{n}\sum_{i=1}^{n} x_{i2},\ S_{ii} = \sum_{k=1}^{n}(x_{ik} - \overline{x_i})^2,$$

$$S_{ij} = \sum_{k=1}^{n}(x_{ik} - \overline{x_i})(y_i - \overline{y_i})$$

$$D = S_{11}S_{22} - S_{12}{}^2,\ D_1 = S_{10}S_{22} - S_{20}S_{12},\ D_2 = S_{11}S_{20} - S_{12}S_{10}$$

根据上式即可得到二元线性回归法的估计值。

二元线性回归法原理图同双线性回归法，设图中 V_s 为系统侧等值的谐波电压源，I_c 为用户侧等值的谐波电流源，Z_s 和 Z_c 分别是系统侧谐波阻抗与用户侧谐波阻抗，V_{pcc}, I_{pcc} 分别是公共连接点的电压与电流。则可以得到：

$$\dot{V}_s = \dot{V}_{pcc} + Z_s\dot{I}_{pcc} \tag{4-55}$$

将式（4-55）按照实部（x）与虚部（y）分别展开，则可以得到：

$$\begin{aligned} V_{sx} &= V_{pccx} + I_{pccx} Z_{sx} - I_{pccy} Z_{sy} \\ V_{sy} &= V_{pccy} + I_{pccy} Z_{sx} + I_{pccx} Z_{sy} \end{aligned} \quad (4\text{-}56)$$

则由式（6-19）可以得到：

$$\begin{aligned} V_{pccx} &= V_{sx} - I_{pccx} Z_{sx} + I_{pccy} Z_{sy} \\ V_{pccy} &= V_{sy} - I_{pccy} Z_{sx} - I_{pccx} Z_{sy} \end{aligned} \quad (4\text{-}57)$$

因此根据二元线性回归法，由于V_{pccx}与V_{pccy}以及I_{pccx}，I_{pccy}可以通过实际测量得到，因此可以通过回归算法分别得到V_{sx}，Z_{sx}，Z_{sy}与V_{sy}，Z_{sx}，Z_{sy}，即可得到系统的谐波阻抗估计值。

（三）中位参数等价权稳健回归法

在谐波阻抗评估分析中，经过实部虚部分解，回归方程一般为二元回归方程，其最基本的回归方程为

$$y = b_0 + b_1 x_1 + b_2 x_2 \quad (4\text{-}58)$$

其中样本为(y, x_1, x_2)，回归系数为(b_0, b_1, b_2)。假设一共有 m 组样本观测值，即有 m 组观测方程，从中选择 n 个估计回归系数，则可以得到 $p = C_m^n$ 组回归系数解。提取每组解向量中的第i $(i = 0,1,2)$个元素，构成新的 p 维向量 $b_i = [b_i^1, b_i^2, b_i^3 \cdots b_i^p]$，求取向量$b_i$中位数，将其设为$median(b_i)$，则三组 p 维向量b_0, b_1, b_2的中位数构成中位参数向量为

$$b_{med} = [median(b_0), median(b_1), median(b_2)] \quad (4\text{-}59)$$

计算 p 组解向量与中位参数向量的差值$\Delta b_k = b_k - b_{med}, (k = 1,2 \cdots p)$，对于 p 组差值向量，求各组差值向量的二范数，有

$$\min(\Delta b) = \min[\|\Delta b_1\|, \|\Delta b_2\|, \cdots \|\Delta b_p\|] \quad (4\text{-}60)$$

则最小值$\min(\Delta b)$所对应的解向量即为所求的中位参数解。根据中位参数解$(\hat{b}_0, \hat{b}_1, \hat{b}_2)$利用$\delta\alpha_i = y_i - \hat{b}_0 - \hat{b}_1 x_1 - \hat{b}_2 x_2$可得到 m 组样本观测值的残差向量$\delta\alpha = (\delta\alpha_1, \delta\alpha_2, \cdots \delta\alpha_m)$，取单位权中误差$\delta = 1.438 median(|\delta\alpha_1|, |\delta\alpha_2|, \cdots |\delta\alpha_m|)$。

将中位参数法得到的解向量作为回归估计的初值解，再根据等价权法进行迭代回归分析计算。同样选取应用最广泛的 IGGⅢ方案，其相关等价权函数为

$$P_i=\begin{cases}p_i & |\delta\alpha_i/\delta|<k_0\\ p_i\dfrac{k_0}{|\delta\alpha_i/\delta|}\left|\dfrac{k_1-|\delta\alpha_i/\delta|}{k_1-k_0}\right| & k_0<|\delta\alpha_i/\delta|<k_1\\ 0 & |\delta\alpha_i/\delta|>k_1\end{cases} \tag{4-61}$$

式中，k_0=1.0 ~ 1.5，k_1=2.5 ~ 3.0。

具体计算步骤如下：

（1）根据中位参数法得到初始估计值 $\hat{b}^0$；进而可得初始残差 $\delta\alpha^0$。

（2）根据 $\delta\alpha^0$ 计算 δ^0。

（3）利用 IGGⅢ方案计算得到等价权函数 P^1，得到初始权重，回归计算得到估计值 $\hat{b}^1$。

（4）将步骤（3）中的估计值代替步骤（1）的估计值，得到新的残差以及单位权中误差。

（5）返回步骤（3）中，计算得到新的估计值，以此类推进行迭代回归计算。如果新的估计值与前一个估计值的绝对值之差最大值小于给定的某一个误差参考值，则迭代结束。

根据式（4-59），可以得到以 $y=\begin{bmatrix}U_{phx} & -I_{phx} & I_{phy}\\ U_{phy} & -I_{phy} & -I_{phx}\end{bmatrix}$ 为样本空间，以 $b=\begin{bmatrix}U_{shx} & Z_{shx} & Z_{shy}\\ U_{shy} & Z_{shx} & Z_{shy}\end{bmatrix}$ 为回归系数的二元回归方程组。根据中位参数等价权回归法利用测量值作为样本空间回归得回归系数解。利用求得的回归系数解，可以得到系统侧的 h 次谐波电压源 $U_{sh}=U_{shx}+\mathrm{j}U_{shy}$ 以及系统侧 h 次谐波阻抗 $Z_{sh}=Z_{shx}+\mathrm{j}Z_{shy}$。

三、仿真分析

按照图 4-7 建立仿真模型，进行分析；其中，系统侧等值谐波电压源 V_s 为 $100\sqrt{2}+\mathrm{j}100\sqrt{2}(\mathrm{V})$；用户侧等值谐波电流源服从正态分布，均值为 10+j17（A），其中实部标准偏差为 0.105，虚部标准偏差为 0.115；用户侧等值谐波阻抗服从正态分布，均值为 50+j310（Ω），其中实部标准偏差为 0.23，虚部标准偏差为 0.95；系统侧等值谐波阻抗服从正态分布，均值为 5+j23（Ω），其中实部标准偏差为 0.035，虚部标准偏差为 0.045。

在公共连接点采集 1440 个谐波电压和谐波电流值作为样本，进行分析，如图 4-8 所示。

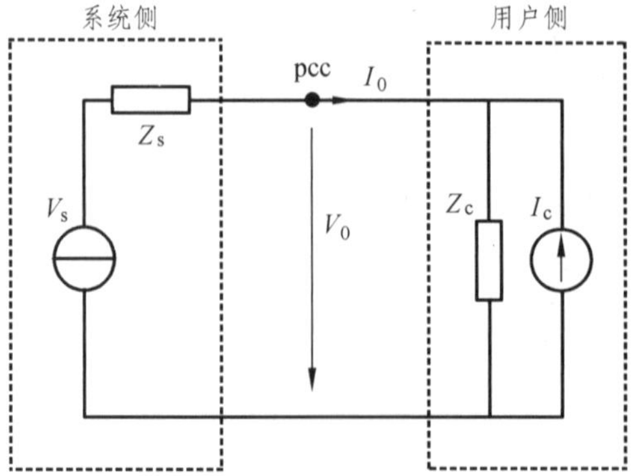

图 4-7 谐波阻抗等值电路图

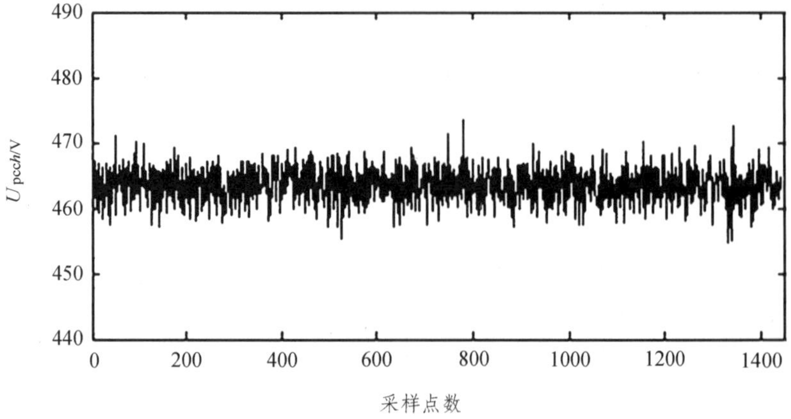

（a）公共连接点 3 次谐波电压幅值

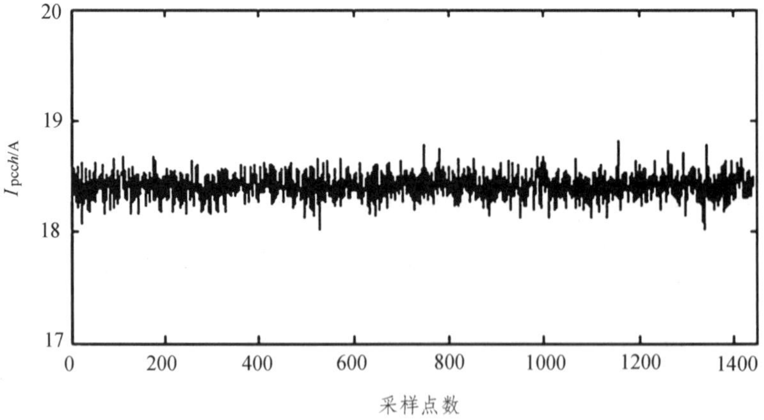

（b）公共连接点 3 次谐波电流幅值

图 4-8　公共连接点处 3 次谐波电压与电流幅值

仿真参数设置同稳健回归法，分别利用二元回归法、普通等价权法、中位参数等价权法分析计算系统谐波电压源以及系统侧谐波阻抗，可得三组不同的结果进行比较。仿真结果如图 4-9 所示。

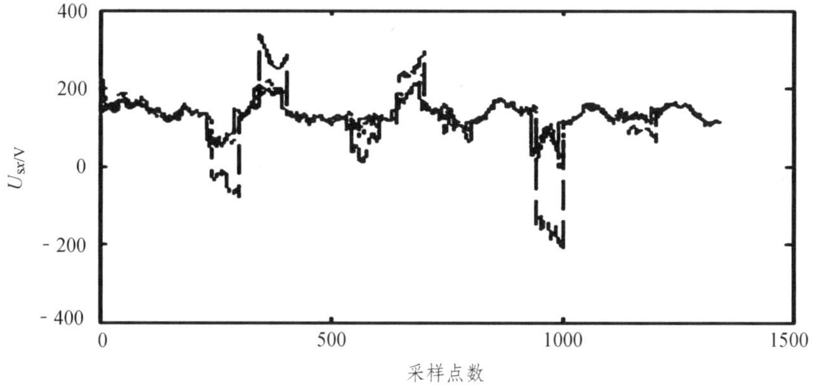

（a）系统侧 3 次谐波电压实部

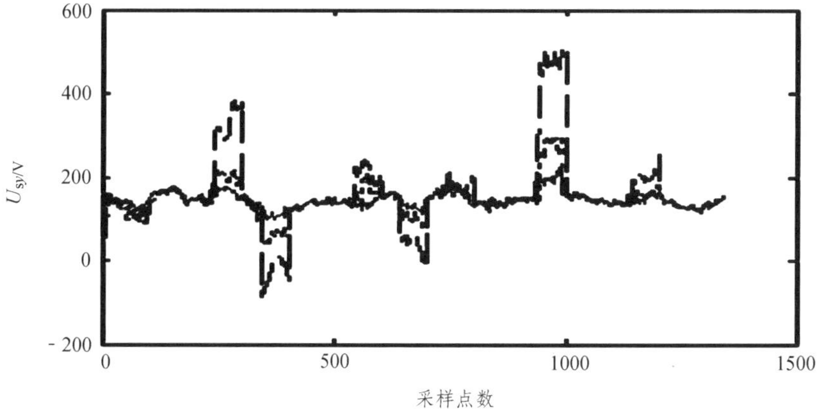

（b）系统侧 3 次谐波电压虚部

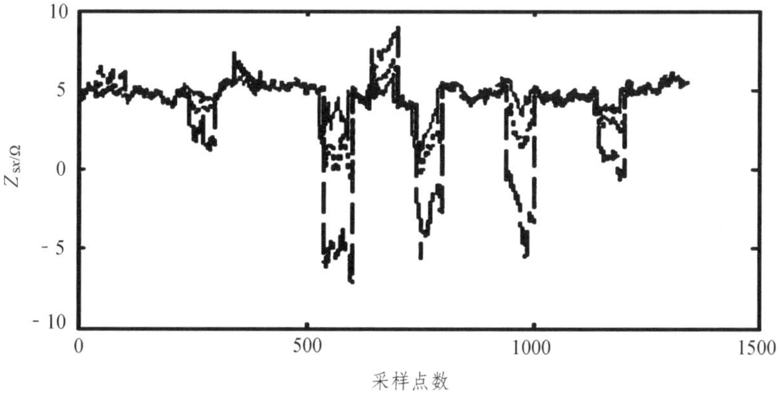

（c）系统侧 3 次谐波阻抗实部

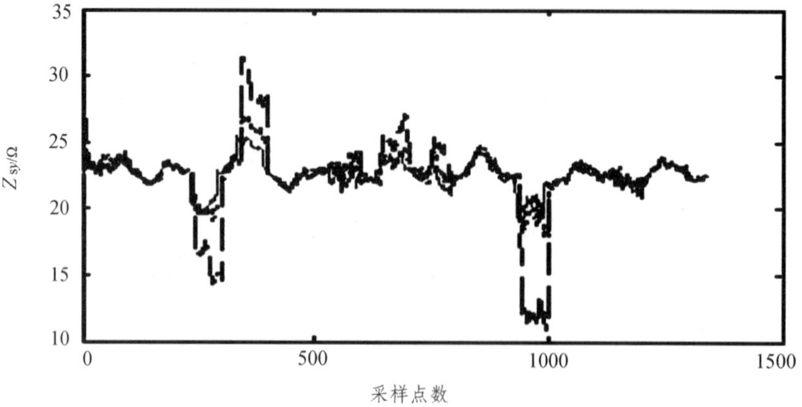

（d）系统侧 3 次谐波阻抗虚部

图 4-9　三种方法分析计算系统谐波电压与谐波阻抗结果

在图 4-9 中，--------表示二元回归法估计值，··········· 表示普通等价权估计值，——表示中位参数等价权估计值。

根据图 6-9 的仿真结果可以看出，在正常点时，二元线性回归法，普通等价权法以及中位参数等价权法计算结果差距不大，计算结果均比较接近理论值。但是在 PCC 谐波电压产生异常值处（即 10、100、300、400、600、700、800、1000、1200 样本点），可以清楚地看到二元线性回归法稳健性最差，因为其并未考虑异常数据的干扰；基于中位参数的等价权法稳健性要好于普通等价权法，其结果更接近系统谐波电压源与谐波阻抗的理论值。从而验证了基于中位参数等价权回归法估计系统谐波电压与系统侧谐波阻抗的优越性。

将图 6-9 中系统谐波电压与谐波阻抗估计值求平均，可以得到三种方法估计平均值与理论值的误差，如表 6-3 所示。

表 6-3　系统谐波电压源与谐波阻抗估计平均值

仿真参数	二元回归法		普通等价权法		中位数等价权法	
理论值	估计	误差/%	估计	误差/%	估计	误差/%
Z_{sx}/5 Ω	4.427	11.45	4.691	6.17	4.905	1.89
Z_{sy}/23 Ω	22.43	2.438	22.69	1.33	22.72	1.21
U_{sx}/141.42 V	120.34	14.902	133.02	5.93	133.70	5.45
U_{sy}/141.42 V	160.13	13.229	148.45	4.97	145.99	3.23

同样从表 6-3 结果也可得出，系统参数估计平均值也是基于中位参数的等价权回归法最接近理论值，估计精确度最高。

第四节　蒙特卡洛法

一、电力系统可靠性评估的主要方法

电力系统可靠性评估的方法主要分为确定性评估和概率性评估两大类。

1. 确定性评估

该方法通过对系统的特定状态进行分析来校验系统的可靠性水平，如电力行业中已经使用多年的 N-1 原则。这种方法简单，计算量小，但是忽略了系统各元件发生故障的不确定性，没有考虑到系统的随机行为，评估结果往往不能反映系统可靠性的真实水平。

2. 概率性评估

相比于确定性评估，该方法由于计及了各事件的概率属性，在电力系统规划、运行、检修等工作中得到了广泛应用。根据系统状态选择不同的方式，概率性评估方法主要分为解析法和蒙特卡洛模拟法。解析法通过枚举系统的所有故障状态，并一一进行状态分析来计算系统的各项可靠性指标。这种方法模型精确，物理概念清晰，计算精度较高，但是计算量会随着系统规模的增大呈指数增长，因此这种评估方法只适用于小规模系统或只需考虑系统低阶故障的情况。蒙特卡洛模拟法利用在区间上均匀分布的随机数模拟系统元件的运行状态，并采用随机抽样的方式获取系统随机状态，最后通过样本统计来计算所求各项指标的估计值，其精度可用估计值的标准误差来表示。这种方法的优点是在指定精度的情况下，所需抽样次数与系统规模无关，因此在大型电力系统可靠性评估中蒙特卡洛模拟法更具优越性。

二、蒙特卡洛法

（一）序贯蒙特卡洛模拟法

序贯蒙特卡洛模拟法的本质是在一定的时间跨度上，通过抽样按照时间顺序模拟每一个元件的状态转移过程，从而建立一个虚拟的系统状态转移循环过程。

在序贯蒙特卡洛仿真中，一般假定元件所处状态的持续时间是服从指数分布的随机变量。为获得服从指数分布的随机变量 X，通常采用反函数法。

令 U 表示在[0，1]上均匀分布的随机变量，$F(X)$ 表示 X 的概率分布函数，则 $F(X)$ 可以写为

$$F(X)=1-\mathrm{e}^{-\lambda x} \tag{4-62}$$

根据反函数法：

$$U=F(X)=1-\mathrm{e}^{-\lambda x} \tag{4-63}$$

因为 1-U 和 U 均服从[0，1]上的均匀分布，故：

$$X=-\frac{1}{\lambda}\ln U \tag{4-64}$$

最后，根据式（4-64）可以获得服从指数分布的系统元件状态持续时间。

基于上述分析，下面介绍序贯蒙特卡洛法的基本步骤：

（1）指定元件的初始状态，通常假定所有元件在开始时都处于正常运行状态。

（2）按照式（4-65）对各元件当前所处状态的持续时间进行抽样：

$$T_i=-\frac{1}{\lambda_i}\ln U \tag{4-65}$$

式中，若原件 i 当前处于运行状态，λ_i 表示原件 i 的失效率；若元件 i 当前处于停运状态，λ_i 表示原件 i 的修复率。

（3）在给定的时间跨度内重复（2），并且记录所有元件的时序状态转移过程，如图 4-10 所示。

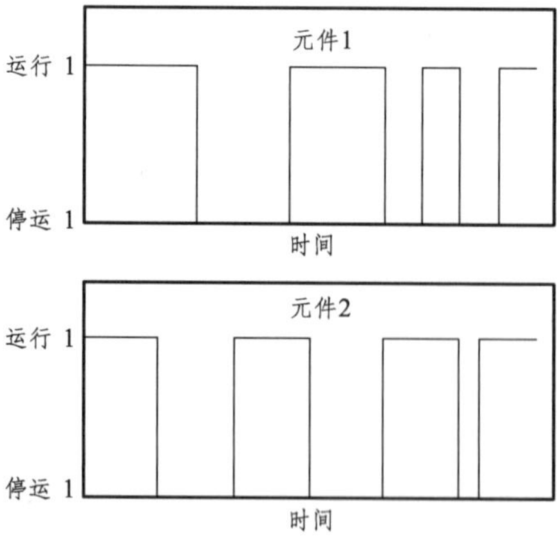

图 4-10　元件时序状态转移过程

（4）组合所有元件的时序状态转移过程，建立系统的时序状态转移过程，如图 4-11 所示。

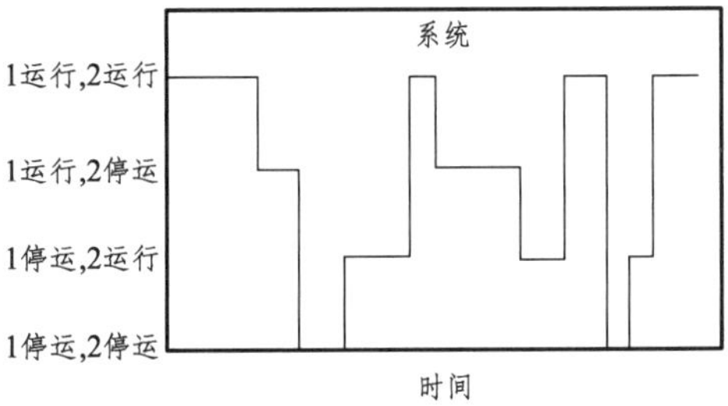

图 4-11　系统时序状态转移过程

可以看出，序贯蒙特卡洛法的主要优点在于它能够方便地计算频率和持续时间指标，并能够灵活地模拟服从任何分布的元件状态持续时间（本文以指数分布为例说明）。但由于该方法需要存储系统所有元件的状态转移过程，需要占用更多的计算时间和存储容量。此外，该方法需要所有与元件状态持续时间分布相关的参数，在某些情况下，特别是对于多状态元件模型，在实际系统中很难获得所有数据。

（二）非序贯蒙特卡洛模拟法

非序贯蒙特卡洛法主要是针对系统中每一个元件的状态进行抽样，并通过组合所有元件的状态得到该系统的状态。假设系统包括 N 个元件，那么系统状态可以表示为一个 N 维向量 $X=[x_1,x_2,\ldots,x_N]$，其中任一个元件 i 所处的运行状态 x_i 可用一个在区间[0，1]上均匀分布的随机数 r_i 来模拟，即

$$x_i=\begin{cases}0, & r_i>p_i \quad （正常状态）\\ 1, & 0<r_i\leqslant p_i \quad （故障状态）\end{cases} \tag{4-66}$$

式中，p_i 为元件 i 的故障概率。

若令 $F(X)$ 表示系统状态函数，$P(X)$ 表示系统状态的发生概率，则系统可靠性指标可表示为

$$E[F(X)]=\sum_{X\in\Omega}F(X)P(X) \tag{4-67}$$

式中，Ω 为系统状态空间。

根据数理统计相关知识，$F(X)$ 的样本均值可以作为其期望值的无偏估计，即

$$E[F(X)]=\hat{E}[F(X)]=\frac{1}{n}\sum_{i=1}^{n}F(X_i) \tag{4-68}$$

式中，$\hat{E}[F(X)]$ 为 $E[F(X)]$ 的估计值；n 为样本容量；$F(X_i)$ 为第 i 次抽样得到的系统状态函数。

为判断抽样精度，非序贯蒙特卡洛法通常以方差系数 β 的大小作为度量，其表

达式为

$$\beta = \frac{\sqrt{V\{\hat{E}[F(X)]\}}}{\hat{E}[F(X)]} = \frac{\sqrt{V[F(X)]/n}}{\hat{E}[F(X)]} \tag{4-69}$$

式中，$V(\cdot)$ 为方差算子。

$V\{\hat{E}(F(X)]\}$ 的无偏差估计值为

$$\hat{V}\{\hat{E}(F(X)]\} = \frac{1}{n(n-1)}\left\{\sum_{i=1}^{n}[F(X_i)]^2 - \frac{1}{n}\left[\sum_{i=1}^{n}F(X_i)\right]^2\right\} \tag{4-70}$$

将式（4-68）和式（4-70）代入式（4-69）中，计算可得抽样精度。

非序贯蒙特卡洛法的模型简单，内存占用少，所需原始可靠性数据也相对较少，并可以方便地计及负荷变化、天气情况等其他因素，比较适合应用在大规模电力系统可靠性评估中，以及对计算速度要求较高的场合下。

第五章

干扰源辨识技术

目前谐波辨识的方法主要有基于谐波功率潮流和基于谐波阻抗的方法，其中谐波功率潮流法又包括有功功率法和无功功率法，此类方法主要是定性分析。其中，有功功率法利用谐波有功功率符号的正负来识别谐波源的位置，然而经过相关证明表明此方法同样存在一定的不合理性，指出谐波源的识别应由公共耦合点两侧的开路谐波电压源幅值大小决定，而不应当受两侧相角差的影响。在此基础上，有学者提出了叠加法，该方法是在已知系统侧和用户侧参考谐波阻抗的前提下获得，然而实际应用中很难获得参考谐波阻抗，该法在实际应用中受到一定的限制。由于电力系统有功功率主要与相角有关，而无功功率则主要取决于系统电压的幅值，因此有文献提出一种基于无功功率（Q）的检测思路，然而该方法只在 $Q>0$ 时正确，当 $Q<0$ 时不能判断。为解决 $Q<0$ 时无功功率法不能得出确定结论的问题，有学者提出了临界阻抗法，然而该法需要估算系统和用户侧的谐波阻抗值，并且认为谐波阻抗在系统中均匀分布，由于实际电力系统负荷波动比较大，该法在实际应用中受到了一定的限制。而基于谐波阻抗的方法包括最小二乘法、临界阻抗法、波动量法和线性回归法等，该类方法需要一定量化参数，其中最小二乘法主要是将非线性负荷从线性负荷中分离出来，临界阻抗法的实现前提是对谐波阻抗有一定的先验知识，波动量法和线性回归法能通过计算谐波发射水平来进行谐波源的判定。此类方法在原理上是清楚、完善的，然而它的前提很难实现，因为谐波阻抗是在扰动的情况下测得，实际中扰动具有随机性，不稳定性。

基于相关性分析的谐波源辨识方法主要通过快速有效分析系统实测数据，通过对数据进行加工提炼提取扰动特性并完成自动识别。该方法首先进行系统与用户侧的谐波潮流流向判断，找出所有从用户侧流向系统侧谐波源；然后，通过波动量法，在所有用户侧谐波源中辨识出主导次谐波源；最后，对主导次谐波源进行相关性分析，通过相关系数的大小进行各谐波源的污染责任划分。

第一节 基于阻抗法的谐波源辨识

一、谐波阻抗实测分析

（一）基于电容器投切的谐波阻抗测量

1. 谐波阻抗计算

基于投入电容器前、后 100 个周波采样数据测得的各次谐波阻抗 100 个散点图如图 5-1 所示。

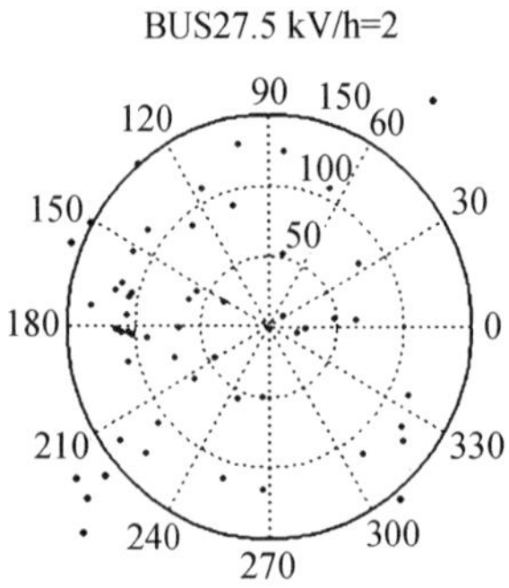

（a）2 次谐波阻抗测量值

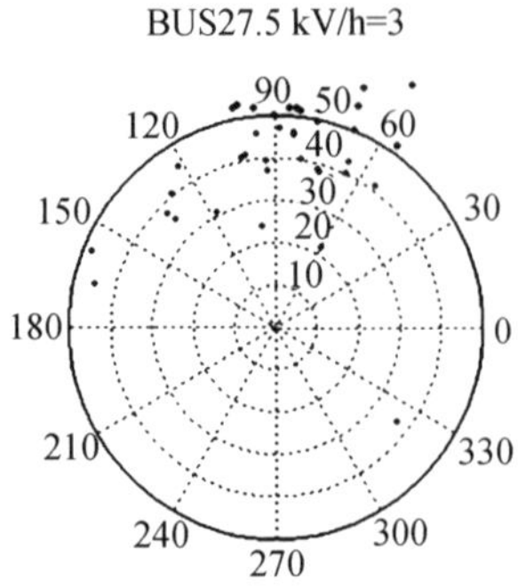

（b）3 次谐波阻抗测量值

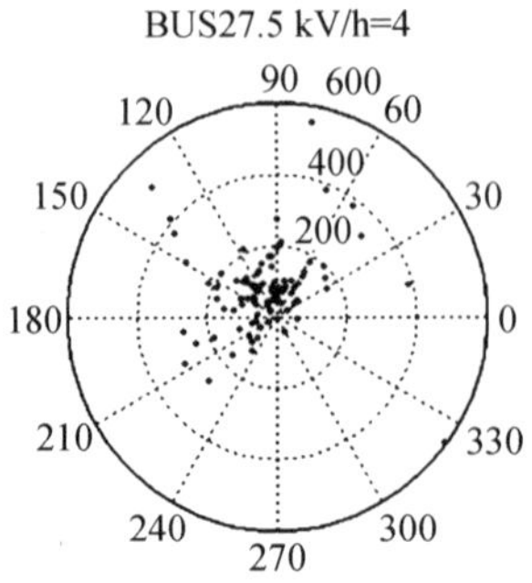

（c）4 次谐波阻抗测量值

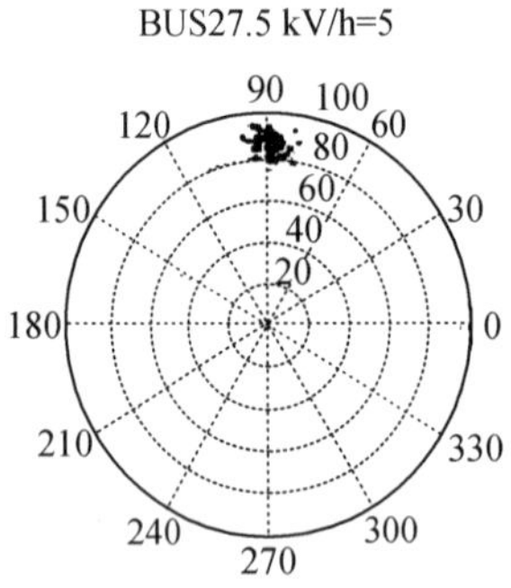

（d）5 次谐波阻抗测量值

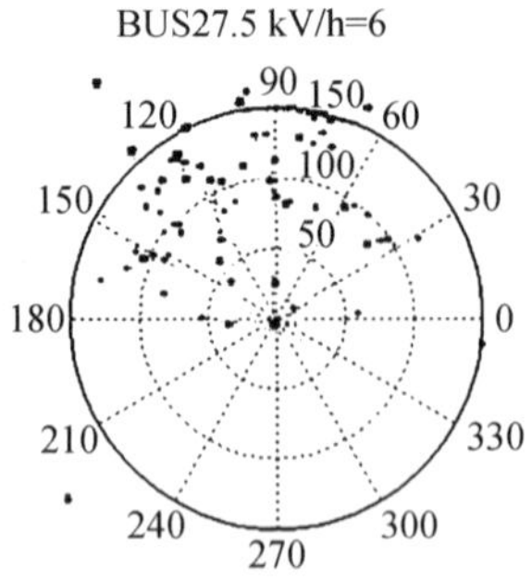

（e）6 次谐波阻抗测量值

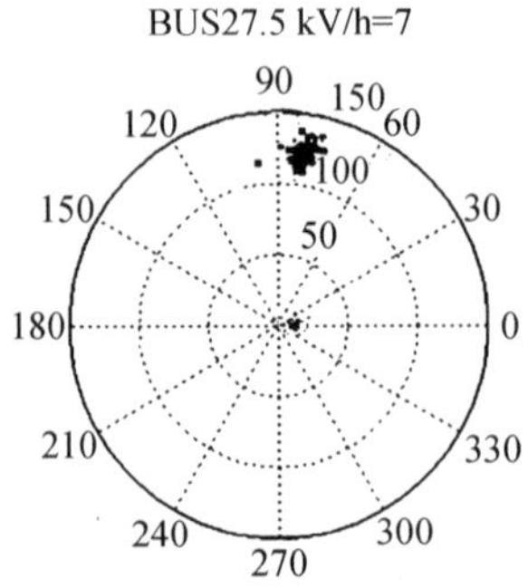

（f）7 次谐波阻抗测量值

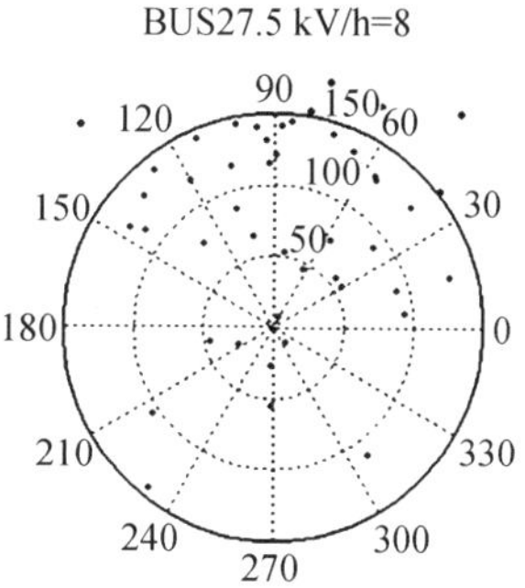

（g）8 次谐波阻抗测量值

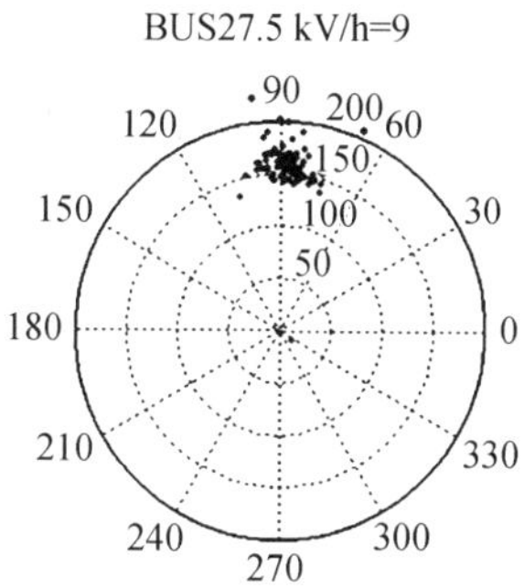

（h）9 次谐波阻抗测量值

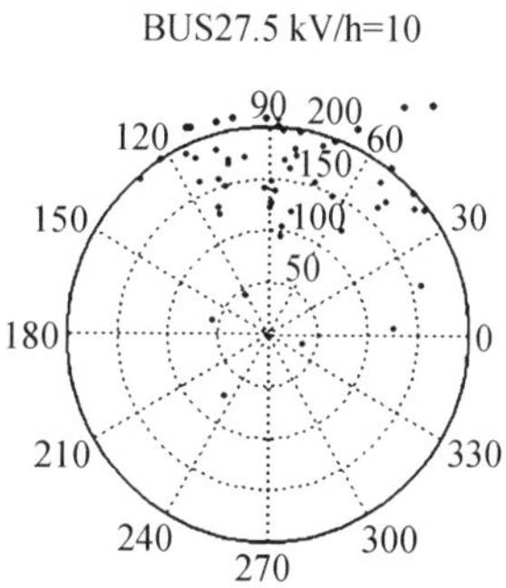

（i）10 次谐波阻抗测量值

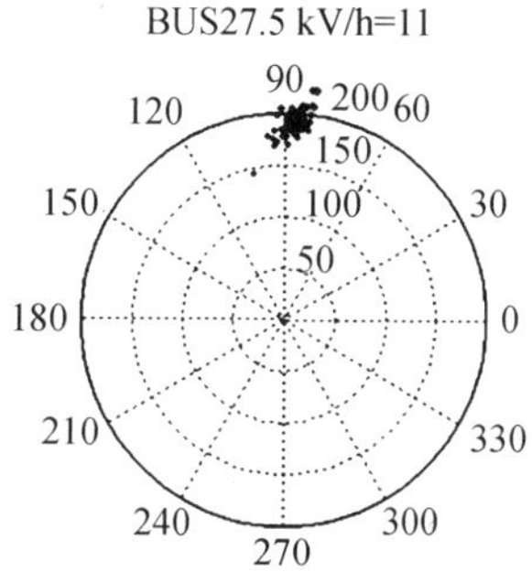

（j）11 次谐波阻抗测量值

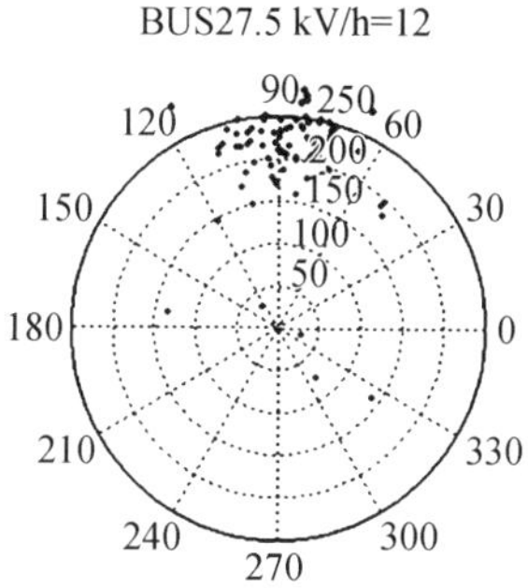

（k）12 次谐波阻抗测量值

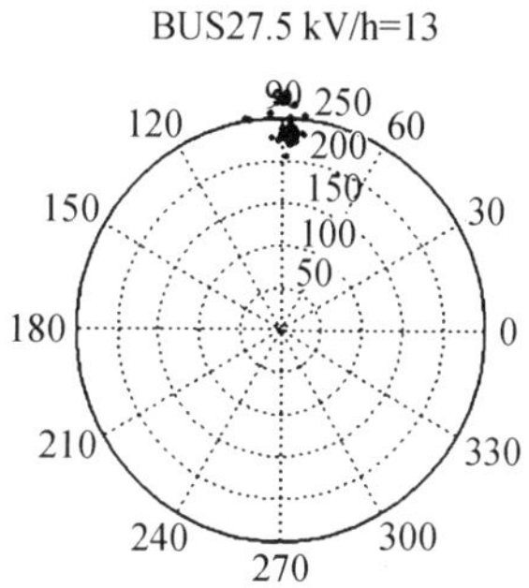

（l）13 次谐波阻抗测量值

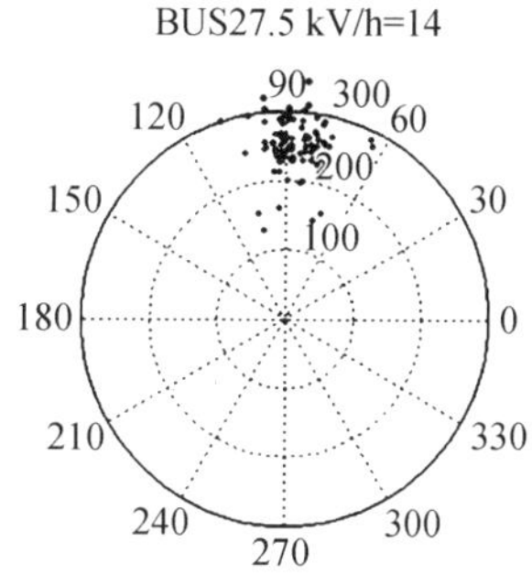

（m）14 次谐波阻抗测量值

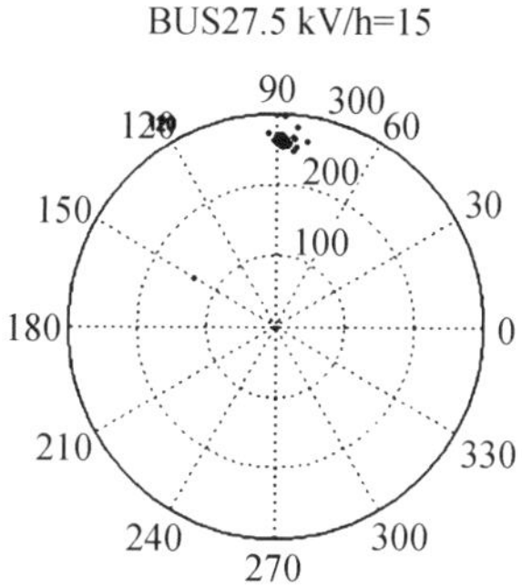

（n）15 次谐波阻抗测量值

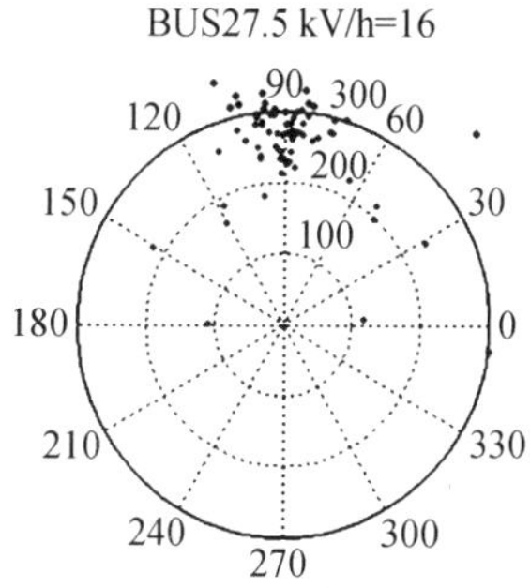

（o）16 次谐波阻抗测量值

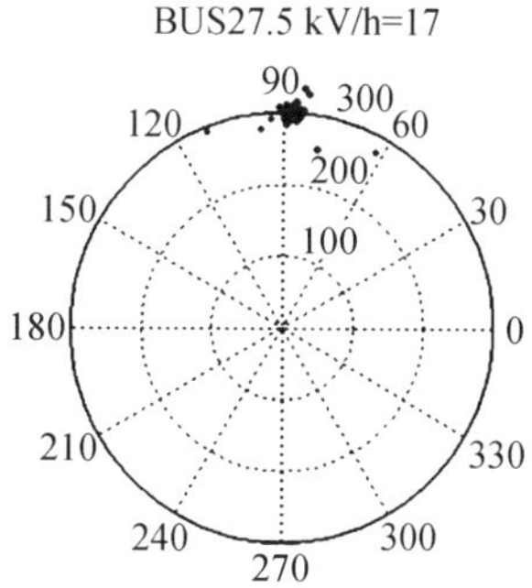

（p）17 次谐波阻抗测量值

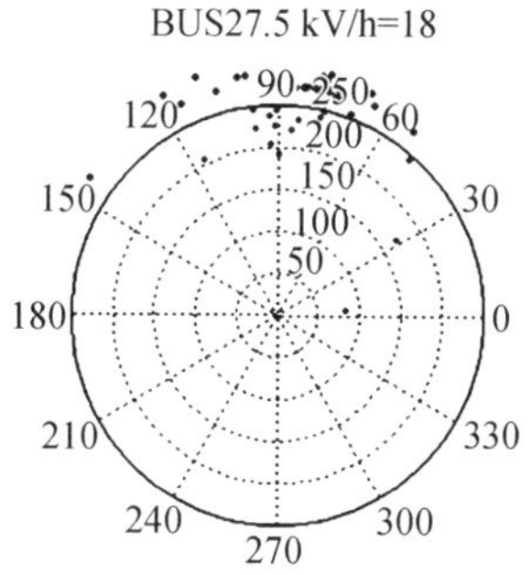

（q）18 次谐波阻抗测量值

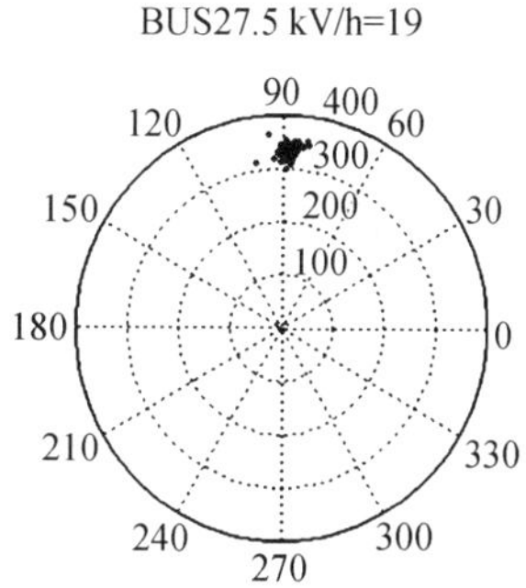

（r）19 次谐波阻抗测量值

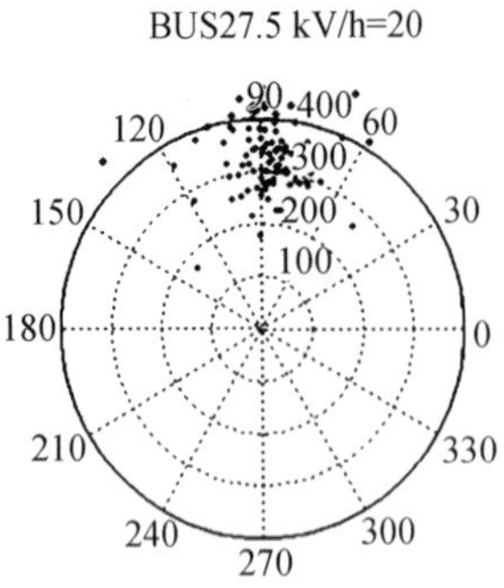

（s）20 次谐波阻抗测量值

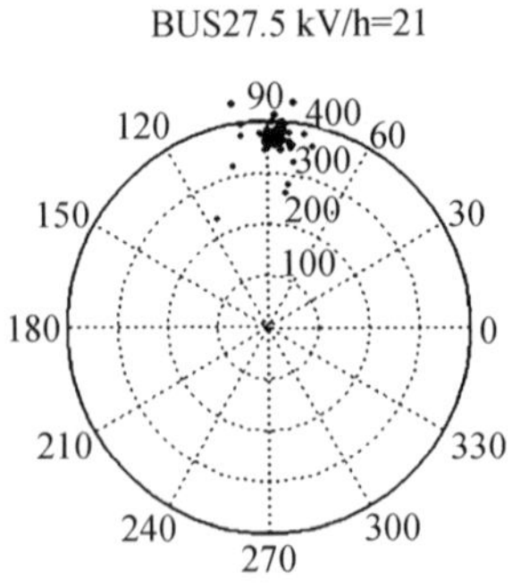

（t）21 次谐波阻抗测量值

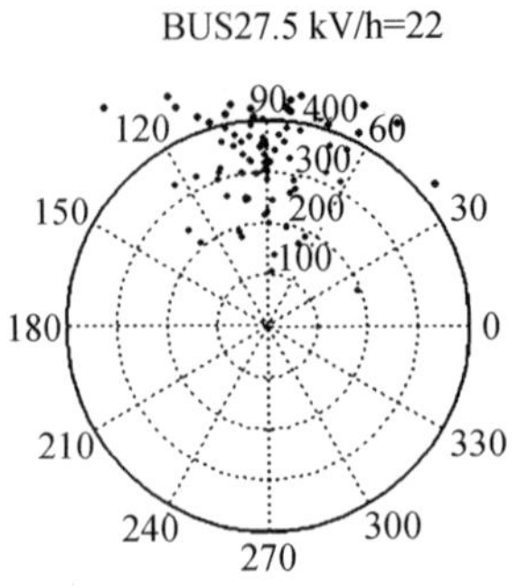

（u）22 次谐波阻抗测量值

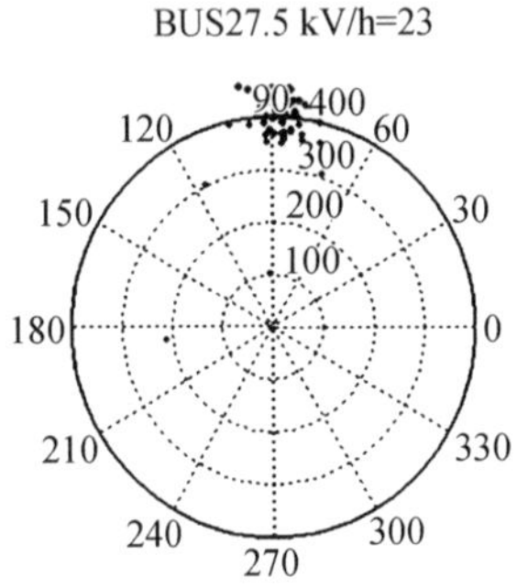

（v）23 次谐波阻抗测量值

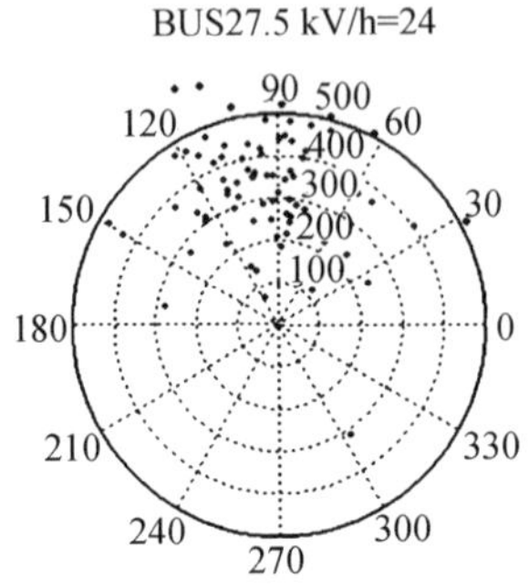

（w）24 次谐波阻抗测量值

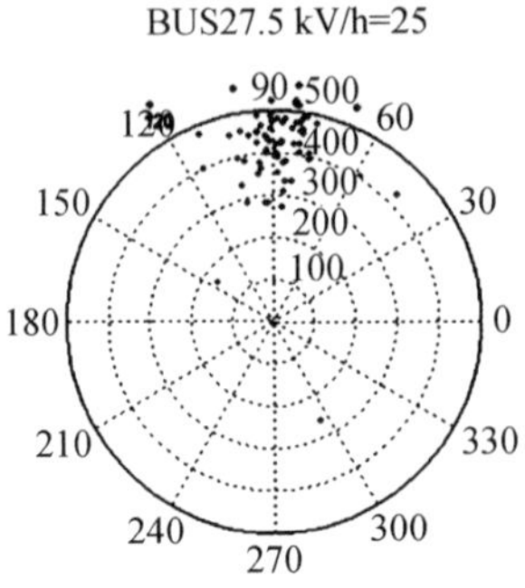

（x）25 次谐波阻抗测量值

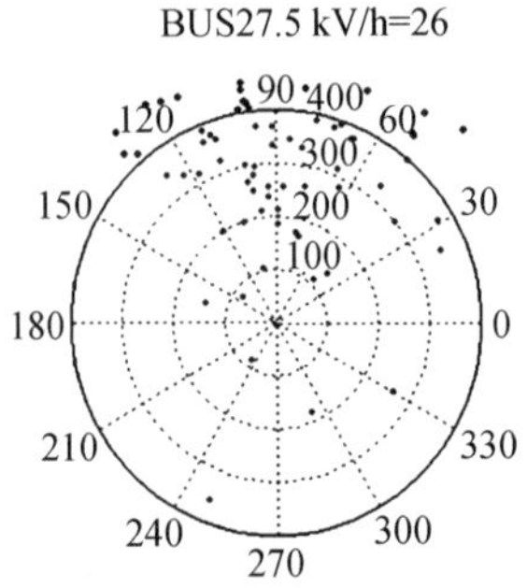

（y）26 次谐波阻抗测量值

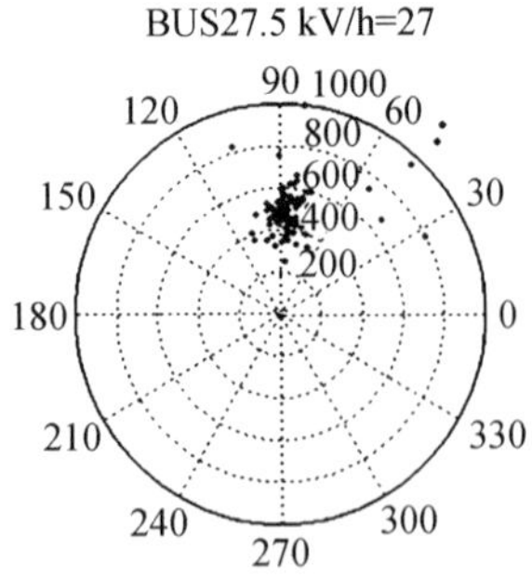

（z）27 次谐波阻抗测量值

图 5-1　基于电容器投切的谐波阻抗测量值

由各次谐波阻抗测量值可以看出：偶次谐波阻抗测量值在复平面发散；5 次、7 次、13 次、15 次、17 次谐波阻抗测量值在复平面很集中；而 9 次、11 次、19 次、21 次谐波阻抗测量值要发散一些；21 次以上的谐波随着谐波次数增大，谐波阻抗测量值与更趋于发散，与偶次谐波相当；3 次谐波相对其他奇次谐波而言，其谐波阻抗测量值要更发散。

2. 谐波功率信噪比

投入电容器前（灰色）和投入电容器后（红色）两组各 100 个周波测量数据的各次谐波功率信噪比如图 5-2 所示。

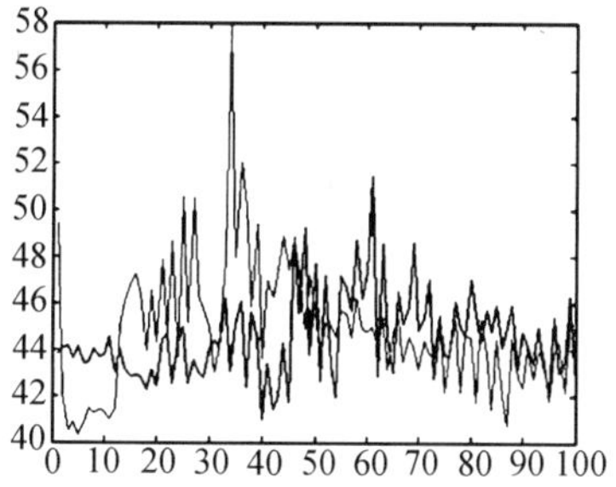

（a）2 次谐波功率信噪比

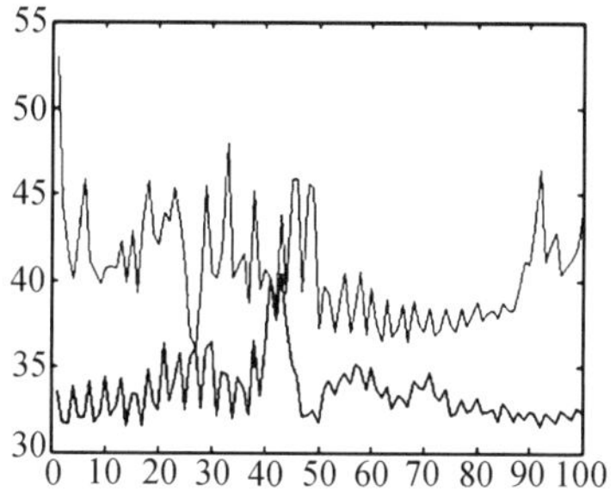

（b）3 次谐波功率信噪比

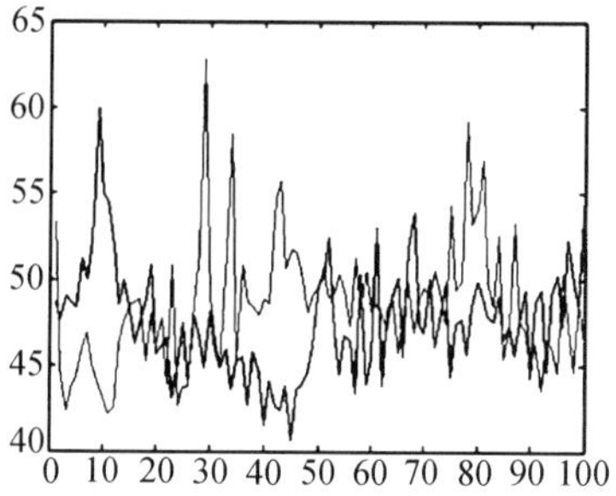

（c）4 次谐波功率信噪比

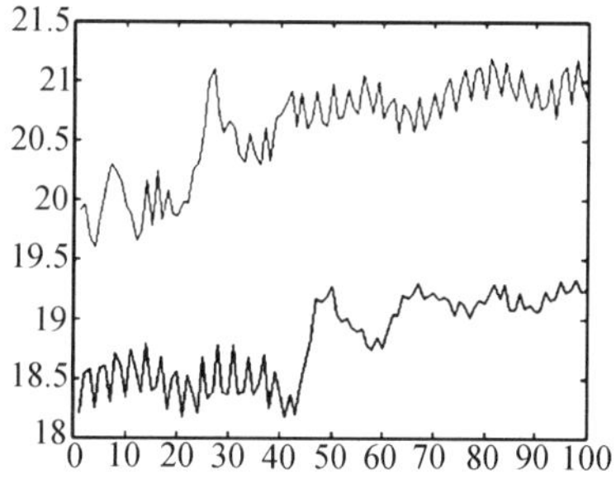

（d）5 次谐波功率信噪比

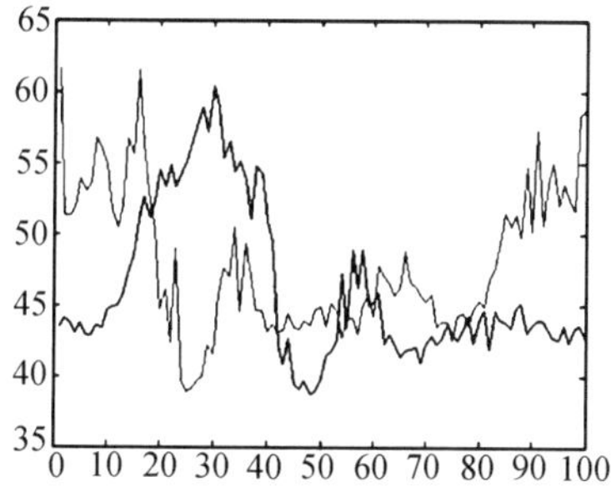

（e）6 次谐波功率信噪比

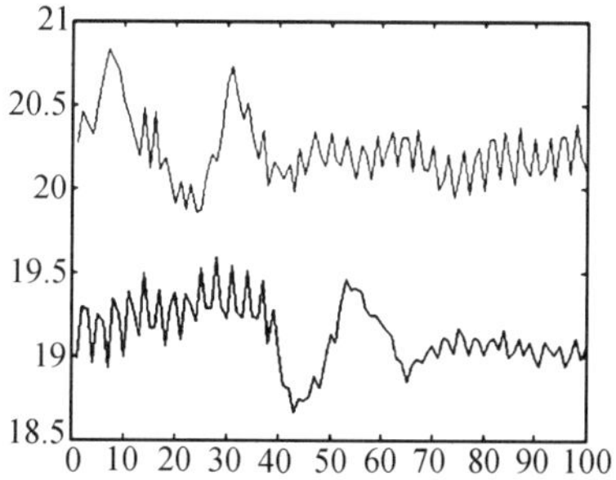

（f）7 次谐波功率信噪比

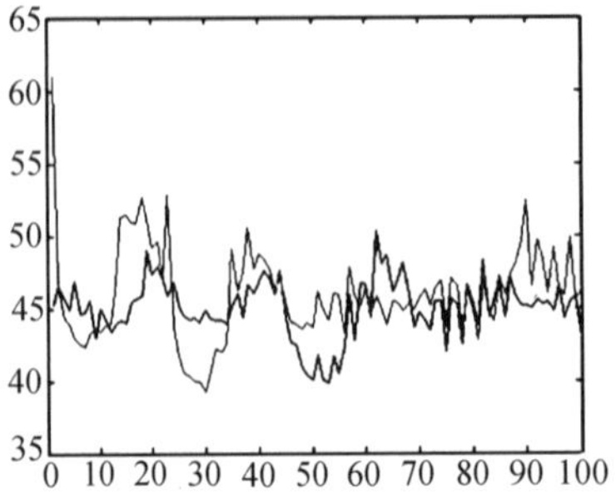

（g）8 次谐波功率信噪比

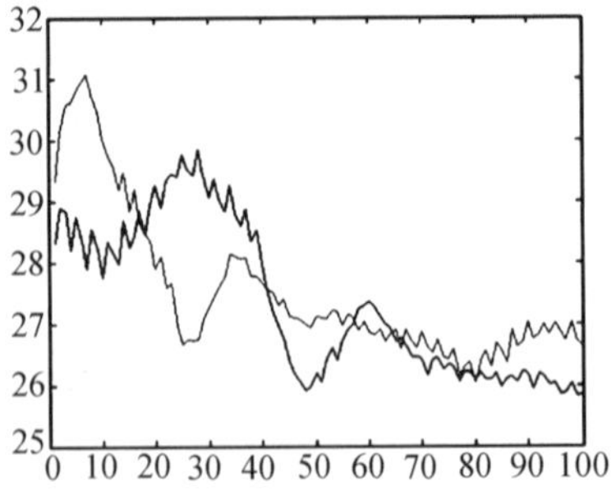

（h）9 次谐波功率信噪比

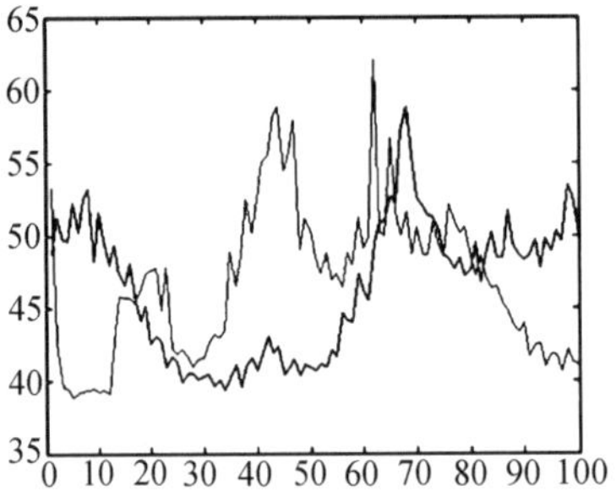

（i）10 次谐波功率信噪比

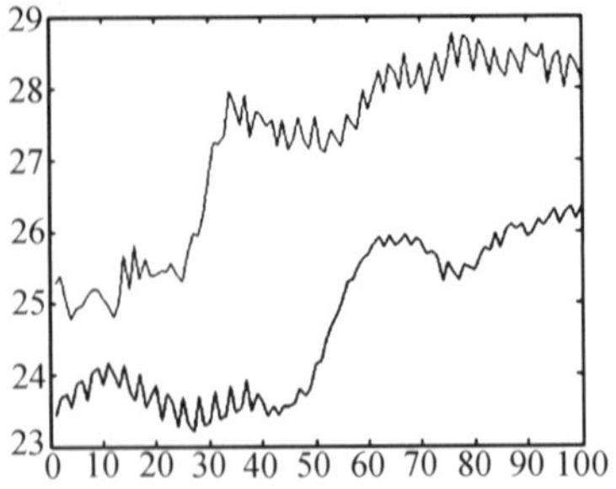

（j）11 次谐波功率信噪比

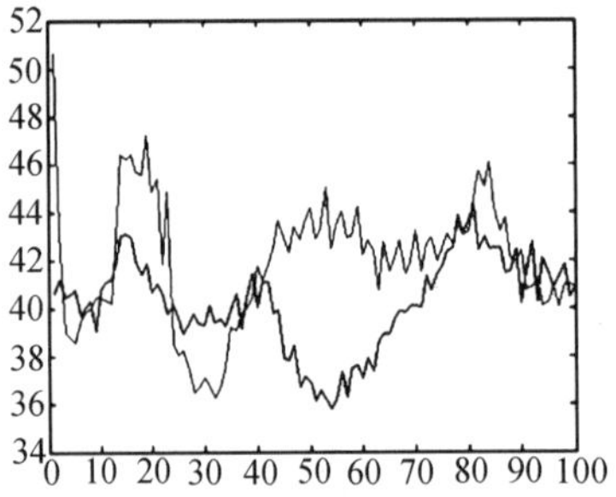

（k）12 次谐波功率信噪比

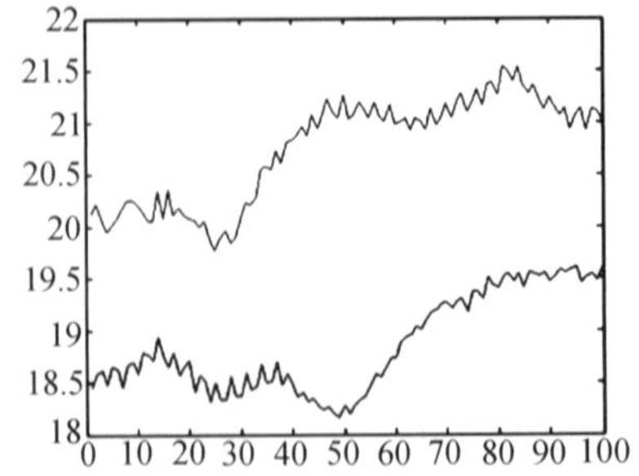

（l）13 次谐波功率信噪比

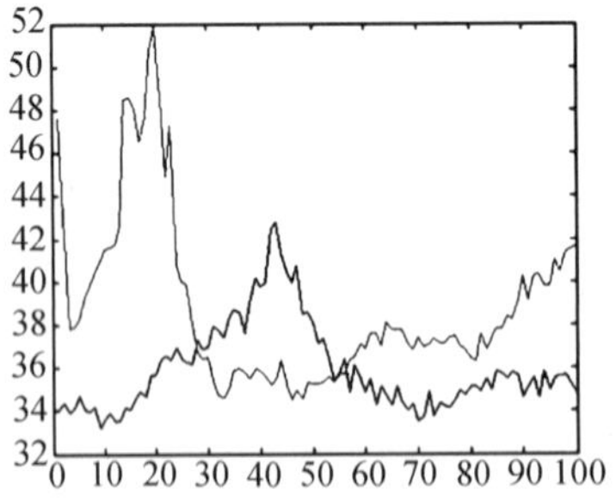

（m）14 次谐波功率信噪比

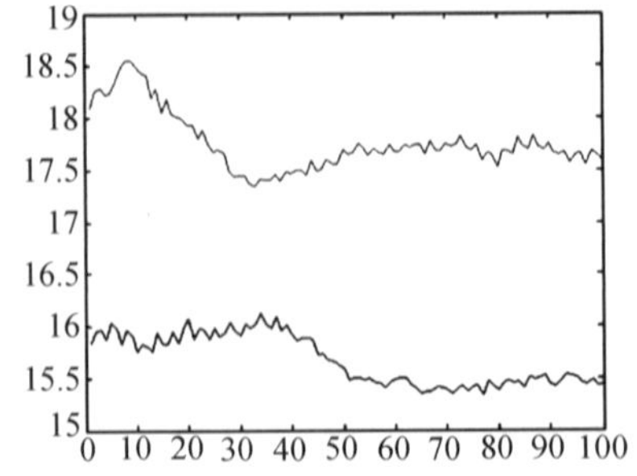

（n）15 次谐波功率信噪比

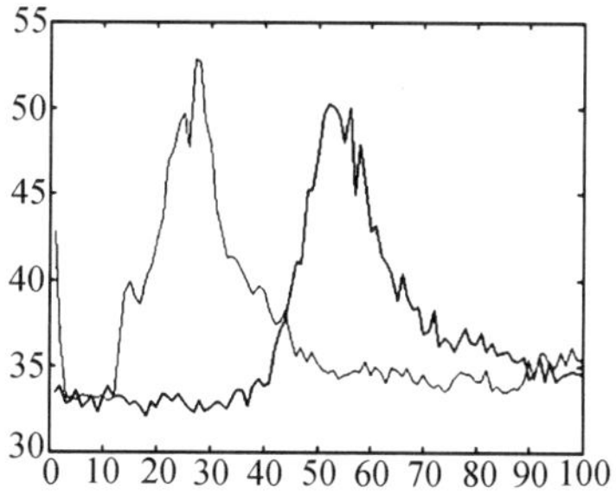

（o）16 次谐波功率信噪比

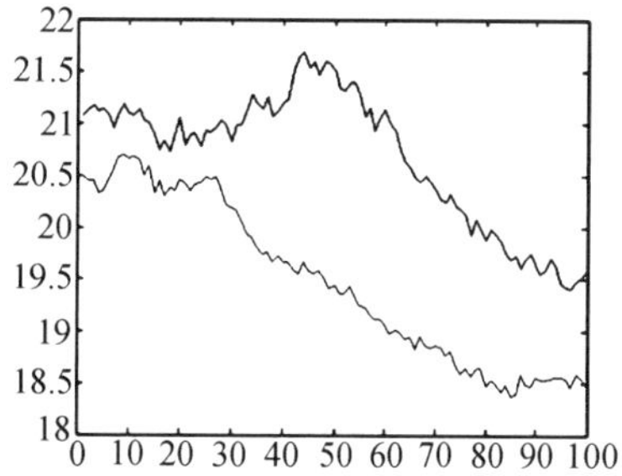

（p）17 次谐波功率信噪比

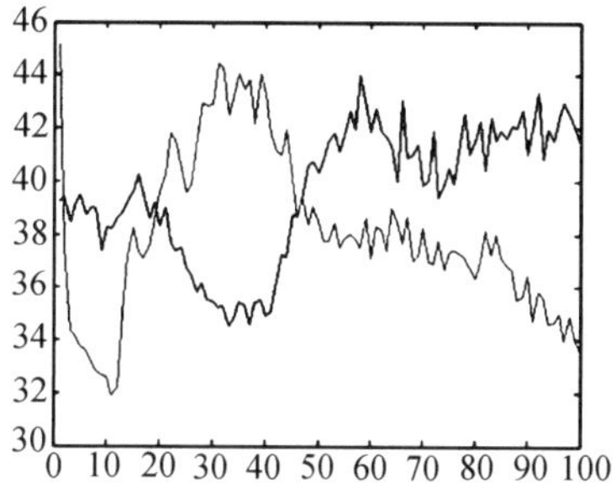

（q）18 次谐波功率信噪比

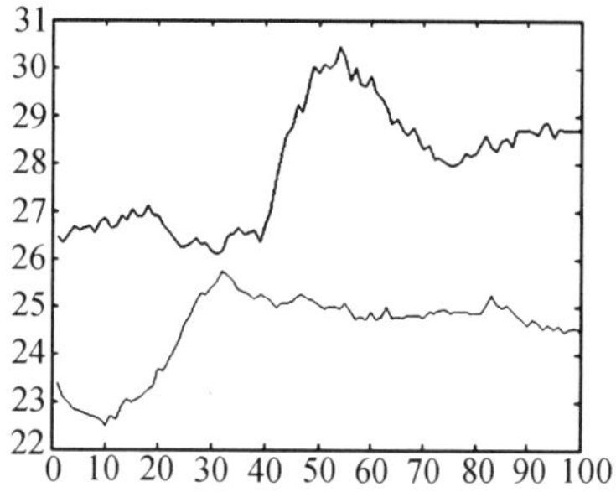

（r）19 次谐波功率信噪比

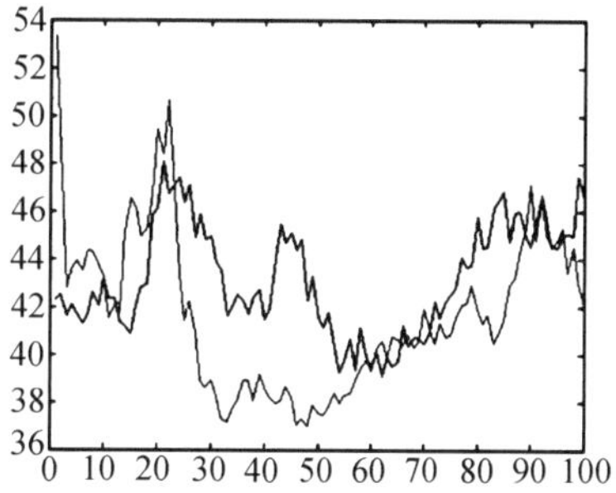

（s）20 次谐波功率信噪比

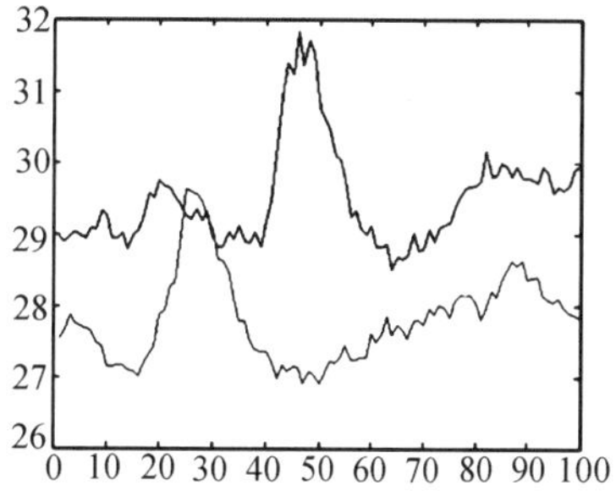

（t）21 次谐波功率信噪比

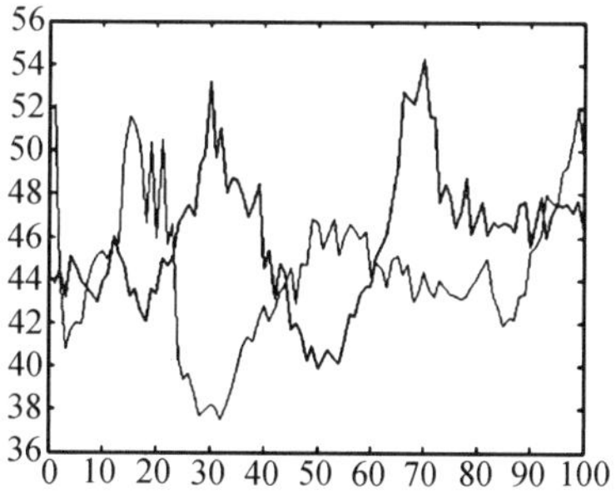

（u）22 次谐波功率信噪比

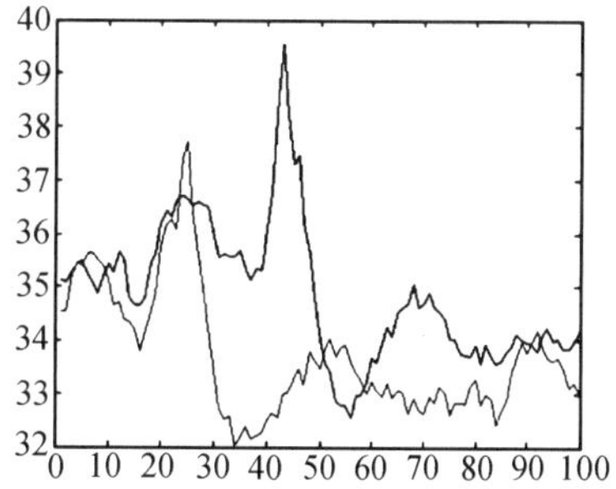

（v）23 次谐波功率信噪比

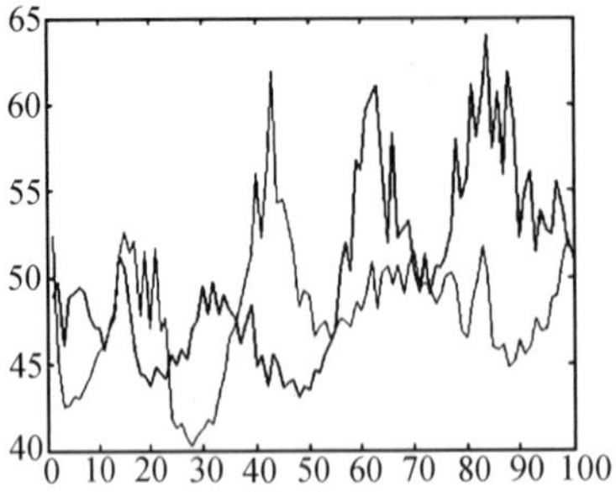

（w）24 次谐波功率信噪比

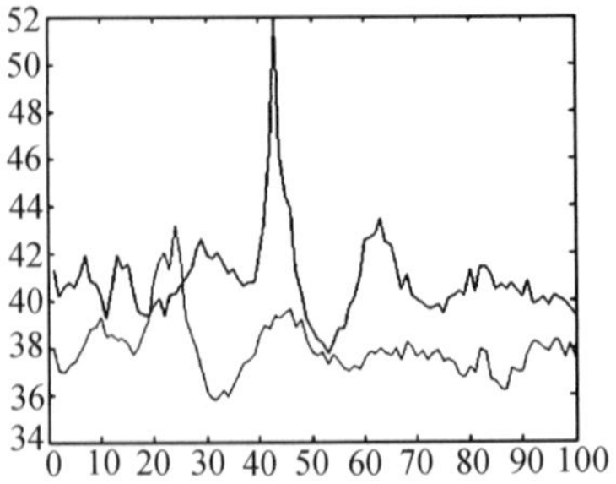

（x）25 次谐波功率信噪比

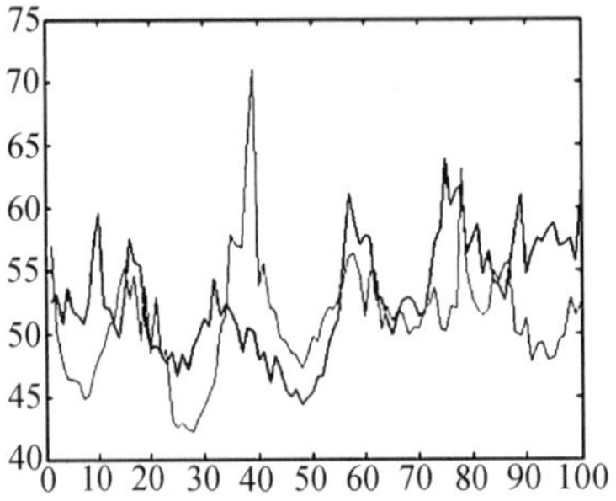

（y）26 次谐波功率信噪比

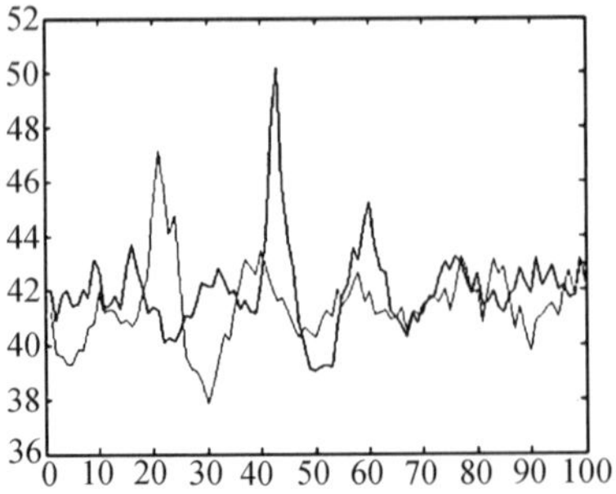

（z）27 次谐波功率信噪比

图 5-2　基于电容器投切的谐波功率信噪比

投入电容器前后各次谐波功率信噪比统计值如表 5-1 所示。

表 5-1　各次谐波在投入电容器前后功率信噪比统计值

谐波次数		功率信噪比					
		投入电容器前			投入电容器后		
		最小值	平均值	最大值	最小值	平均值	最大值
偶次谐波	2	40.95	44.52	51.43	40.28	44.87	57.98
	4	40.59	47.57	59.97	42.18	48.54	62.86
	6	38.75	46.20	60.37	38.94	47.85	61.63
	8	39.827	44.977	50.345	39.262	45.955	60.992
	10	39.374	46.438	58.835	38.804	46.781	62.068
	12	35.787	40.206	44.287	36.254	41.937	50.657
	14	33.179	35.943	42.814	34.48	38.805	51.854

续表

谐波次数		功率信噪比					
		投入电容器前			投入电容器后		
		最小值	平均值	最大值	最小值	平均值	最大值
偶次谐波	16	32.088	36.741	50.252	32.976	37.181	52.868
	18	34.506	39.626	43.994	31.886	38.075	45.178
	20	39.091	43.166	48.063	36.957	41.713	53.366
	22	39.902	45.955	54.285	37.515	44.374	52.088
	24	43.069	50.307	63.997	40.243	48.008	61.951
奇次谐波	3	31.47	33.49	40.39	36.03	40.56	52.96
	5	18.16	18.82	19.34	19.60	20.61	21.20
	7	18.67	19.13	19.59	19.86	20.23	20.84
	9	25.82	27.357	29.852	26.041	27.538	31.095
	11	23.202	24.686	26.345	24.767	27.179	28.759
	13	18.155	18.852	19.618	19.767	20.758	21.539
	15	15.333	15.671	16.126	17.346	17.758	18.553
	17	19.414	20.687	21.69	18.379	19.46	20.695
	19	26.081	27.926	30.458	22.493	24.506	25.739
	21	28.505	29.495	31.829	26.903	27.814	29.626
	23	32.544	34.876	39.537	32.044	33.729	37.723
	25	37.772	40.865	51.873	35.791	37.977	43.186
	27	39.06	42.044	50.222	37.844	41.438	47.149
	29	40.328	43.96	50.541	39.354	43.466	53.817
	31	41.772	46.168	50.038	39.805	44.385	55.768
	33	43.46	49.666	55.54	42.767	48.511	53.411

3. 小结

从谐波功率信噪比曲线图 5-2 和表 5-1 的统计值中可以看出：

（1）偶次谐波功率信噪比在投入电容器前与投入电容器后平均值均在 40 左右；除 3 次谐波功率信噪比较大投入，投入电容器前功率信噪比均值为 33，投入电容器后功率信噪比均值为 40，接近偶次谐波功率信噪比。

（2）投入电容器前与投入电容器后 2～20 次偶次谐波的功率信噪比变化不大，即投入电容器没有改变偶次谐波的功率变化，原因是偶次谐波非特征谐波，含量很少，几乎和噪声相当，而系统结构的变化不会改变噪声的成分。

（3）3 次、5 次、7 次、11 次、13 次、15 次谐波在投入电容器后与投入电容器前功率信噪比相对更大，9 次谐波在投入电容器后与投入电容器前信噪比相当，17 次、19 次、21 次谐波在投入电容器后与投入电容器前功率信噪比相对更小。

（4）5 次、7 次、13 次、15 次、17 次谐波功率信噪比在所有奇次谐波中最小，其谐波阻抗测量值最集中；9 次、11 次、19 次、21 次谐波功率信噪比要大一些，谐波阻抗测量值发散一些；23 次、25 次、27 次谐波功率信噪比增大很多，并且随着谐波次数增大，谐波信噪比继续增大，与偶次谐波相当，谐波阻抗趋于发散。

（5）相对其他奇次谐波而言，3 次谐波比较特殊，其功率信噪比较大，谐波功率信噪比与偶次谐波和 23 次以上的谐波相当，谐波阻抗测量值发散。这跟电容器组构成 3 次滤波通路有关系，即谐波源的 3 次谐波经过滤波后进入系统的 3 次谐波大大降低，功率小到接近于偶次谐波，因此谐波阻抗测量值发散。

由以上分析可以得出以下结论：

偶次谐波为非特征谐波，其功率信噪比相对特征谐波奇次谐波而言要大得多，而偶次谐波测量阻抗趋于发散，奇次谐波测量值趋于集中，并且功率信噪比越小谐波阻抗测量值越集中。因此，谐波阻抗的测量必须有足够大的谐波源，即该次谐波功率相对系统容量足够大，功率信噪比大于 20 左右，即谐波功率是基波功率 0.01 倍以上时，才能准确测量该次谐波阻抗。

（二）基于负荷自然波动的谐波阻抗测量

1. 谐波阻抗计算

基于负荷自然波动取两段各 100 个周波采样数据测得的各次谐波阻抗 100 个散点图如图 5-3 所示。

由各奇次谐波阻抗测量值散点分布图可以看出：15 次、17 次、19 次谐波阻抗测量值在复平面很集中；其他次谐波阻抗测量值要比投切电容器法测得的值发散一些；21 次以上的谐波随着谐波次数增大，谐波阻抗测量值与更趋于发散，与偶次谐波相当；3 次谐波相对其他奇次谐波而言，其谐波阻抗测量值更发散。

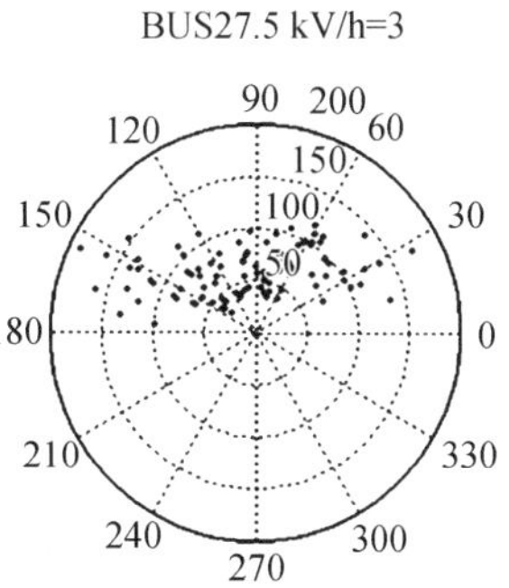

（a）3 次谐波阻抗测量值

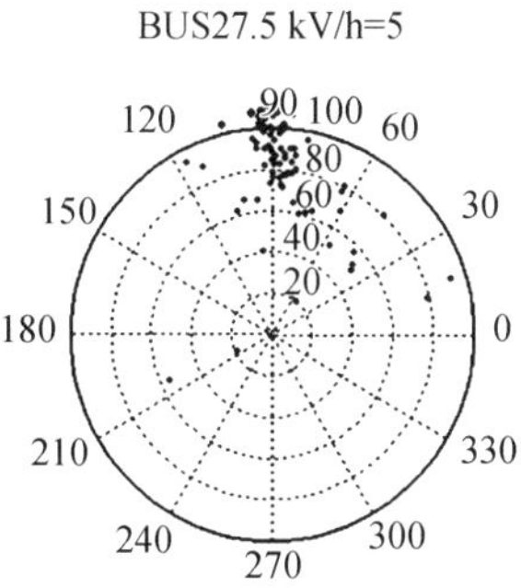

（b）5 次谐波阻抗测量值

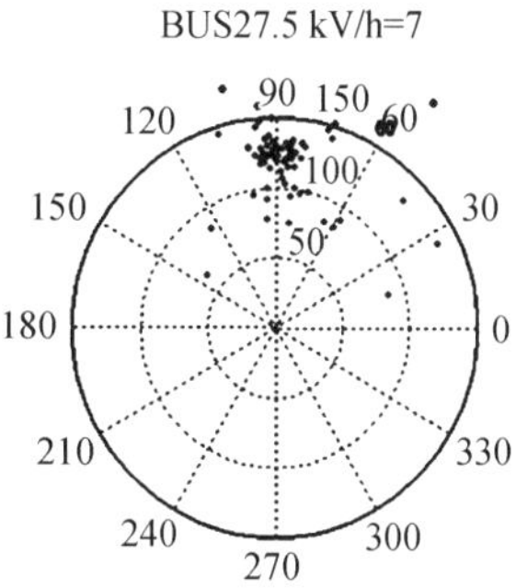

（c）7 次谐波阻抗测量值

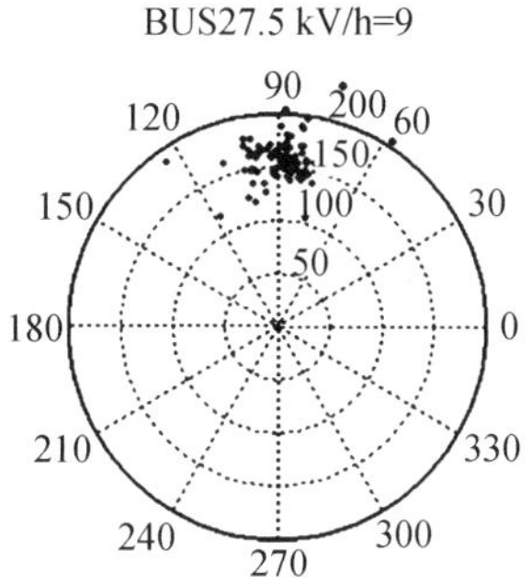

（d）9 次谐波阻抗测量值

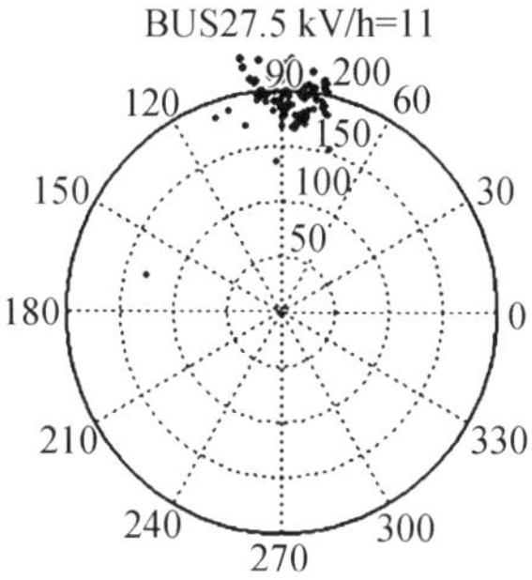

（e）11 次谐波阻抗测量值

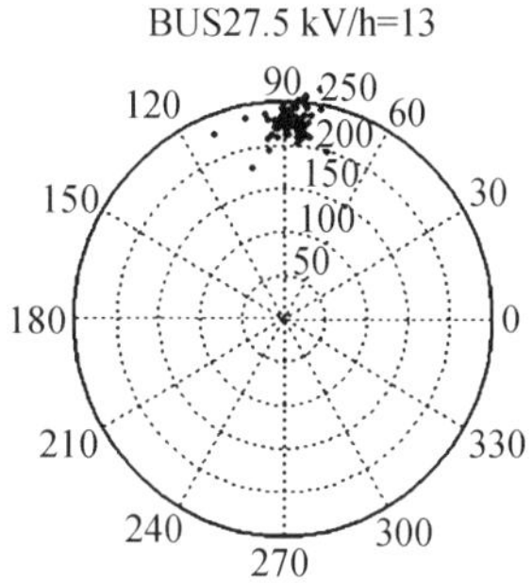

（f）13 次谐波阻抗测量值

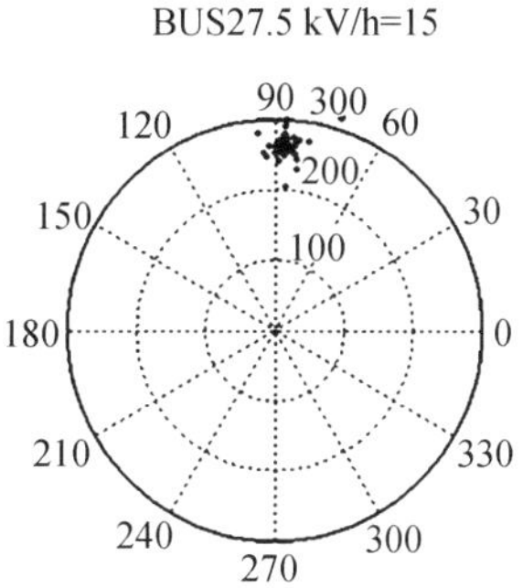

（g）15 次谐波阻抗测量值

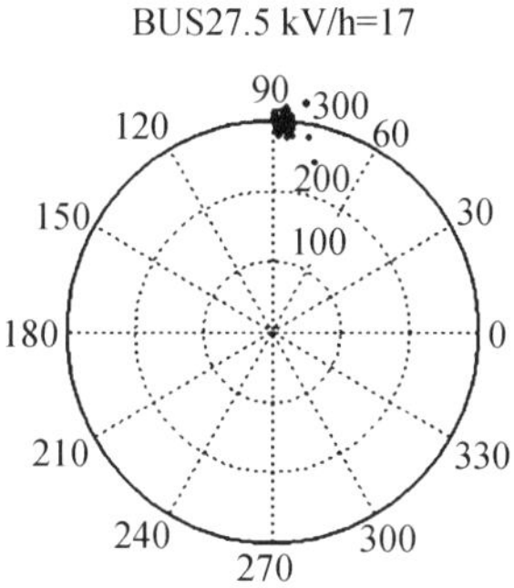

（h）17 次谐波阻抗测量值

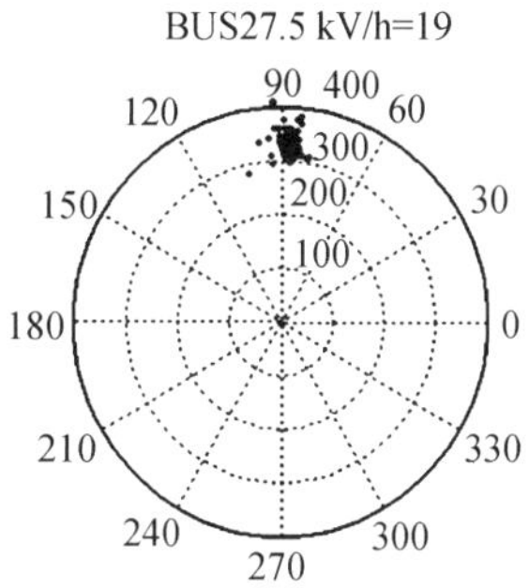

（i）19 次谐波阻抗测量值

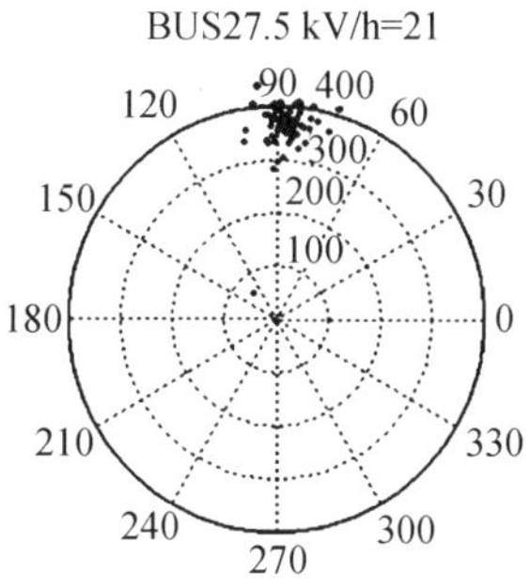

（j）21 次谐波阻抗测量值

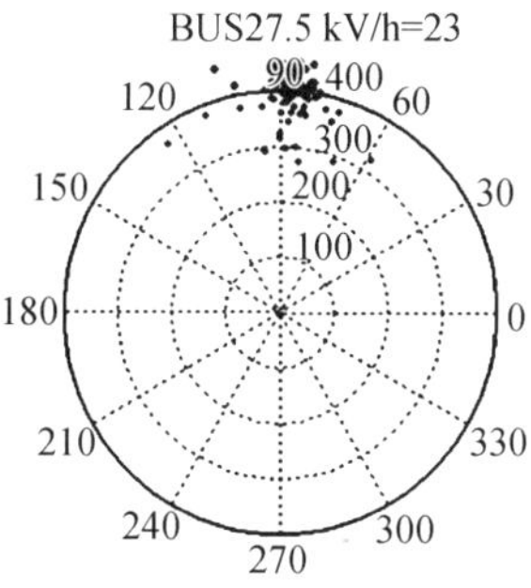

（k）23 次谐波阻抗测量值

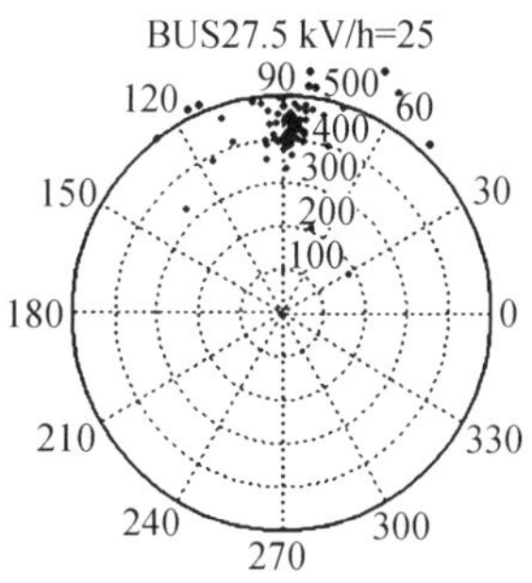

（l）25 次谐波阻抗测量值

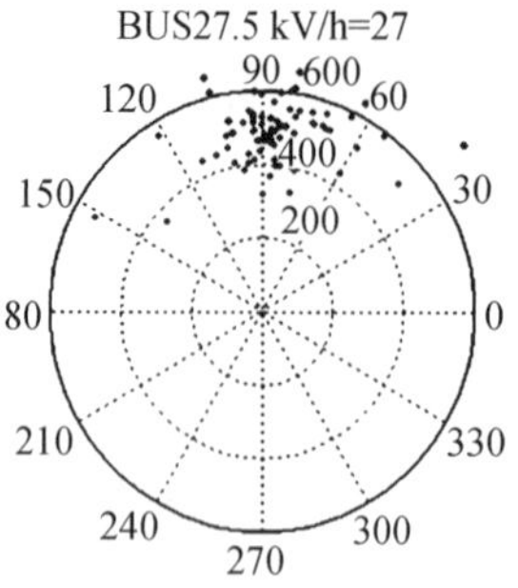

（m）27 次谐波阻抗测量值

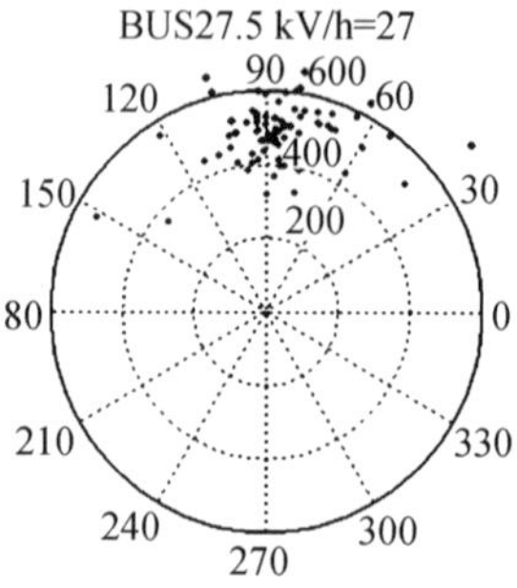

（n）29 次谐波阻抗测量值

图 5-3 基于负荷自然波动的谐波阻抗测量值

2. 谐波功率信噪比

基于负荷自然波动法的两组各 100 个周波测量数据各次谐波功率信噪比如图 5-4 所示。

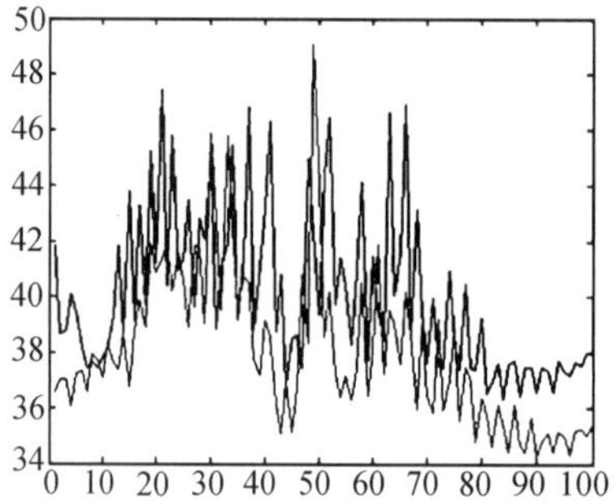

（a）3 次谐波阻抗测量值

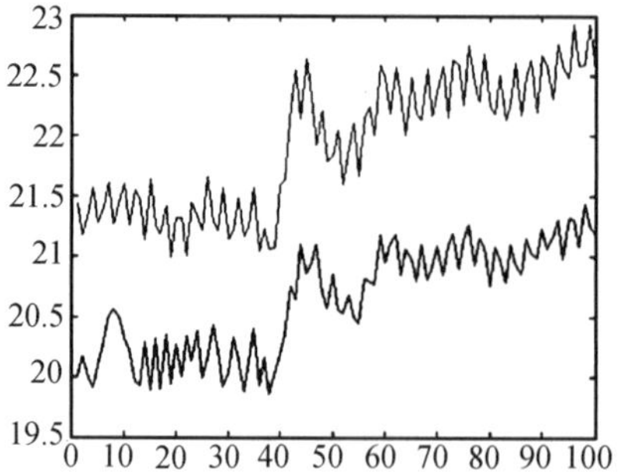

（b）5 次谐波阻抗测量值

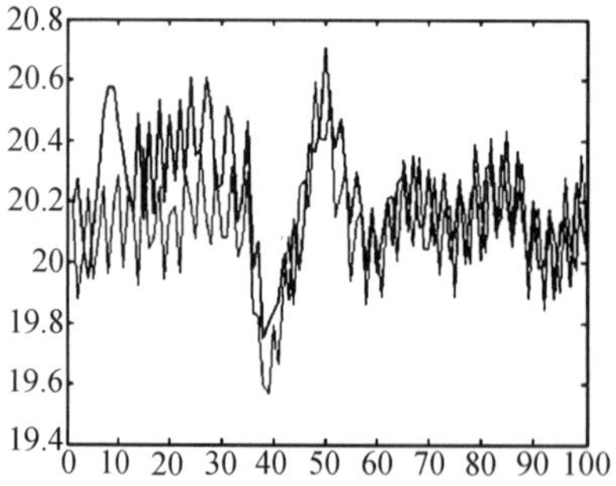

（c）7 次谐波阻抗测量值

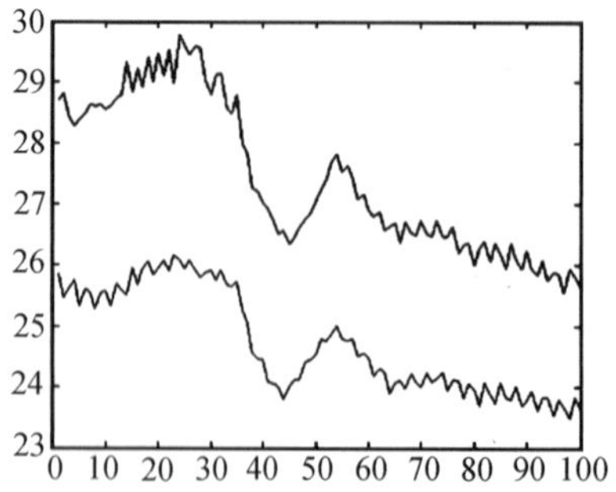

（d）9 次谐波阻抗测量值

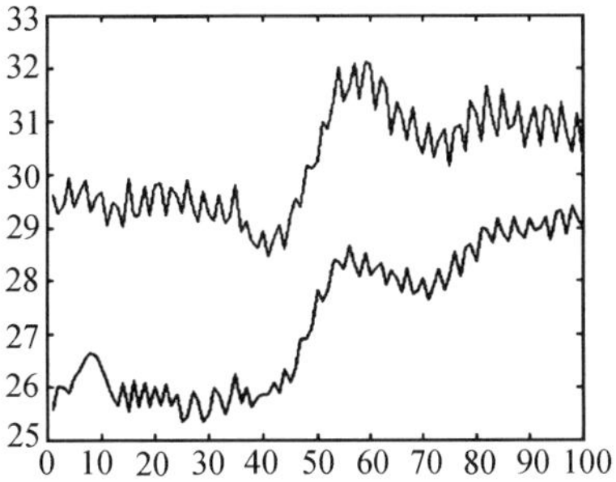

（e）11 次谐波阻抗测量值

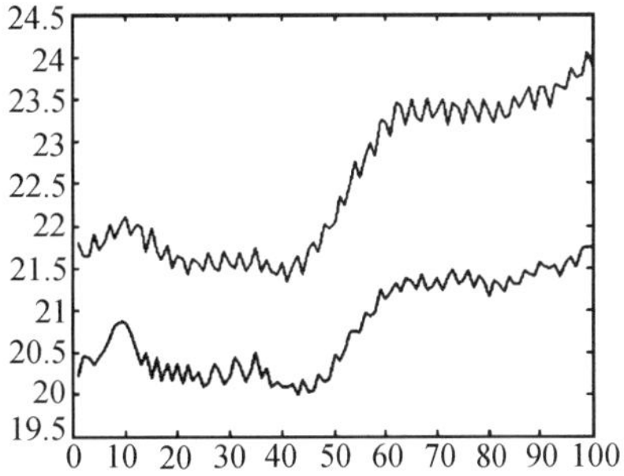

（f）13 次谐波阻抗测量值

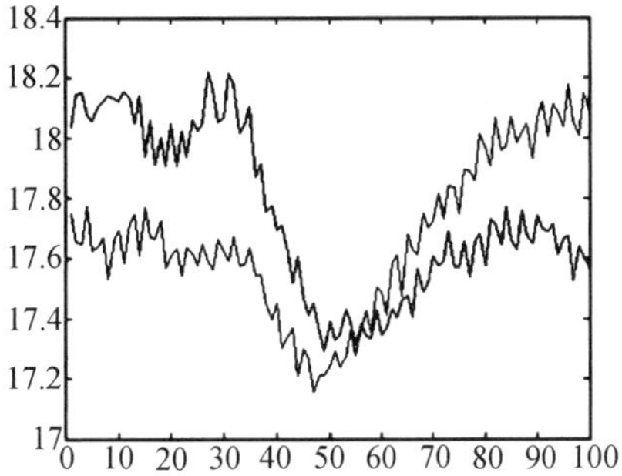

（g）15 次谐波阻抗测量值

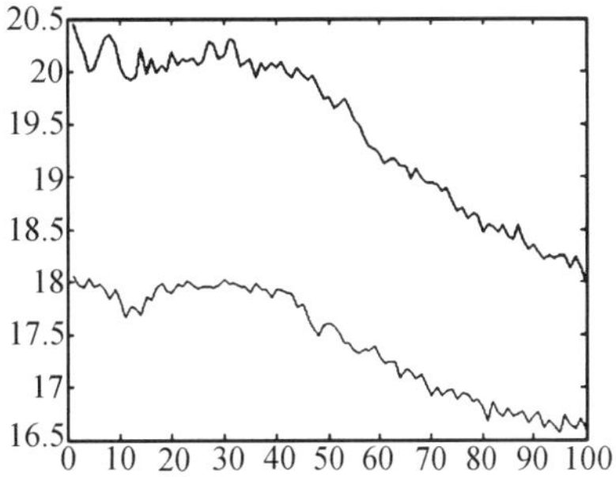

（h）17 次谐波阻抗测量值

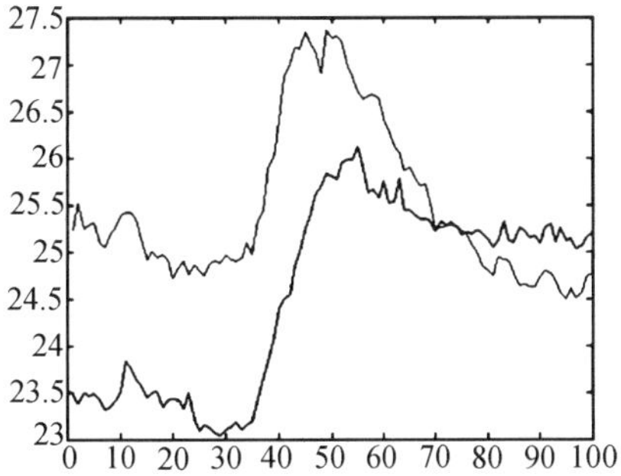

（i）19 次谐波阻抗测量值

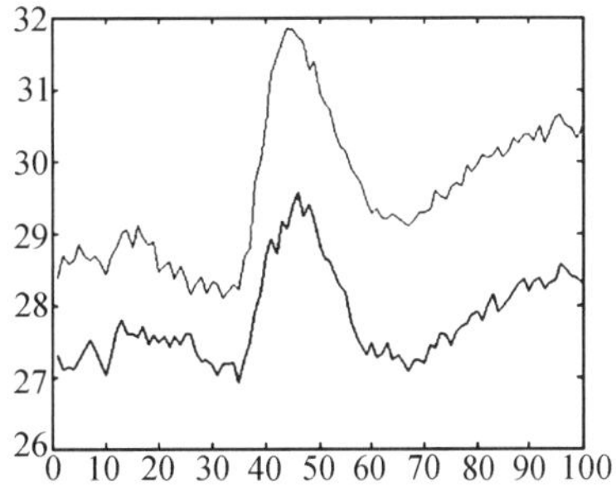

（j）21 次谐波阻抗测量值

图 5-4 基于负荷自然波动的谐波功率信噪比

基于负荷自然波动法两组数据各次谐波功率信噪比统计值如表 5-2 所示。

表 5-2 各次谐波基于负荷自然波动的功率信噪比统计值

谐波次数		功率信噪比					
		负荷波动前			负荷波动后		
		最小值	平均值	最大值	最小值	平均值	最大值
偶次谐波	2	39.526	44.976	56.854	41.139	44.818	56.271
	4	42.201	49.464	60.507	43.735	50.341	67.986
	6	40.413	47.339	62.597	39.873	47.141	65.178
	8	40.140	45.802	53.625	39.766	45.594	54.584
	10	40.155	47.766	66.580	41.472	47.014	60.601
	12	36.976	42.295	51.559	38.684	44.050	51.339
	14	34.166	38.433	48.358	35.131	38.404	43.332
	16	31.760	37.277	53.427	32.747	36.349	55.014
	18	33.141	38.562	47.644	33.795	36.740	41.307
	20	37.340	41.596	51.318	38.576	41.964	46.441
	22	38.387	44.100	51.440	39.046	45.059	51.736
	24	40.998	47.975	59.099	41.318	47.479	56.664
奇次谐波	3	36.333	40.071	47.455	34.262	38.018	49.084
	5	19.855	20.636	21.438	20.990	21.933	22.937
	7	19.749	20.218	20.708	19.565	20.120	20.599
	9	25.545	27.424	29.786	23.480	24.717	26.165
	11	25.332	27.256	29.403	28.455	30.237	32.123
	13	19.996	20.801	21.744	21.334	22.506	24.058
	15	17.294	17.742	18.221	17.155	17.667	18.182
	17	17.973	19.434	20.458	16.564	17.424	18.066
	19	23.033	24.573	26.129	24.492	25.488	27.359
	21	26.922	27.820	29.567	28.104	29.581	31.857
	23	31.876	33.621	36.934	31.763	33.267	36.465
	25	35.601	37.939	42.903	34.792	36.716	41.772
	27	38.542	41.526	54.147	37.843	40.928	48.793
	29	40.117	43.488	49.442	41.039	45.054	52.823
	31	40.597	44.351	52.245	40.659	44.856	50.508
	33	43.870	48.387	58.542	41.817	46.282	50.726

从表 5-1，表 5-2 的统计值中可以看出：

（1）无论是基于投切电容器法还是负荷自然波动法，偶次谐波功率信噪比平均值均在 40 左右；除 3 次谐波的其他奇次谐波功率信噪比较小，远小于偶次谐波功率信噪比；但 23 次以上的其他几次谐波功率信噪比增大，接近于偶次谐波功率信噪比；3 次谐波比较特殊，其功率信噪比较大，谐波功率信噪比与偶次谐波和 23 次以上的谐波相当，谐波阻抗测量值发散。这跟电容器组构成 3 次滤波通路有关系，即谐波源的 3 次谐波经过滤波后进入系统的 3 次谐波大大降低，功率小到接近于偶次谐波，因此谐波阻抗测量值发散。

（2）和基于投切电容器法一样，负荷自然波动法中测得的 5 次、7 次、13 次、15 次、17 次谐波功率信噪比在所有奇次谐波中最小，但只有 15 次、17 次谐波阻抗测量值最集中，而负荷自然波动法中测得 19 次谐波阻抗比投切电容器法更集中，负荷自然波动法测得的其他奇次谐波阻抗比投切电容器法要发散；3 次谐波功率信噪比较大，谐波阻抗测量值发散。

3. 测试结论

（1）偶次谐波阻抗测量值在复平面发散；5 次、7 次、13 次、15 次、17 次谐波阻抗测量值在复平面较集中；而 9 次、11 次、19 次、21 次谐波阻抗测量值要发散一些；21 次以上的谐波随着谐波次数增大，谐波阻抗测量值与更趋于发散，与偶次谐波相当；3 次谐波相对其他奇次谐波而言，其谐波阻抗测量值更发散。

（2）偶次谐波为非特征谐波，其功率信噪比相对特征谐波奇次谐波而言要大得多，而偶次谐波测量阻抗趋于发散，奇次谐波测量值趋于集中，并且功率信噪比越小谐波阻抗测量值越集中。因此，谐波阻抗的测量必须有足够大的谐波源，即该次谐波功率相对系统容量足够大，功率信噪比大于 20 左右，即谐波功率是基波功率 0.01 倍以上时，才有可能准确测量该次谐波阻抗。

第二节 基于阻抗法的谐波源辨识

一、技术方案

基于电能质量测试设备，获得关注 PCC 处的电压和各谐波源用户及系统侧对应的馈线电流数据。通过傅里叶分解得到 PCC 处的基波电压 $\dot{V}_{pcc}^{1}$ 以及谐波电压

$\dot{V}_{\text{pcc}}^{h}(h=2,3,\cdots,7)$；获得 PCC 处进线基波电流 $\dot{I}_{\text{pcc0}}^{1}$ 以及谐波电流 $\dot{I}_{\text{pcc0}}^{h}(h=2,3,\cdots,7)$；获得 PCC 处出线基波电流 $\dot{I}_{\text{pcc}i}^{1}(i=1,2,\cdots,n)$ 以及谐波电流 $\dot{I}_{\text{pcc}i}^{h}(h=2,3,\cdots,7)$。

谐波电压满足下列等式：

$$\dot{V}_{si}^{h}=\dot{I}_{\text{pcc}i}^{h}Z_{si}^{h}+\dot{V}_{\text{pcc}}^{h} \tag{5-1}$$

$$\dot{V}_{si}^{h}=\dot{I}_{si}^{h}Z_{si}^{h} \tag{5-2}$$

等效系统侧单独作用时，在 PCC 处产生的谐波电压为

$$\dot{V}_{\text{s-pcc}i}^{h}=\frac{Z_{ci}^{h}}{Z_{si}^{h}+Z_{ci}^{h}}\dot{V}_{si}^{h}=\frac{Z_{ci}^{h}}{Z_{si}^{h}+Z_{ci}^{h}}(\dot{I}_{\text{pcc}ih}Z_{si}^{h}+\dot{V}_{\text{pcc}}^{h}) \tag{5-3}$$

关注谐波源用户 i 单独作用时在 PCC 处产生的谐波电压为

$$\dot{V}_{\text{c-pcc}i}^{h}=\frac{Z_{si}^{h}}{Z_{si}^{h}+Z_{ci}^{h}}\dot{V}_{ci}^{h} \tag{5-4}$$

根据叠加原理有：

$$\dot{V}_{\text{s-pcc}i}^{h}+\dot{V}_{\text{c-pcc}i}^{h}=\dot{V}_{\text{pcc}i}^{h} \tag{5-5}$$

对于谐波责任划分的指标选取有电流指标、电压指标及功率指标，考虑到电力系统的责任是向用户提供合格的电能质量，因此，本文选取电压指标，以各谐波源单独作用时在 PCC 处电压 $\dot{V}_{\text{pcc}}^{h}$ 上的投影作为谐波责任划分的依据（见图 5-5）。

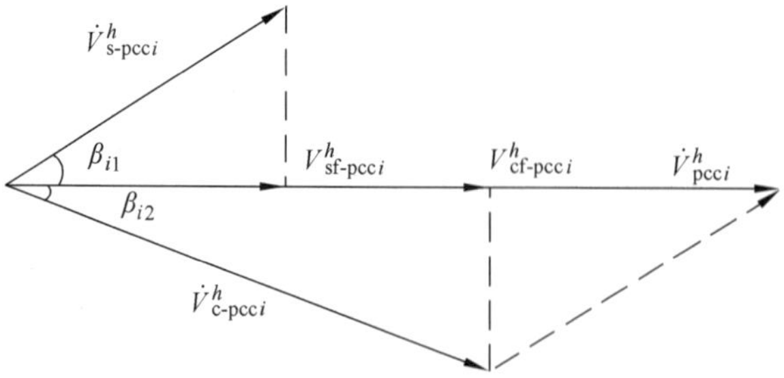

图 5-5　h 次谐波电压投影示意图

则关注谐波源 i 对 PCC 处谐波电压的贡献为

$$V_{\text{cf-pcc}i}^{h}=V_{\text{c-pcc}i}^{h}\cos\beta_{i2}=\frac{(V_{\text{c-pcc}i}^{h})^{2}+(V_{\text{pcc}}^{h})^{2}-(V_{\text{s-pcc}i}^{h})^{2}}{2V_{\text{pcc}}^{h}} \tag{5-6}$$

关注谐波源 i 对 PCC 处谐波电压的承担的谐波责任为

$$\psi_i = \frac{V_{\text{cf-pcc}i}^h}{V_{\text{pcc}}^h} \times 100\% \tag{5-7}$$

通过上述分析知，关注谐波源 i 的谐波责任划分的关键在于谐波阻抗的估算。从工程实际出发，基于目前大多数电能质量测试装置得到的 PQDIF 格式数据，进行谐波阻抗的近似估算，以实现谐波责任的最终定量划分[13]。

通常情况下 PCC 处的母线短路容量已知或者可以计算获得，记为 S_k 。系统侧的谐波阻抗工程估算公式可按下式进行计算：

$$Z_{\text{s}0}^h = h\frac{U_\text{N}^2}{S_\text{k}} \tag{5-8}$$

基于基波电压和电流估算用户侧的基波阻抗为

$$Z_{\text{c}i}^1 = \frac{\dot{V}_{\text{pcc}}^1}{\dot{I}_{\text{pcc}i}^1} = R_{\text{c}i}^1 + \text{j}X_{\text{c}i}^1 \tag{5-9}$$

将负荷等效为串联模型，则对应的谐波源用户 $i(i=1,2,\cdots,n)$ 的谐波阻抗近似为

$$Z_{\text{c}i}^h = R_{\text{c}i}^1 + \text{j}hX_{\text{c}i}^1 \tag{5-10}$$

无论是将负荷等效为串联模型，或者是并联模型，估算结果的幅值与理论值基本接近，误差主要来自于相位。因此，本文采用串联模型，对估算结果基本无影响。

从实际工程的可靠性及准确性角度讲，本方案仅适用于 2、3、4、5、6、7 次谐波进行责任划分，不适用于高次谐波的责任划分。对于谐波责任的划分，本文从不同的叠加角度入手，给出了 3 个方案的探讨：

采用 IEC 61000-3-6 中谐波叠加的第二求和法则，关注谐波源 i 的 PCC 处的谐波电压是其对应的谐波电压和其等值电压源单独作用时，在 PCC 处产生的谐波电压叠加的结果，如式（5-5）所示。

根据经验，对于谐波电压和谐波电流可以采用更一般的求和法则。第 h 次合成谐波电压的求和法则是

$$U_h = (\sum_i U_{hi})^{1/\alpha} \tag{5-11}$$

式中 U_h——对所考虑的一组谐波源（概率统计值）计算出的（第 h 次）合成谐波电压的值；

U_{hi}——要进行合成的各单个谐波电压（第 h 次）的值；

α——一个指数，取值见表 5-3，主要取决于两个因素：

（1）对不超过计算值的实际值所选择的概率值。

（2）各次谐波电压的幅值和相位随机变化的程度。

表 5-3 谐波求和指数的取值

α	谐波次数
1	$h<5$
1.4	$5\leqslant h\leqslant 10$
2	$h>10$

注：当已知谐波可能是同相（即相角差小于 90°）时，对 5 次及以上谐波应该用指数 $\alpha=1$。

基于上述方法，列出 4 种可能的方案进行分析。

1. 方案 1

首先根据式（5-3）估算关注谐波源 i 对应的等效系统侧单独作用时在 PCC 处产生的谐波电压 $\dot{V}^h_{\text{s-pcc}i}$，考虑到估算结果 $\dot{V}^h_{\text{s-pcc}i}$ 的幅值与真实值相差较小，相位与真实值之间的误差较大。若根据式（5-5）直接估算关注谐波源单独作用于 PCC 时产生的谐波电压 $\dot{V}^h_{\text{c-pcc}i}$，估算结果将产生较大的误差。因此，在得到 $\dot{V}^h_{\text{s-pcc}i}$ 的幅值 $V^h_{\text{s-pcc}i}$ 的情形下，根据 IEC 61000-3-6 中关于谐波的叠加方法估算关注谐波源单独作用于 PCC 时产生的谐波电压的幅值。

$$V^h_{\text{c-pcc}i}=(V^h_{\text{pcc}})^{\alpha}-V^h_{\text{s-pcc}i} \tag{5-12}$$

将得到的 $V^h_{\text{c-pcc}i}$ 和 $V^h_{\text{s-pcc}i}$ 带入式（5-6）即可得到关注谐波源 i 对 PCC 处谐波电压的贡献。

2. 方案 2

根据下式估算关注谐波源 i 对应的等效系统侧单独作用时在 PCC 处产生的谐波电压 $\dot{V}^h_{\text{s-pcc}i}$。

$$\dot{V}^h_{\text{s-pcc}i}\approx \dot{I}^h_{\text{pcc}ih}Z^h_{\text{s0}}+\dot{V}^h_{\text{pcc}} \tag{5-13}$$

考虑到估算结果 $\dot{V}^h_{\text{s-pcc}i}$ 的幅值与真实值相差较小，相位与真实值之间的误差较大。若根据式（5-5）直接估算关注谐波源单独作用于 PCC 时产生的谐波电压 $\dot{V}^h_{\text{c-pcc}i}$，估算结果将产生较大的误差。因此，在得到 $\dot{V}^h_{\text{s-pcc}i}$ 的幅值 $V^h_{\text{s-pcc}i}$ 的情形下，根据 IEC 61000-3-6 中关于谐波的叠加方法估算关注谐波源单独作用于 PCC 时产生的谐波电压的幅值。

将得到的$V^h_{\text{c-pcc}i}$和$V^h_{\text{s-pcc}i}$带入式（5-6）即可得到关注谐波源i对PCC处谐波电压的贡献。

3. 方案3

系统侧和各谐波源用户的等值谐波阻抗分别取决于系统短路容量和其相应的负荷容量。实际中，负荷容量一般远小于系统短路容量，因此有$Z_{shi} < Z_{sh0} \ll Z_{chi}$。则式（5-3）可近似表示为

$$\dot{V}^h_{\text{s-pcc}i} \approx \dot{V}^h_{si} \tag{5-14}$$

由式（5-1）及（5-4）知，关注谐波源用户i单独作用时在PCC处产生的谐波电压的幅值表示为

$$V^h_{\text{c-pcc}i} = \left|\dot{I}^h_{\text{pcc}i}\right|\left|Z^h_{\text{s}0}\right| \tag{5-15}$$

因此，在得到$\dot{V}^h_{\text{c-pcc}i}$的幅值$V^h_{\text{c-pcc}i}$的情形下，根据IEC 61000-3-6中关于谐波的叠加方法估算关注谐波源单独作用于PCC时产生的谐波电压的幅值：

$$V^h_{\text{s-pcc}i} = (V^h_{\text{pcc}})^{\alpha} - V^h_{\text{c-pcc}i} \tag{5-16}$$

将得到的$V^h_{\text{c-pcc}i}$和$V^h_{\text{s-pcc}i}$带入式（5-6）即可得到关注谐波源i对PCC处谐波电压的贡献。

4. 方案4

在方案3的基础上，将各谐波源用户的谐波阻抗考虑进来，利用Z^h_{si}代替式（5-5）中的Z^h_{s0}估算注谐波源用户i单独作用时在PCC处产生的谐波电压的幅值，则有

$$V^h_{\text{c-pcc}i} = \left|\dot{I}^h_{\text{pcc}i}\right|\left|Z^h_{si}\right| \tag{5-17}$$

因此，在得到$\dot{V}^h_{\text{c-pcc}i}$的幅值$V^h_{\text{c-pcc}i}$的情形下，根据IEC 61000-3-6中关于谐波的叠加方法估算关注谐波源单独作用于PCC时产生的谐波电压的幅值。

将得到的$V^h_{\text{c-pcc}i}$和$V^h_{\text{s-pcc}i}$带入式（5-6）即可得到关注谐波源i对PCC处谐波电压的贡献。

二、仿真分析

（一）仿真参数设定

短路容量$S_{\text{k}} = 125\ \text{MV}\cdot\text{A}$；系统侧3次等值谐波电压源$\dot{V}^h_{\text{s}}$为$200\angle 45°\ \text{V}$。

谐波源用户 1 的 3 次等值谐波电压源 $\dot{V}_{c1}^{h}$ 为 7003∠25.96° V，谐波源用户 1 对应的 3 次谐波等值阻抗为（50+j350）Ω。

谐波源用户 2 的 3 次等值谐波电压源 $\dot{V}_{c1}^{h}$ 为 8331∠42.82° V，谐波源用户 2 对应的 3 次谐波等值阻抗为（55+j380）Ω。

谐波源用户 3 的 3 次等值谐波电压源 $\dot{V}_{c1}^{h}$ 为 7630∠48.17° V，谐波源用户 3 对应的 3 次谐波等值阻抗为（56+j400）Ω。

（二）扰动设置

为模拟用户侧扰动，分别向 3 个谐波源用户加入均值为 0，方差分别为 $\sigma_{c51}^{2}=2.1$、$\sigma_{c51}^{2}=2.3$、$\sigma_{c51}^{2}=2.4$，满足高斯分布的噪声。

为了模拟负荷的波动，在各谐波源负荷加入满足正太分布的高斯噪声。模拟 1 天的数据，28 800 个采样点。以 3 次谐波为例，进行分析。图 5.6 ~ 5.8 为 PCC 处母线 3 次谐波电压幅值、系统侧进线 3 次谐波电流幅值和谐波源用户馈线 3 次谐波电流幅值。

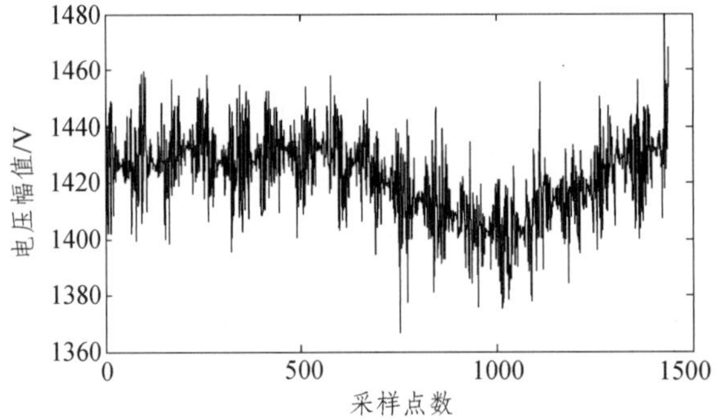

图 5-6 PCC 处母线 3 次谐波电压幅值

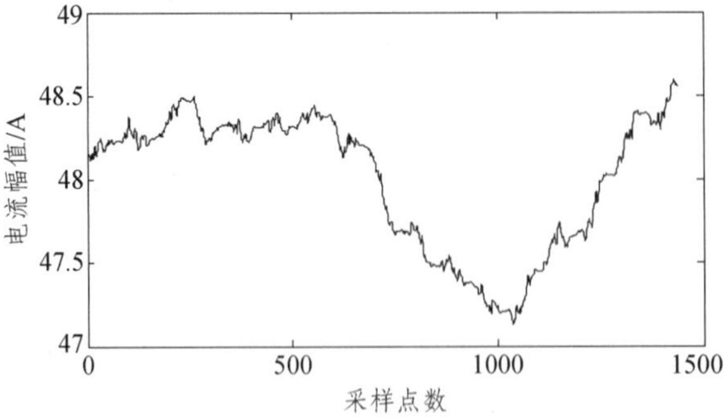

图 5-7 PCC 处系统侧进线 3 次谐波电流幅值

（a）谐波源用户 1 馈线电流幅值

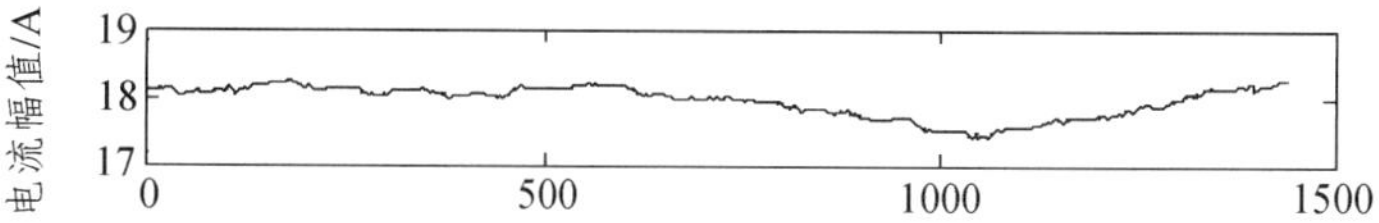

（b）谐波源用户 2 馈线电流幅值

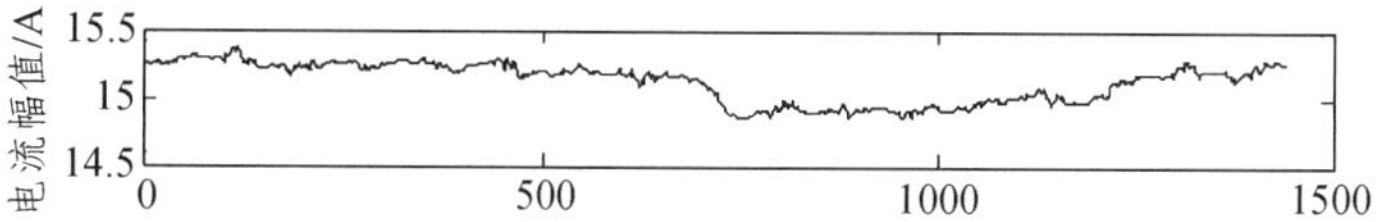

（c）谐波源用户 3 馈线电流幅值

图 5-8　PCC 处谐波源用户馈线 3 次谐波电流幅值

图 5-9～5-13 分别为方案 1、方案 2、方案 3、方案 4 和理论值的责任划分结果。

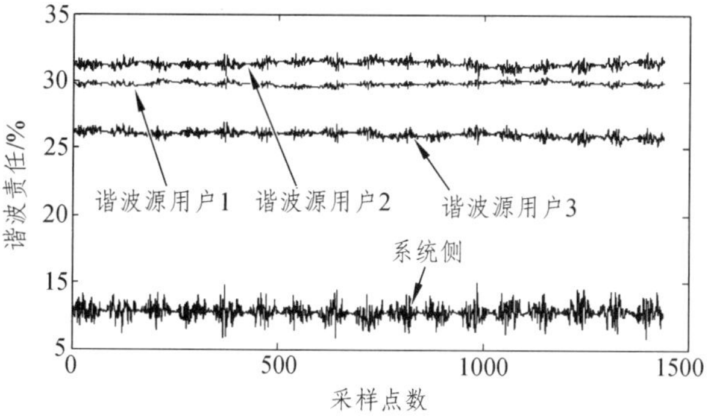

图 5-9　方案 1 谐波责任划分结果

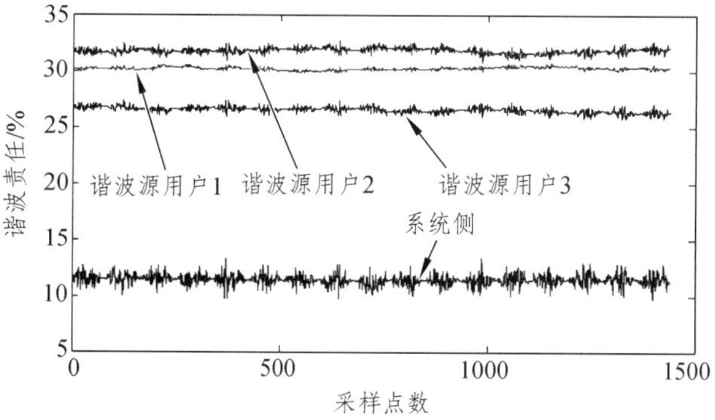

图 5-10　方案 2 谐波责任划分结果

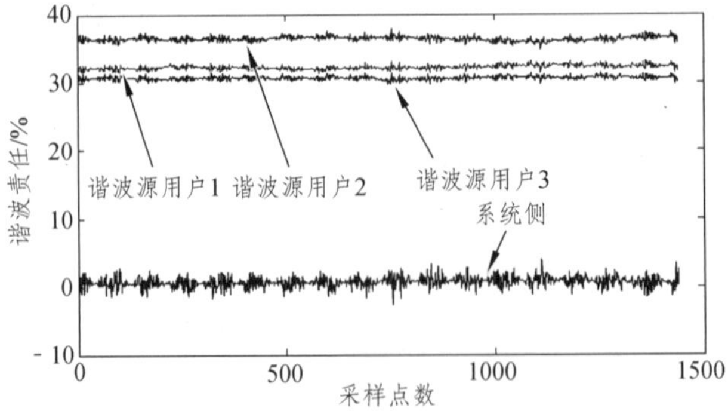

图 5-11　方案 3 谐波责任划分结果

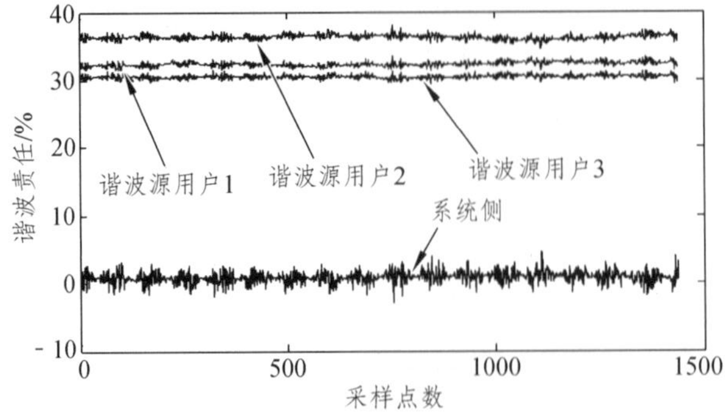

图 5-12　方案 4 谐波责任划分结果

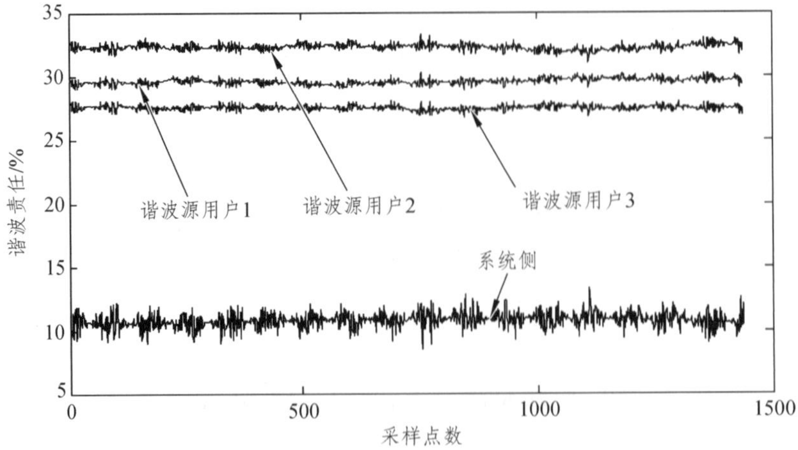

图 5-13　谐波责任划分结果理论值

三、测试结论

通过比较图 5-14～5-17，上述谐波责任划分结果基本一致，均可以用来作为谐波责任划分的方法。方案 1 和方案 2 的结果基本一致，方案 3 和方案 4 的结果基本一致。

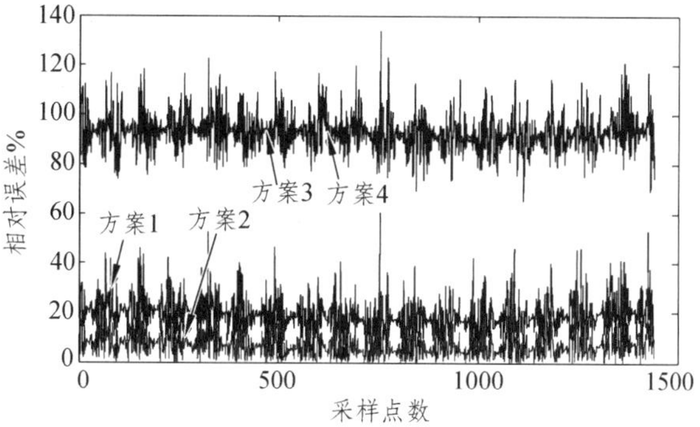

图 5-14 系统侧结果分析

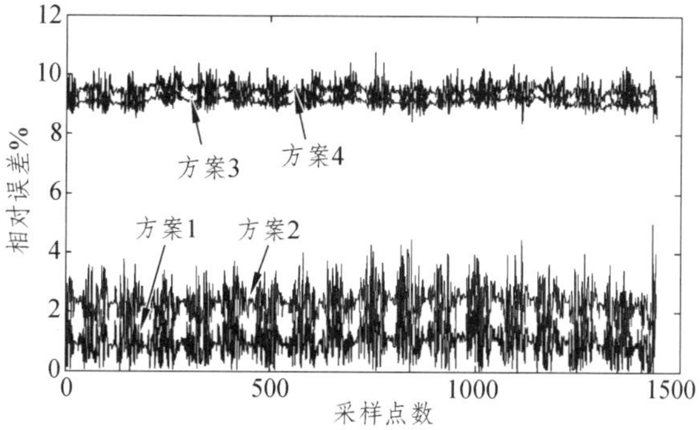

图 5-15 谐波源用户 1 对应的分析结果

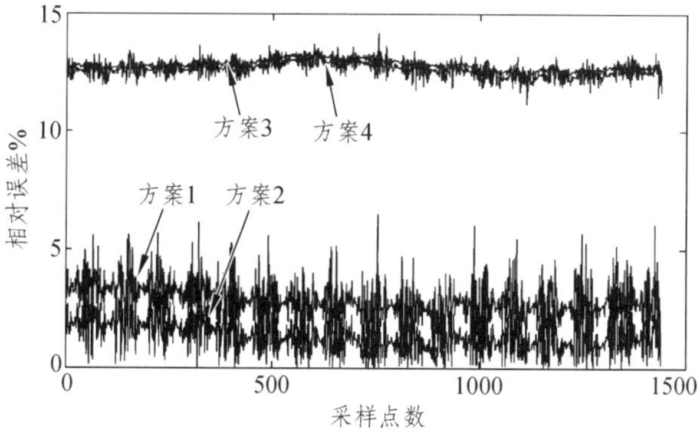

图 5-16 谐波源用户 2 对应的分析结果

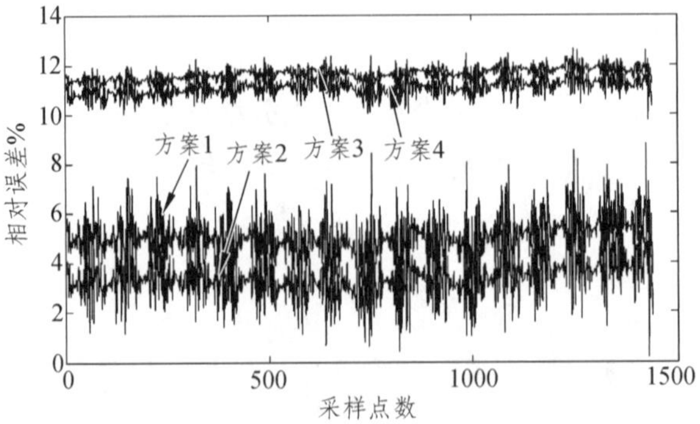

图 5-17　谐波源用户 3 对应的分析结果

四、不确定因素

（一）背景谐波的动态特性

电网背景电能质量是动态变化的，这与仿真环境下所设定的静态背景电能质量有很大不同，如采用阻抗法必然涉及类似最小二乘拟合的问题。下面用云南电网 220 kV 洱源变电站的实测背景电能质量来说明这一问题。220 kV 洱源变电站有两台容量均为 150 MV · A 的主变压器，该变电站主要非线性负荷为电气化铁路牵引供电和非线性负荷。

1. 谐波电压总畸变率

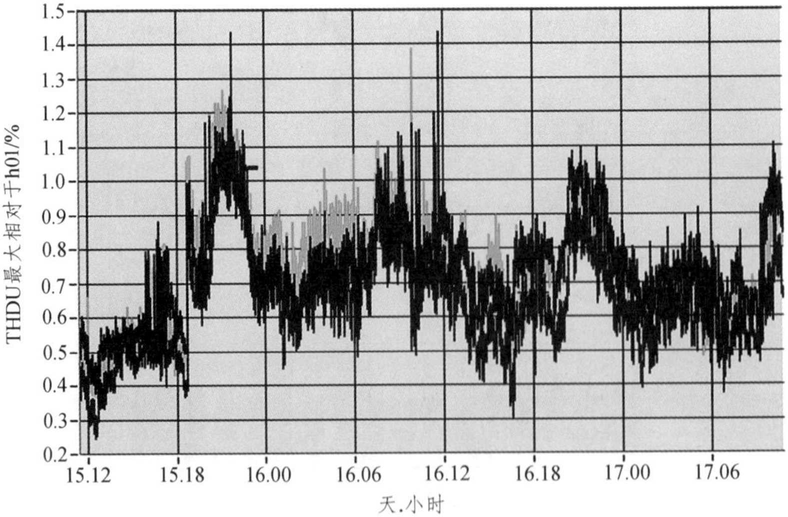

图 5-18　2 号主变压器 220 kV 侧母线谐波电压总畸变率最大值趋势图

由图 5-18 可知：220 kV 洱源变电站 2 号主变压器 220 kV 侧母线谐波电压总畸变率最大值为 1.434%（2011-06-16 11:44:00），最小值为 0.245%，平均值的最大值为 1.18%，95%概率大值为 1.1%。

2. 谐波电压含有率

在测试时间段，220 kV 洱源变电站 2 号主变压器 220 kV 母线谐波电压以 3、5、7、9 次谐波为主。其中，3 次谐波电压含有率最大值为 HRU_{3max}=0.47%、平均值 HRU_{3av}=0.19%、最小值 HRU_{3min}=0.12%；5 次谐波电压含有率最大值为 HRU_{5max}=1.44%、平均值 HRU_{5av}=0.64%、最小值 HRU_{5min}=0.15%；7 次谐波电压含有率最大值为 HRU_{7max}=0.72%、平均值 HRU_{7av}=0.136%、最小值 HRU_{7min}=0.013%。负荷高峰及低谷时的电压频谱如图 5-19、图 5-20 所示。

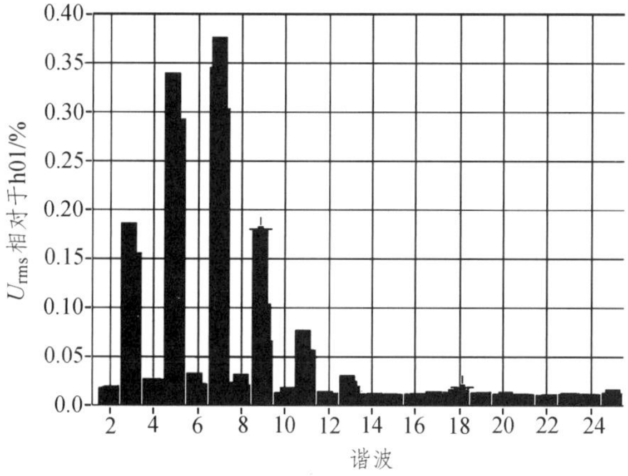

图 5-19 负荷低谷时，谐波电压频谱图

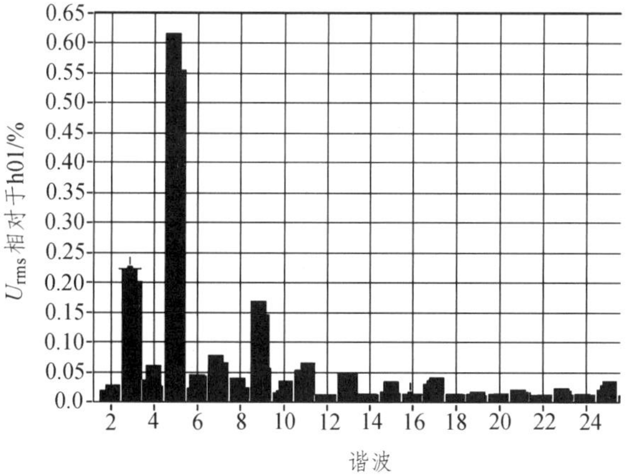

图 5-20 负荷高峰时，谐波电压频谱图

负荷低谷时，220 kV 母线谐波电压以 3、5、7、9 次谐波为主，其中，HRU_{3max}=0.187%，HRU_{5max}=0.346%，HRU_{7max}=0.376%，HRU_{9max}=0.177%。

负荷高峰时，220 kV 母线谐波电压以 3、5、9 次谐波为主，其中，HRU_{3max}=0.223%，HRU_{5max}=0.616%，HRU_{9max}=0.168%。

可见，系统背景谐波的变化还是比较大的，它将直接导致谐波源辨识的不准确性。

（二）谐波阻抗的测量误差

为了更接近实际情况，直接将某变电所的实测电压数据导入作为系统等效谐波电压源，同时使得计算结果也更具有实际参考意义，其他元件参数设置以实际参数进行设定，其模型如图 5-21 所示。

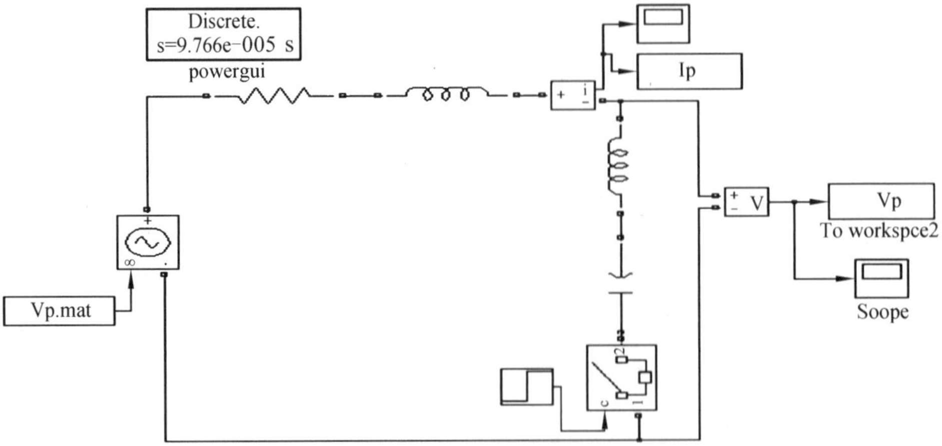

图 5-21　直接导入实测数据仿真模型

同样，在 1 s 时电容器投入运行，采样频率为 10 240 Hz 连续记录电容器投切前后 PCC 电流与电压的波形，如图 5-22 所示。

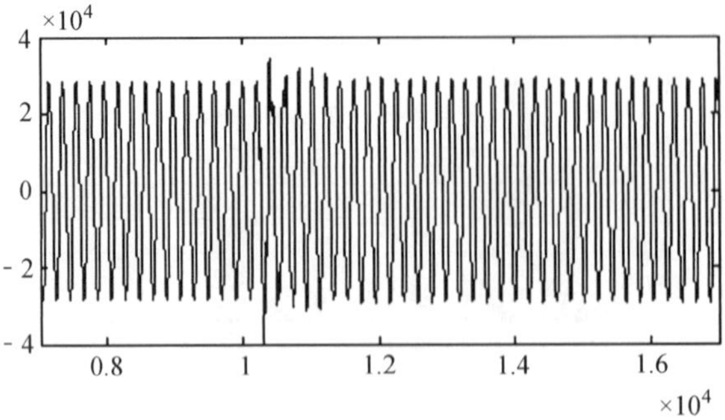

（a）电压波形

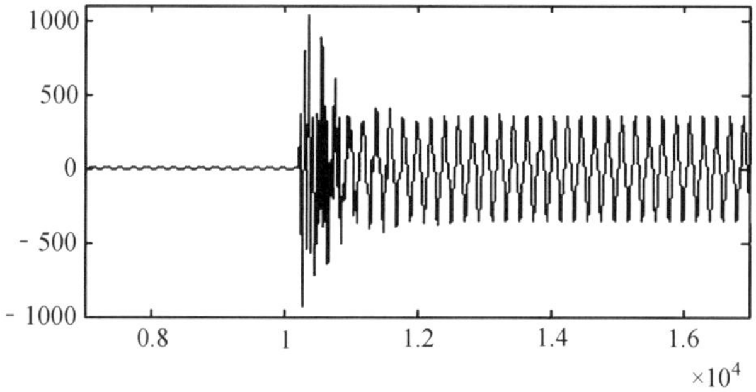

（b）电流波形

图 5-22 基于实测数据的 PCC 电流和电压波形

在实测数据中，电容器组 1 s 时投入运行，仿真时同样将电容器设置为 1 s 时投入运行，保证了数据的一致。为了保证分析的数据均为电容器投切前后的稳态数据，选取电容器投入之前 6 ~ 45 周期的稳态数据以及电容器投入之后 201 ~ 240 周期的稳态数据，对电流和电压每五个周期（1024 个点）进行一次快速傅里叶变换，以得到投切前后电流电压的各次谐波分量。傅里叶分析结果如图 5-23 所示。

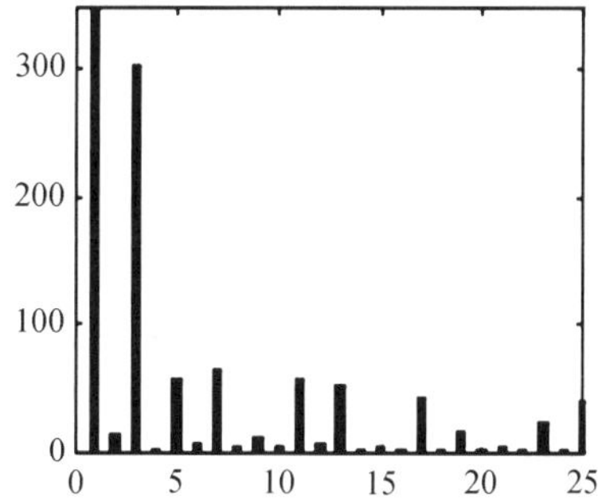

（a）投入之前 PCC 电压

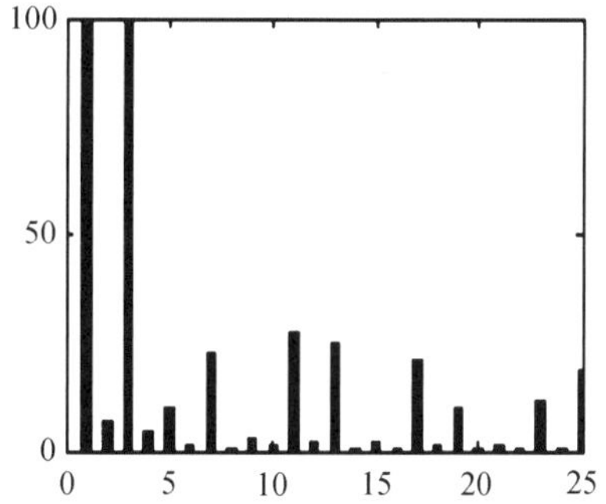

（b）投入之后 PCC 电压

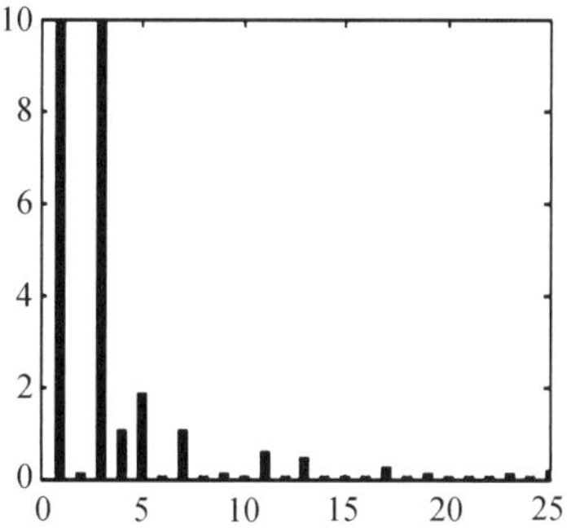

（c）投入之后 PCC 电流

图 5-23 PCC 电压、电流傅里叶分析结果

根据基于实测数据的 PCC 电流、电压的傅里叶分析结果，进行系统谐波阻抗的计算，将得到的结果与谐波阻抗理论计算值进行比较，如图 5-24 所示。

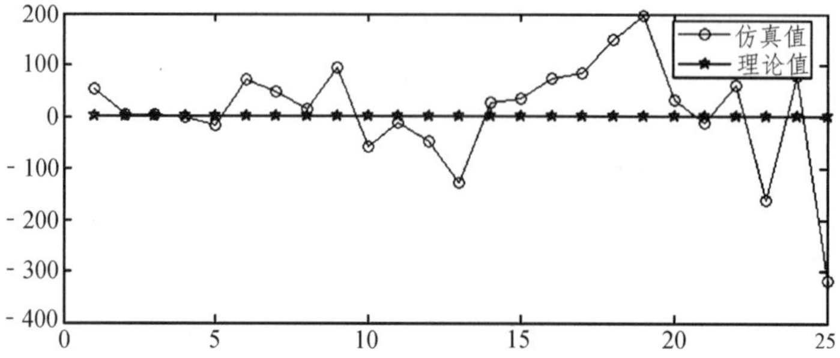

（a）谐波阻抗实部

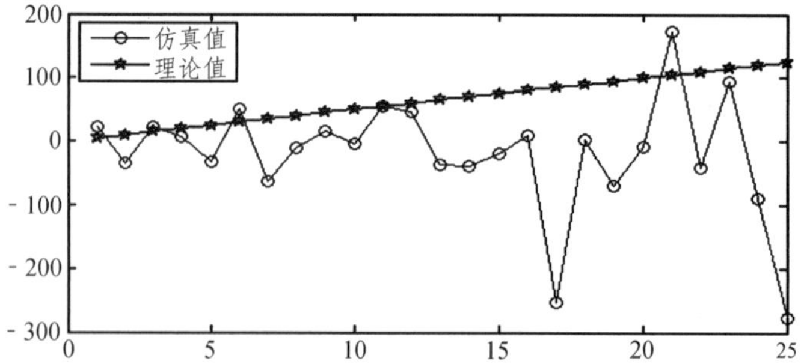

（b）谐波阻抗虚部

图 5-24　谐波阻抗仿真结果与理论值比较

从图 5-24 中可以看出，当系统等效谐波电压源直接导入实测数据时，计算得到的谐波阻抗与理论计算值误差较大。由于各次谐波含有率非常小，实际中影响测量结果准确性的因素众多，在原始测量中很小的误差波动都会导致傅里叶变换之后的各次谐波偏离原值，造成谐波阻抗计算结果准确性降低。

（三）用户谐波水平估计

用户谐波发射水平估计是另一个谐波源辨识的技术难题。

首先，用户谐波发射水平与背景谐波是相互耦合的，只有在背景谐波含量相对较小时，用户谐波发射水平估计才可能是准确的。

其次，用户谐波发射水平是动态变化的，用户谐波发射水平与负荷大小、整流设备、生产工艺等有很大关系，与系统网架也有一定联系。因此，用户谐波发射水平估计是另一个谐波源辨识的技术难题。

综上所述，以阻抗法为代表的谐波源辨识方法，对于谐波源辨识的仿真分析通常都具有较好的可行性。然而，对于实测数据的谐波源辨识，多数情况下难以得到准确的辨识结果，这主要是由于：

（1）非主导次谐波不具有收敛性，从原理上无法通过实测进行谐波源辨识，也就无法进行谐波责任划分。

（2）主导次谐波受背景谐波、谐波阻抗测量、用户谐波发射水平等不确定性因素影响，进行谐波责任划分的准确性不足。

第三节 基于相关性分析的谐波源辨识方法

一、基于功率法的谐波潮流判断

有功功率流向法是实际工程中最常用的谐波源识别方法，它通过检测公共连接点处的谐波潮流方向（有功功率方向）来定位主谐波源。该方法在实际工程中已经使用多年，许多电能质量装置采用该方法作为谐波源识别的方法，通过功率的流向判断主要谐波源来自哪条支路。

谐波功率正方向定义为从系统侧流向用户侧的潮流方向，则公共连接点的有功功率可以求得

$$P_i^h = \mathrm{Re}(\dot{V}_{\mathrm{pcc}}^h \dot{I}_{\mathrm{pcc}i}^h) = V_{\mathrm{pcc}}^h I_{\mathrm{pcc}i}^h \cos(\theta_{Vh} - \theta_{Ih}) \tag{5-18}$$

式中，P_i^h 是谐波有功功率；θ_{Vh} 是 PCC 处谐波电压的相角，θ_{Ih} 是测量处谐波电流的相角。

在 PCC 处测量各次谐波电压和谐波电流，然后根据式（5-18）求出有功功率，根据所求功率的正负来判断主要谐波源的位置，其判别依据为：

（1）当 $P>0$ 时，（等效）系统侧比用户侧产生更多的谐波功率，则系统侧为主要谐波源，承担较大的污染责任。

（2）当 $P<0$ 时，用户侧比（等效）系统侧产生更多的谐波功率，则负荷侧为主要谐波源，承担较大的污染责任。

通过有功功率流向法可以找出所有由用户侧流向系统侧的馈线支路。

二、基于波动量法的用户侧主导次谐波电流分析

系统谐波阻抗受系统短路阻抗影响较大，当运行方式固定时，短时间内系统谐波阻抗较为稳定，不会有大的波动，则通过测量在 PCC 点的谐波电流 $\dot{I}^h_{\text{pcc}}$ 及谐波电压 V_o 在该段时间内的波动可以估计出系统谐波阻抗。系统侧和用户侧的谐波波动通常同时存在。主导波动量法通过统计筛选原理，从中提取出由用户波动起主导作用的波动量，以此估计系统谐波阻抗和用户谐波电压发射水平，可避免系统侧波动的影响。

实际中，系统侧和用户侧谐波阻抗分别取决于系统短路容量和负荷容量。一般负荷容量远小于系统短路容量，可认为 $Z^h_{\text{s}} \ll Z^h_{\text{c}}$。根据叠加原理得到 PCC 处电压和电流的波动量为

$$\Delta\dot{V}^h_{\text{pcc}} = \frac{Z^h_{\text{s}} Z^h_{\text{c}} (\Delta\dot{I}^h_{\text{c}} + \Delta\dot{I}^h_{\text{s}})}{Z^h_{\text{s}} + Z^h_{\text{c}}}$$

$$\Delta\dot{I}^h_{\text{pcc}} = \frac{\Delta\dot{I}^h_{\text{s}} Z^h_{\text{s}} - \Delta\dot{I}^h_{\text{c}} Z^h_{\text{c}}}{Z^h_{\text{s}} + Z^h_{\text{c}}} \tag{5-19}$$

根据式（5-19）有

$$\Delta\dot{I}^h_{\text{pcc}} = \frac{1}{1+Z^h_{\text{s}}/Z^h_{\text{c}}}\left(\frac{Z^h_{\text{s}}}{Z^h_{\text{c}}}\Delta\dot{I}^h_{\text{s}} - \Delta\dot{I}^h_{\text{c}}\right) = \frac{Z^h_{\text{s}}}{Z^h_{\text{c}} + Z^h_{\text{s}}}\Delta\dot{I}^h_{\text{s}} + \frac{-\Delta\dot{I}^h_{\text{c}}}{1+Z^h_{\text{s}}/Z^h_{\text{c}}} \approx -\Delta\dot{I}^h_{\text{c}} + \varepsilon_{\text{s}} \tag{5-20}$$

由式（5-20）知，在 PCC 点测量到的谐波电流波动量中含用户侧波动量 $\Delta\dot{I}^h_{\text{pcc}}$ 和系统侧波动等引起的误差 ε_{s}。通常 $Z^h_{\text{s}} \ll Z^h_{\text{c}}$，$\varepsilon_{\text{s}} = 0$。但当系统不是理想的无穷大系统时，$\varepsilon_{\text{s}}$ 较小，但是 $\varepsilon_{\text{s}} \neq 0$。

PCC 点的波动量是系统中所有相互独立谐波源波动叠加的结果，假设其分布规律服从正态分布，为筛选用户侧主导波动量，采用统计学中的奈尔（Nair）检验法筛选出用户主导波动量样本。

根据式（5-21）和式（5-22）计算 PCC 点谐波电流波动量模值的样本均值和方差：

$$E(\Delta I^h_{\text{pcc}}) = \frac{1}{n}\sum_{k=1}^{n} \Delta I^h_{\text{pcc}k} \tag{5-21}$$

$$\sigma^2_{\Delta I^h_{\text{pcc}}} = \frac{1}{n-1}\sum_{k=1}^{n} \left|\Delta I^h_{\text{pcc}k} - E(\Delta I^h_{\text{pcc}})\right|^2 \tag{5-22}$$

以式（5-23）作为判据，筛选出满足要求的用户主导波动量 $\Delta\dot{U}'_{\text{pcc}}$ 和 $\Delta\dot{I}'_{\text{pcc}}$。

$$[\Delta I^h_{\text{pcc}k} - E(\Delta I^h_{\text{pcc}})] / \sigma_{\Delta I^h_{\text{pcc}}} > \alpha \tag{5-23}$$

由分析结果可知：主导波动量法的谐波阻抗整体估算结果更接近真实值。根据PCC点测量到的谐波波动量，能有效提取用户主导谐波电流波动量，因此，通过数据分析选择主导次谐波，通过分析公共连接点干扰电压与各主导次负荷支路谐波电流的相关性，并根据相关系数的大小进行各谐波源的污染责任划分是可行的。

三、主导次谐波电流与PCC谐波电压相关性分析

相关性分析是信号处理的基本方法，在电力系统领域已有广泛应用。对于两个采样点数为 N 的实数序列 $x(n)$ 和 $y(n)$，描述其相似程度的相关系数表达式为

$$r=\frac{\sum_{i=1}^{n}(x_i-\bar{x})(y_i-\bar{y})}{\sqrt{\sum_{i=1}^{n}(x_i-\bar{x})^2\sum_{i=1}^{n}(y_i-\bar{y})^2}} \tag{5-24}$$

式中，r 为两个实数序列的相关系数，取值区间为[−1，1]，当 $0<r\leqslant 1$，表明变量之间存在正相关关系；当 $-1\leqslant r<0$，表明变量之间存在负相关关系；当 $|r|=1$ 时，表示其中一个变量的取值完全取决于另一个变量，二者为函数关系；当 $r=0$ 时，说明变量之间不存在线性相关关系，但这并不排除变量之间存在其他非线性相关的可能。

如图5-25和图5-26所示，在公共连接点采集1440个谐波电压和谐波电流值作为样本进行分析，根据式（5-24）可计算各用户馈线谐波电流与系统侧谐波电压的相关系数，其中 $r_{用户1}=0.87$，$r_{用户2}=0.21$，$r_{用户3}=0.54$ 较好地表征了PCC处谐波电压与用户侧谐波电流波形的相似度。

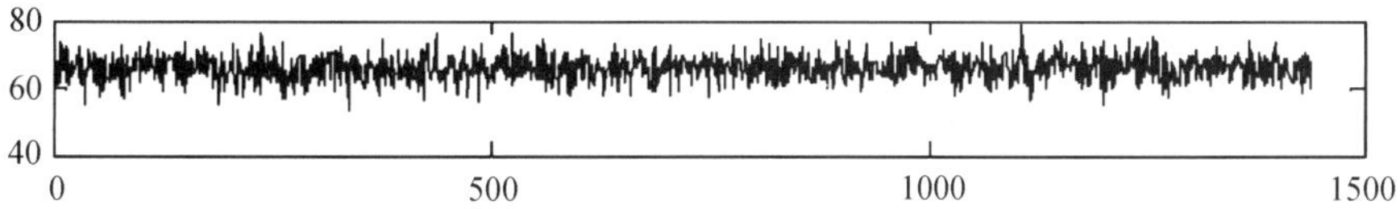

（a）系统侧馈线3次谐波电流幅值

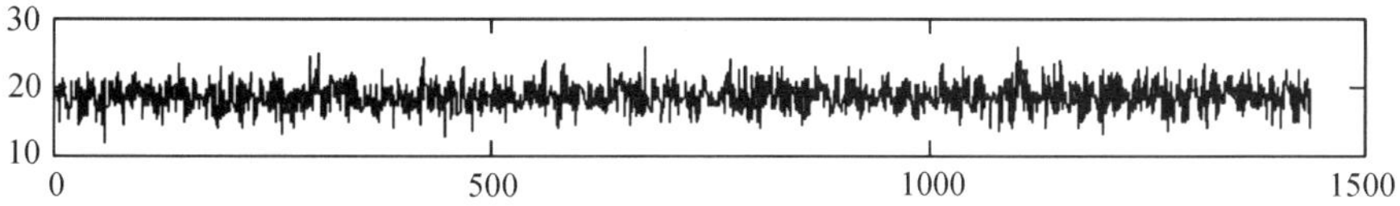

（b）用户1馈线3次谐波电流幅值

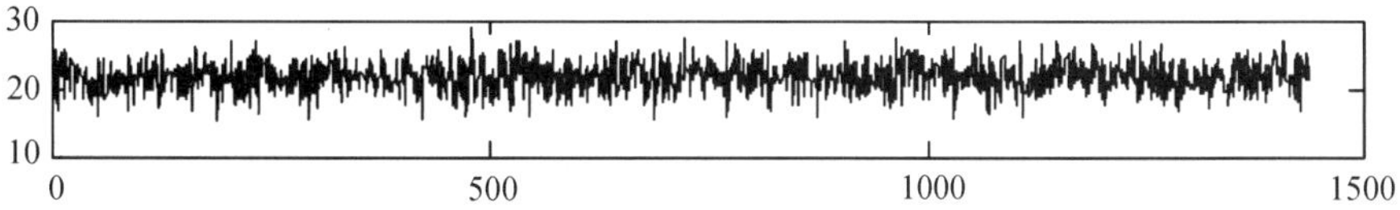

（c）用户2馈线3次谐波电流幅值

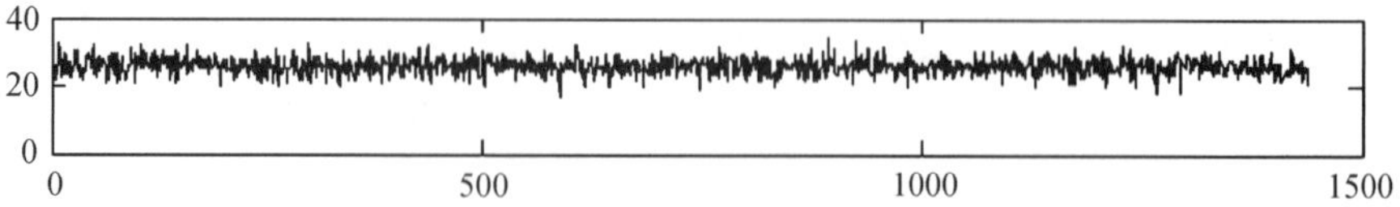

（d）用户 3 馈线 3 次谐波电流幅值

图 5-25 用户侧馈线谐波电流波形

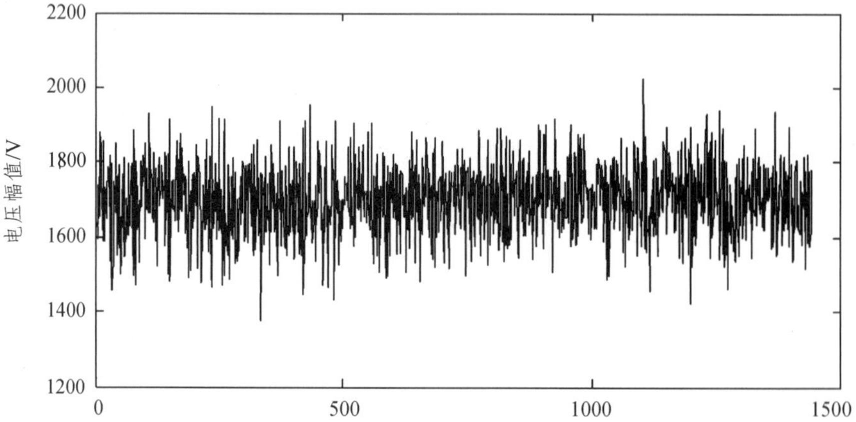

图 5-26 PCC 谐波电压波形

四、谐波源相关性分析算法步骤

从理论上讲，系统谐波阻抗主要与系统短路阻抗相关，通过测量系统 PCC 点处的谐波电压和谐波电流可估计出该处的谐波阻抗，但实际情况并非如此。本文将主导波动量法和统计学原理相结合，从大量的谐波数据中分析出对用户波动起主要作用的波动量，从而避免了系统侧波动的影响。

基于波动量相关性分析的谐波源辨识算法流程如图 5-27 所示。通常，PCC 点的谐波电压值是系统中所有谐波源馈线的谐波电流乘以谐波阻抗后叠加的结果。为筛选出用户侧主导谐波分量，可以采用谐波功率的方法进行筛选，当谐波功率为流向母线，判断为谐波源，若谐波功率很小或谐波功率为从母线流向用户，则将数据剔除。

筛选出需要进行谐波责任划分的馈线后，进而分析公共连接点谐波电压与各主导次负荷支路中谐波电流的相关性，并根据相关系数的大小进行各谐波源的责任划分。

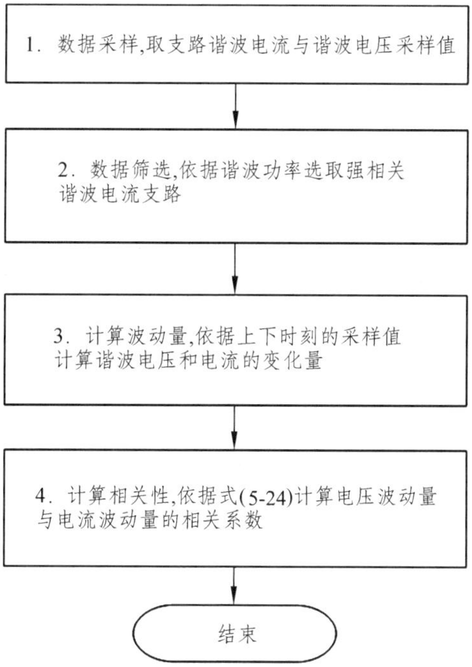

图 5-27 算法流程

五、实测分析

（一）例 1：某 110 kV 变电站

以云南电网公司某 110 kV 变电站 35 kV 母线处谐波责任划分为例，测试时间为一周，稳态采样时间间隔 3 min，对 PCC 处采集母线谐波电压值和 3 条干扰源馈线的各次谐波电流值作为样本进行分析。

1. 5 次谐波分析

根据主导波动量法和 PCC 点测量到的谐波波动量，提取用户主导谐波电流波动量，选择用户侧主导次谐波。图 5-28 为母线谐波电压与各支路主导次谐波电流变化趋势，图 5-29 为母线谐波电压波动量与各支路主导次谐波电流波动量变化趋势图。

从图 5-28 和图 5-29 中可以看出 PCC 谐波电压与各支路主导次谐波电流的变化趋势有一定相关性。采用双侧变量相关性分析方法，将实测数据代入式（5-24）计算 Pearson 积差相关系数如表 5-4 所示。其中 x_i 表示某一支线 5 次谐波电流某一时刻实测值，y_i 表示另一支线 5 次母线谐波电压某一时刻实测值。

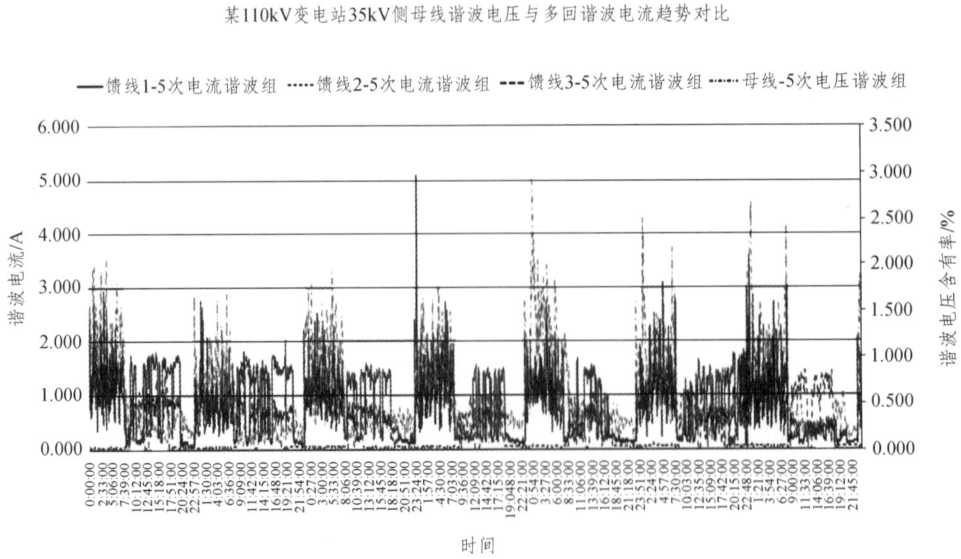

图 5-28 3 条馈线 5 次谐波电流 I-母线谐波电压 U 实测数据

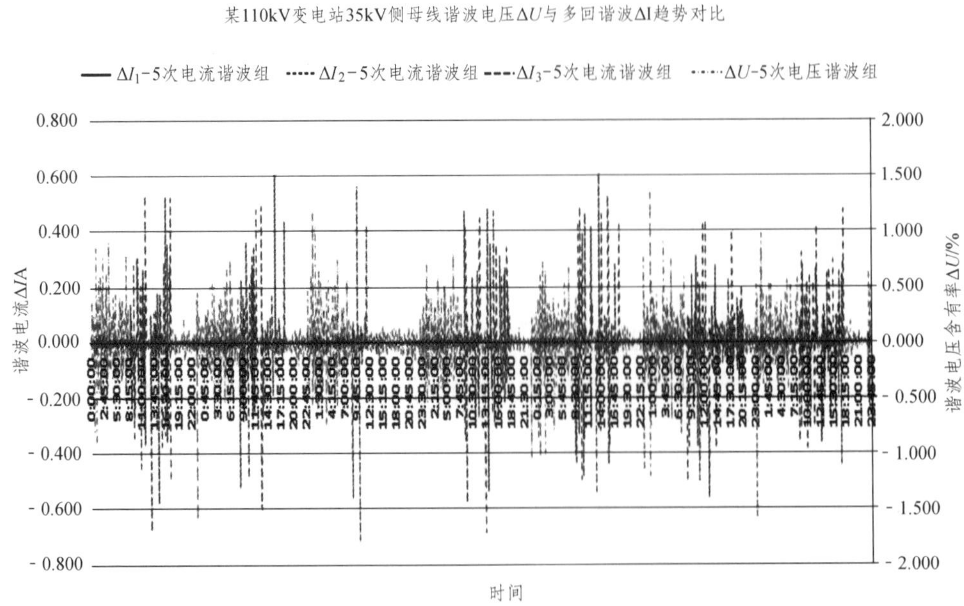

图 5-29 3 条馈线 5 次谐波电流 ΔI -母线谐波电压 ΔU 处理数据

表 5-4　3 条馈线 5 次谐波电流 ΔI -母线谐波电压 ΔU 相关性分析

谐波组	馈线 1 5 次电流谐波组	馈线 2 5 次电流谐波组	馈线 3 5 次电流谐波组	$\Delta U_{母线}$ 5 次电压谐波组
$\Delta I_{馈线1}$ 5 次电流谐波组	1	−0.002	0.197	0.754
$\Delta I_{馈线2}$ 5 次电流谐波组	−0.002	1	0.018	0.014
$\Delta I_{馈线3}$ 5 次电流谐波组	0.197	0.018	1	0.365
$\Delta U_{母线}$ 5 次电压谐波组	0.754	0.014	0.365	1

由上述相关性分析结果可知：在导致 5 次谐波电压变化的因素中，馈线 1、馈线 2 负主要责任，其相关系数分别为 0.754、0.365，即馈线 1 的责任高于馈线 2。

2. 7 次谐波分析

图 5-30 为母线谐波电压与各支路主导次谐波电流变化趋势，图 5-31 为母线谐波电压波动量与各支路主导次谐波电流波动量变化趋势图。

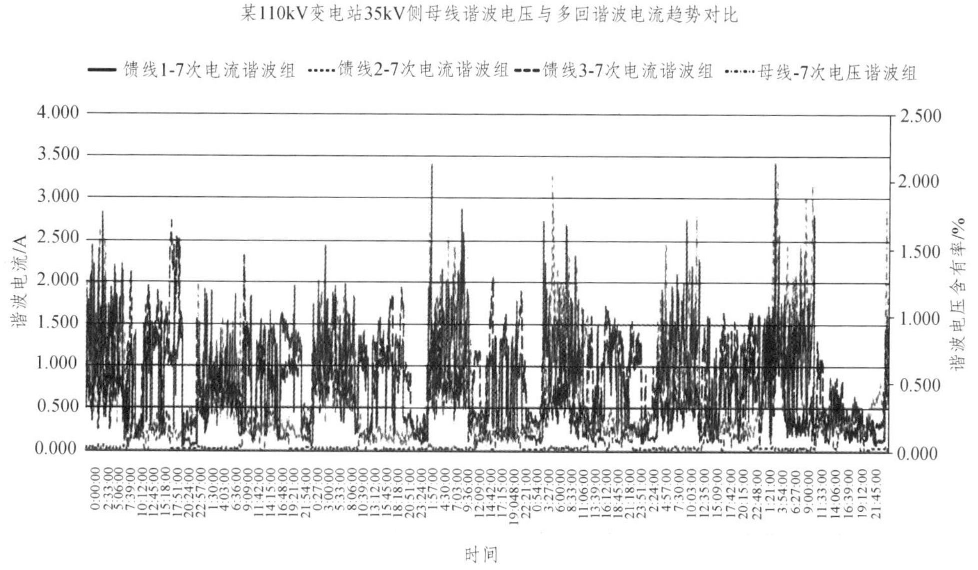

图 5-30　3 条馈线 7 次谐波电流 I-母线谐波电压 U 实测数据

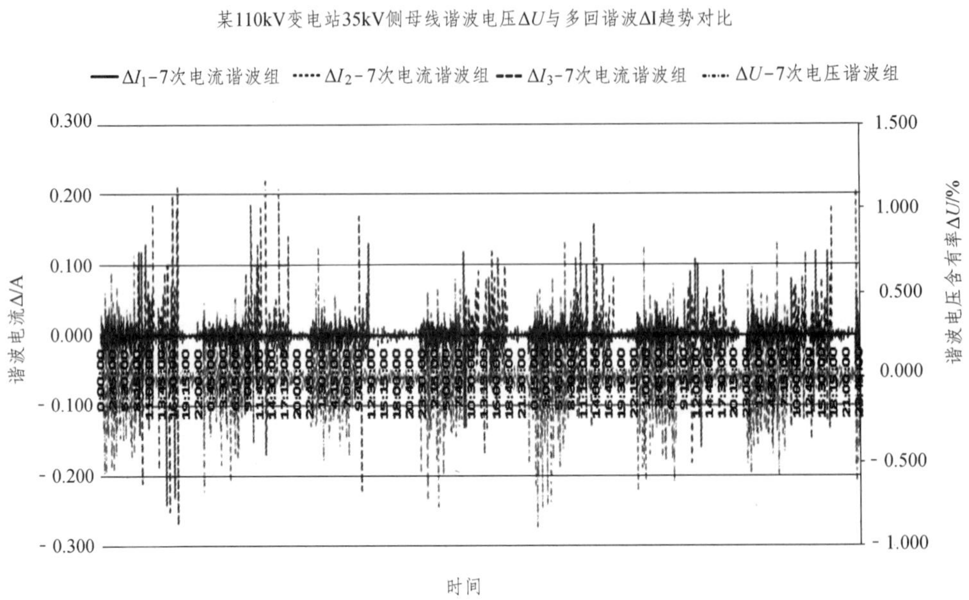

图 5-31　3 条馈线 7 次谐波电流 ΔI -母线谐波电压 ΔU 处理数据

同理采用双侧变量相关性分析方法，将实测数据代入式（5-24）中计算 Pearson 积差相关系数如表 5-5 所示。

表 5-5　3 条馈线 7 次谐波电流 ΔI -母线谐波电压 ΔU 相关性分析

谐波组	馈线 1 7 次电流谐波组	馈线 2 7 次电流谐波组	馈线 3 7 次电流谐波组	$\Delta U_{母线}$ 7 次电压谐波组
$\Delta I_{馈线1}$ 7 次电流谐波组	1	0.067	0.307	0.843
$\Delta I_{馈线2}$ 7 次电流谐波组	0.067	1	−0.005	0.122
$\Delta I_{馈线3}$ 7 次电流谐波组	0.307	−0.005	1	0.195
$\Delta U_{母线}$ 7 次电压谐波组	0.843	0.122	0.195	1

由上述相关性分析结果知：在导致 7 次谐波电压变化的因素中，馈线 1 负主要责任，相关系数分别为 0.843，馈线 2 和馈线 3 的责任较小。

综合表 5-4 和表 5-5，得到如表 5-6 所示的谐波责任划分综合分析结果。

表 5-6 综合谐波责任划分结果

回路	馈线 1	馈线 2	馈线 3
5 次谐波	0.754	0.014	0.365
7 次谐波	0.843	0.122	0.195
结论	主要谐波责任方	基本无责任方	次要谐波责任方

通过对该 110 kV 变电站变 35 kV 三条馈线的 5 次和 7 次谐波电流和母线谐波电压进行相关性分析，可以得出：馈线 1 是 5、7 次谐波的主要谐波源；馈线 3 对 5 次谐波也有一定相关性，但弱于馈线 1；馈线 2 与 5、7 次谐波基本无关。

（二）例 2：某风电场负序源辨识分析

该风电场总体规划总装机容量 229.5 MW，设置 153 台风电机组，单机容量 1.5 MW，目前已实现装机 33 台。从 2012 年 1 月 7 日投运起，该风力发电场就不断发生机组跳闸脱网事故，报文显示风机跳闸的原因为：机组的 690 V 侧电流三相不平衡度超过其设定的允许值。为找到负序源，应国电云南新能源有限公司和楚雄供电局要求，云南电科院于 2012 年 3 月 13 日—2012 年 3 月 16 日对 220 kV 元谋变电站和该风电场开展了负序源辨识测试。

1. 元雷线与 690 V 侧负序电压趋势对比

同一时刻元雷线与 690 V 侧负序电压趋势对比如图 5-32 所示，可见，元雷线与 690 V 侧负序电压趋势非常近似，风电场 690 V 侧负序电压的产生主要是受 220 kV 元谋变电站 110 kV 侧负序电压的影响。

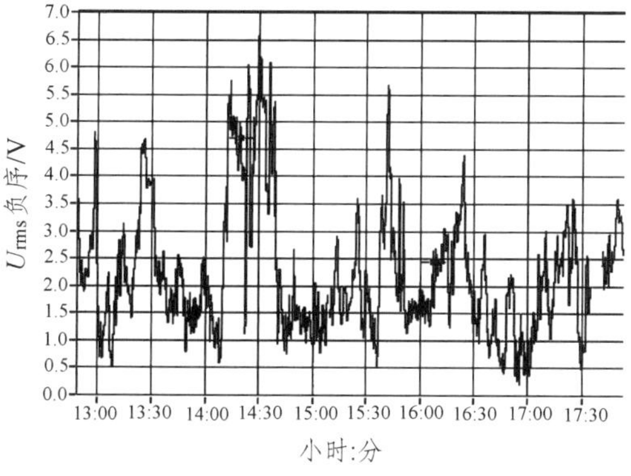

（a）690 侧负序电压

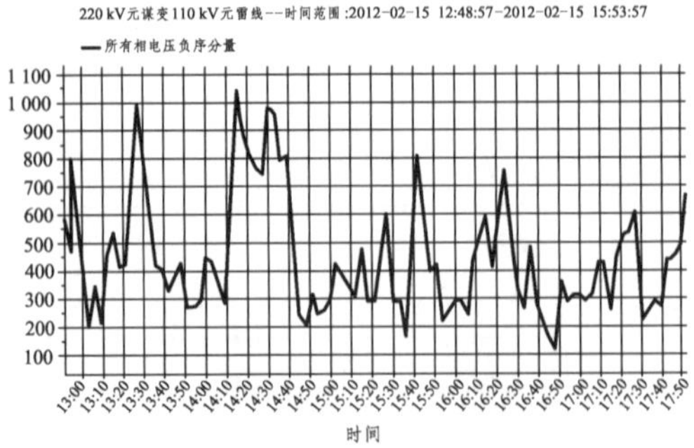

（b）元雷线负序电压

图 5-32　元雷线与 690 V 侧负序电压趋势对比

2. 元雷线负序电压与负序电流趋势对比

由图 5-33 可见，除元雷线断闸的时段外，元雷线负序电压与负序电流趋势是非常近似，在机组跳开后的一段时间内，负序电压的变化比负序电流的变化小得多，这说明元雷线负序电压的形成主要是由于牵引负荷的影响，此外，还说明风电场负序电流主要是由变流器自身产生的。另外从对机组的跳闸规律的分析以及负序电流的渗透计算也可以印证这一点。

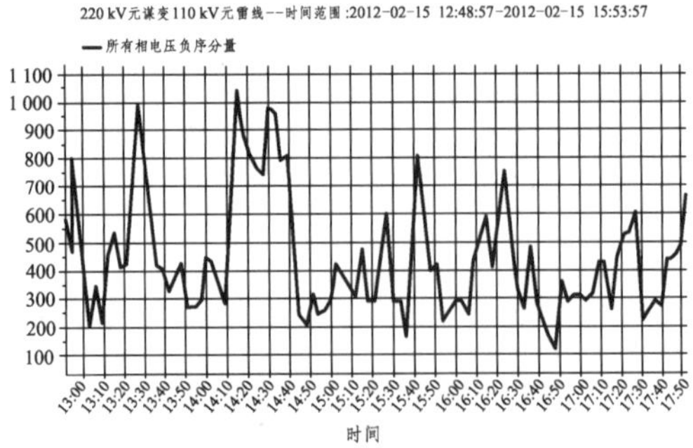

（a）元雷线负序电压

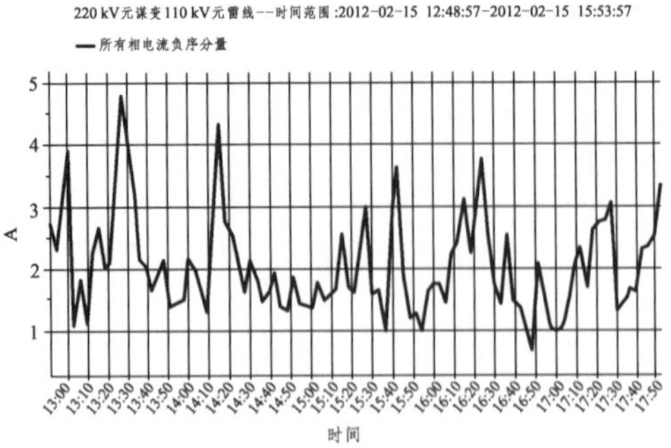

（b）元雷线负序电流

图 5-33　元雷线负序电压与负序电流趋势对比

3. 690 V 侧负序电压与负序电流趋势对比

由图 5-34 可见，690 V 侧负序电压与负序电流趋势是非常相似的，只是在机组跳闸期间体现出不同。这说明，变流器所产生的不平衡电流的大小与不平衡电压的大小相关，也即负序电压越大，产生的负序电流也就越大。

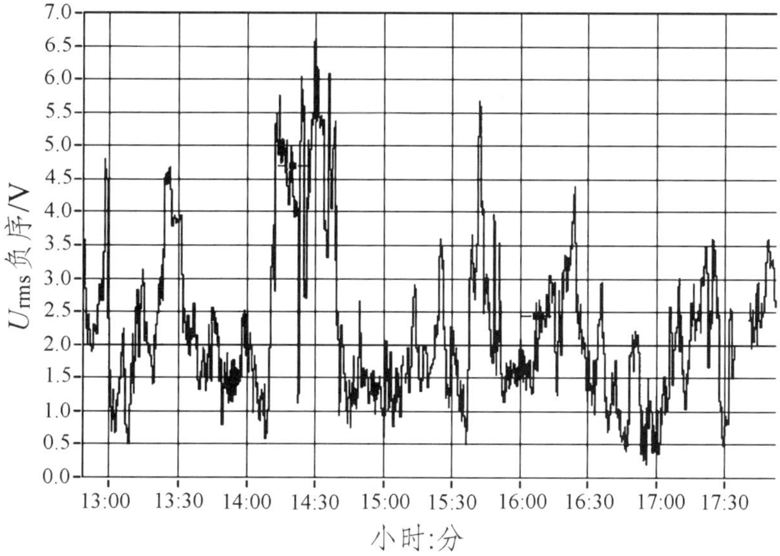

（a）14 号机 690 V 侧负序电压趋势图

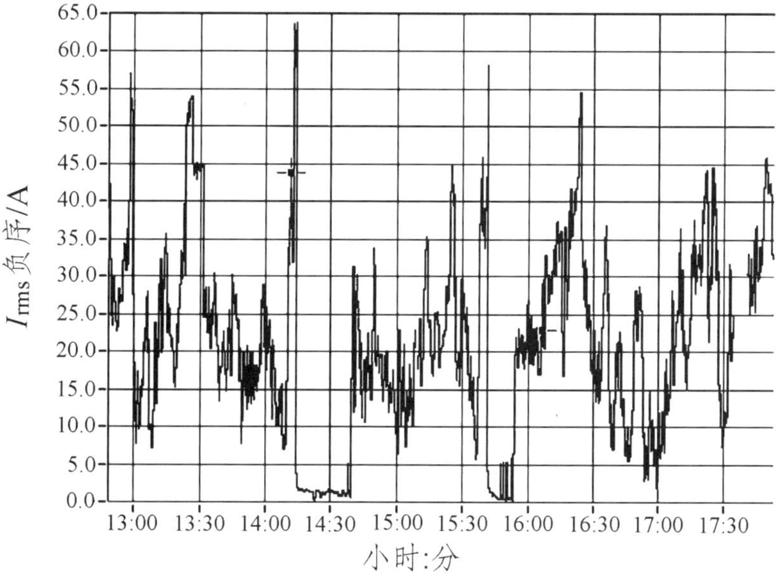

（b）14 号机 690 V 侧负序电流趋势图

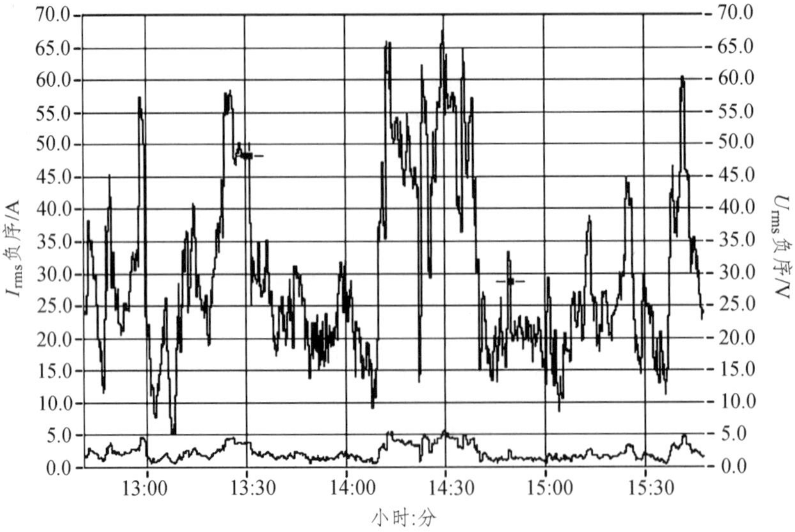

（c）15 号机 690V 侧负序电压、电流趋势图

图 5-34　690 V 侧负序电压与负序电流趋势对比

4. 相关性分析

由表 5-7 可知，风电场负序电流的产生主要是受到 220 kV 元谋变电站 110 kV 侧负序电压的影响。在负序电压的影响下，风机自身产生了大量负序电流，导致变流器的三相电流不平衡保护动作，造成脱网事故。

表 5-7　波形相关性分析

谐波组	元雷线负序电流	690 V 侧负序电流
元雷线负序电压	0.893	—
690 V 侧负序电压	—	0.932

第六章

电容器谐振监测与分析技术

并联电容器是配电网中重要的无功补偿设备，并联电容器具有提高系统功率因数、改善电压质量、降低网损的优点，但同时也会带来谐波谐振的运行风险。近年来，云南电网、广西电网、广东电网及其他许多省网系统均多次发生过电容器谐波谐振事故。由于电力系统的谐波阻抗是感性的，而电容器的谐波阻抗是容性的，两者之间必定存在谐振点，因此，谐振是并联电容器的固有特性。谐振点并不能被消除，解决电容器谐振的技术措施只能是将谐振点调整到远离整数次谐波频率的地方。

电力系统是动态的，并联电容器谐振点会随电网运行方式变化而变化，因此，有必要研究并掌握并联电容器谐振点变化的动态特性，这对于预防电容器组的谐振事故，提高电网的安全可靠运行具有重要的意义。目前，关于并联电容器的串抗率不匹配问题被广泛研究，并提出了一些有意义的研究结论，但串抗率只是影响谐振点发生改变的原因之一，其他相关因素对谐振的影响还需要做进一步研究和总结。

第一节　并联电容器谐振点的动态特性分析

一、理论分析

1. 并联谐振点

并联谐振发生在电容器 RLC 支路与等值系统之间，与系统的短路容量具有关联。并联电容器的并联谐振点可按式（6-1）估算：

$$Q_{CX} = S_d\left(\frac{1}{n^2} - K\right) \tag{6-1}$$

式中　Q_{CX}——发生 n 次谐波谐振的电容器容量（Mvar）；

S_d——并联电容器装置安装处的母线短路容量（MV·A）；

n——谐波次数；

K——电抗率。

如果式（6-1）成立，则并联谐振条件满足。此时的 n 即为并联谐振点。

2. 串联谐振点

串联谐振发生在容性电抗和感性电抗相等的串联 RLC 电路内，与外部系统联系并不紧密。并联电容器的串联谐振点可按式（6-2）估算：

$$n=\sqrt{\frac{X_C}{X_L}} \tag{6-2}$$

式中 X_C—电容器组的容抗值；

X_L——电容器组串联电抗的电抗值。

二、并联电容器谐振点的动态特性

为分析各种方式变化对电容器组谐波点的影响，本文基于 ETAP 软件，以云南电网 220 kV 南湖变电站为例进行仿真分析。南湖变电站电容器组及相关系统参数如表 6-1 所示，基于 ETAP 的仿真模型如图 6-1 所示。

表 6-1 220 kV 南湖变电站参数

220 V 侧短路容量	9861 MV·A	1 号电容器	12 Mvar；6.5%串抗
主变压器变比	220/110/35	2 号电容器	12 Mvar；12%串抗
主变压器容量	150/150/75	3 号电容器	12 Mvar；6.5%串抗
短路电压百分比	0.8%/18.3%/6.19%	4 号电容器	12 Mvar；12%串抗

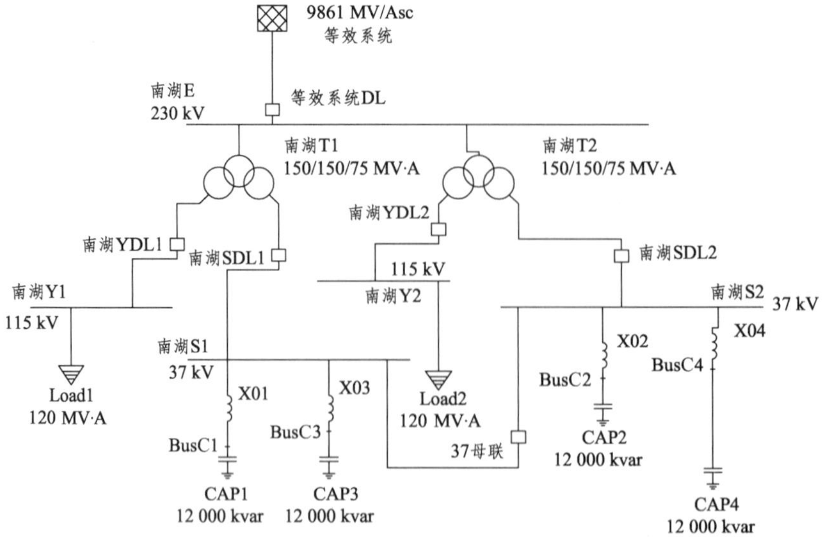

图 6-1 南湖变电站一次主接线仿真模型

表 6-2 所示为不同电容器组合工况下的谐振点计算结果和仿真结果。由于理论计算是将系统在 35 kV 母线处做系统等值，而仿真计算是将系统在 220 kV 母线处做等值，因此两者在计算结果上存在一些误差。由表 6-2 可见，理论计算结果与基于 ETAP 的仿真结果基本一致，说明计算和仿真的结果是可信的。

表 6-2　不同电容器组合工况下的谐振点计算结果和仿真结果

方式	方式描述	计算结果		仿真结果	
		并联谐振点	串联谐振点	并联谐振点	串联谐振点
1	投入①号电容器，37 母联分	3.57	3.92	3.46	3.88
2	投入①②号电容器，南湖 SDL2 开关断开，37 母联合	3.29	3.92	3.18	3.88
3	投入④号电容器，37 母联分	2.74	2.88	2.68	2.84
4	投入③④号电容器，南湖 SDL2 开关断开，37 母联合	2.62	2.88	2.54	2.84
5	投入①②④号电容器，南湖 SDL2 开关断开，37 母联合	2.67；3.43	2.88；3.92	2.58；3.36	2.84；3.88
6	投入①②③④号电容器，南湖 SDL2 开关断开，37 母联合	2.53；3.5	2.88；3.92	2.42；3.44	2.84；3.88

6 种运行方式下的谐波阻抗特性曲线分别如图 6-2 ~ 图 6-7 所示。

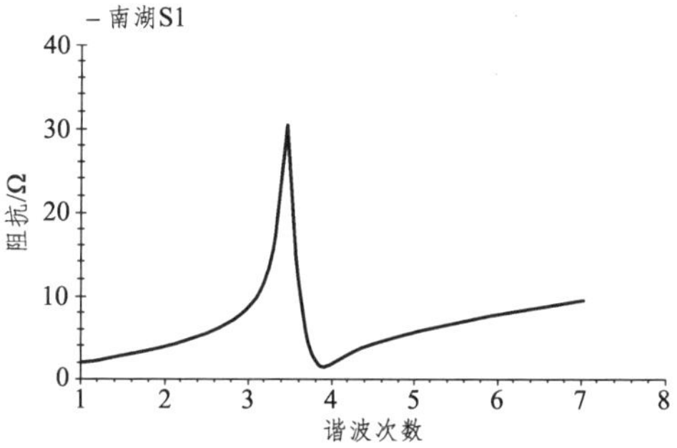

图 6-2　方式 1 下谐波阻抗特性曲线

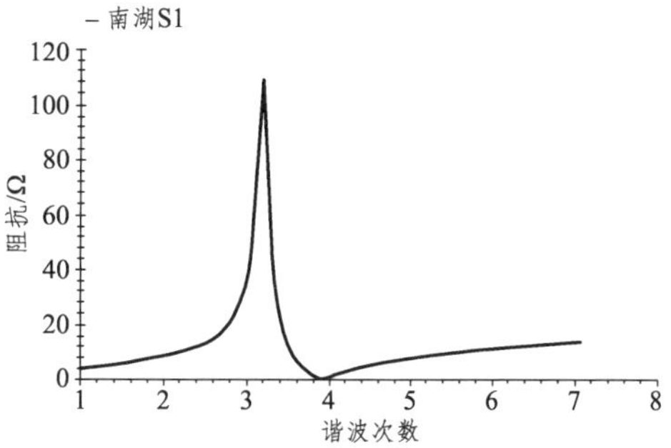

图 6-3　方式 2 下谐波阻抗特性曲线

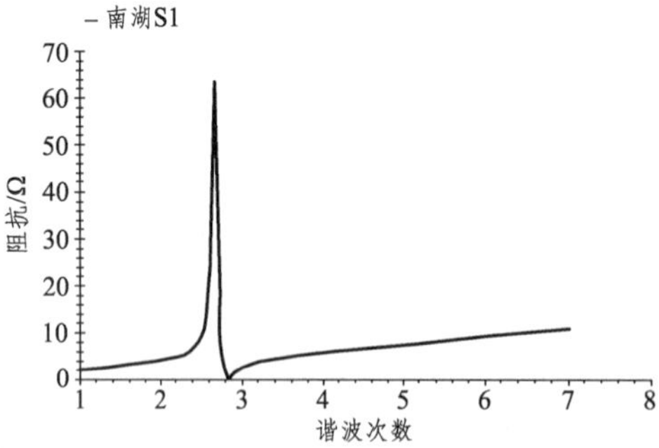

图 6-4　方式 3 下谐波阻抗特性曲线

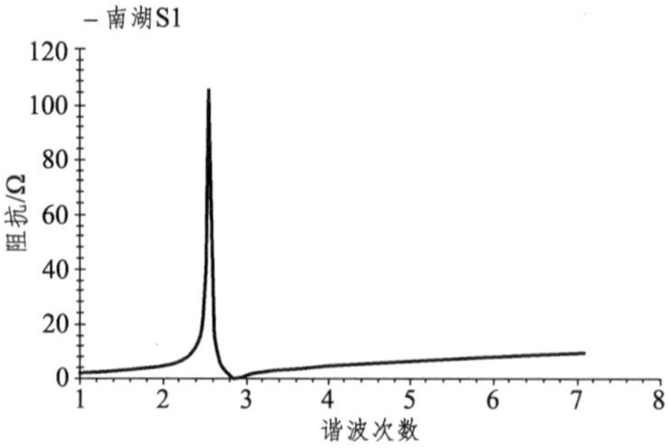

图 6-5　方式 4 下谐波阻抗特性曲线

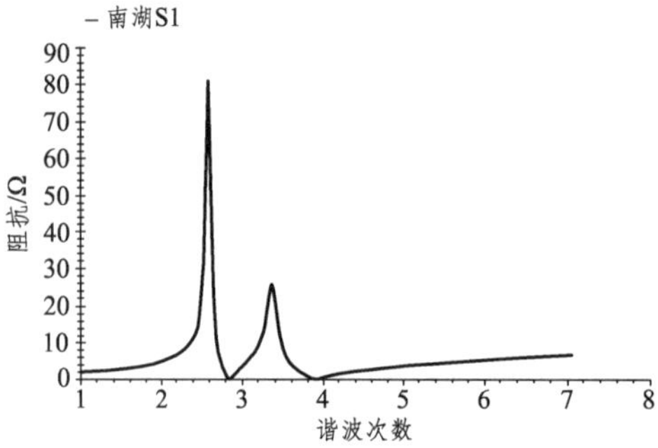

图 6-6　方式 5 下谐波阻抗特性曲线

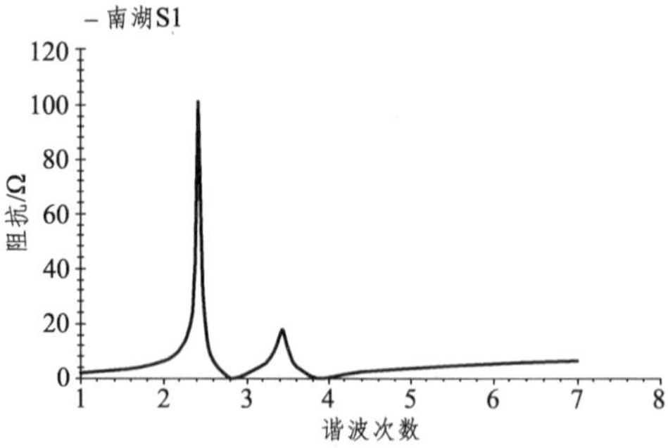

图 6-7　方式 6 下谐波阻抗特性曲线

由图 6-2 ~ 图 6-7 可见谐波阻抗特性曲线具有如下特点：

（1）电容器谐振点会随着电容器组的不同组合而改变。

（2）谐波阻抗曲线具有随谐波次数增加，先达到并联谐振点，再回到串联谐振点，再达到第二个并联谐振点，如此反复的特点。

（3）从电容器所在母线侧看过去，通常第一次达到并联和串联谐振点的放大倍数最大。

在上图中，图 6-3 尤其要引起注意，它表明：当①和②号电容器并联运行时，虽然谐振点并不是恰好落在 3 次谐波处，但已经产生了 3 次谐波的放大问题，加之电网中的 3 次谐波含量通常较大，故有可能引起电容器谐振事故。因此，在实际运行中，不建议采取①和②号电容器并联运行的方式。

电力系统是动态的，因此并联电容器的谐振点也是动态变化的。为分析谐振点随运行方式变化的动态特性，本文基于 ETAP 软件下面将就各种运行方式的变化对谐振点的影响做仿真研究。

1. 短路容量的变化

系统的运行方式为：在南湖变电站 35 kVⅠ母和 35 kVⅡ母上分别投运①和④号电容器，37 母联断路器分断。仿真计算如表 6-3 所示。

表 6-3　短路容量变化引起的电容器谐振点变化

短路容量	9861 MV·A	14 792 MV·A（增长 50%）	6574 MV·A（降低 50%）
并联谐波点	2.68，3.46	2.68，3.48	2.68，3.46
串联谐振点	2.84，3.88	2.84，3.88	2.84，3.88

由此可见，系统短路容量增大，可使并谐振点向更高方向移动，但移动幅值很小。系统短路容量增大对串联谐振点几乎无影响。因此，可以忽略由于系统短路容量变化给谐振点带来的影响，特别是对于串联谐振点。从理论上分析，这是由于系统短路容量要比电容器补偿容量大很多的缘故。

2. 主变并列运行

系统的运行方式为：在南湖变电站 35 kVⅠ母和 35 kVⅡ母上分别投运①和④号电容器，南湖变电站 37 母联断路器先分后合，对比分合前后的谐振点变化，仿真计算如表 6-4 所示。

表 6-4　主变电站并列运行引起的电容器谐振点变化

运行方式	主变电站并列运行	主变电站分列运行
并联谐波点	2.74，3.64	2.68，3.46
串联谐振点	2.86，3.90	2.84，3.88

由此可见，主变电站并列运行，可使并联谐振点和串联谐振点均向更高方向移动，但并联谐振点的移动幅值较串联谐振点的移动幅值大。因此，可以近似忽略主变电站并列运行对串联谐振点的影响。

3. 串联电抗率

表 6-5 所示为不同串抗率下的谐振点变化仿真结果。在并联电容器支路上增设串抗，或者增大串抗率值，可使电容器的串联谐振点和并联谐振点向更低的方向偏移，且这种偏移量是很大的。

表 6-5 串抗率变化对谐振点的影响

串抗率	5%	6%	6.5%	12%
并联谐波点	3.88	3.58	3.46	2.68
串联谐振点	4.44	4.04	3.88	2.84

从表 6-5 中还可以看出：

（1）采用 5%的串抗容易引起 4 次并联型谐波放大。

（2）采用 6%串抗除了容易引起 4 次串联型谐波放大外，还容易引起 3 次谐波放大。

（3）采用 12%串抗可以避免 3 次及以上的谐波放大。因此，对于 3 次谐波含量较高的情况，宜采用 12%串抗；对于 3 次谐波含量不大，而 5 次谐波含量较高时，采用 5%及以上的串抗均可；而当 4 次谐波含量较大时，采用 5%和 6%的串抗均不适宜。

4. 负载或功率因数变化

表 6-6 和表 6-7 所示为功率因数和负载的变化对谐振点影响的仿真结果可见，负载容量和功率因数不会对系统谐振点带来影响。虽然负载不会对谐振点产生影响，但负载往往是电网最主要的谐波源。当谐波基数大时，并不需要特别高的谐波放大倍数，就足以引起谐振事故了。

表 6-6 功率因数变化对谐振点的影响

负载功率因数	0.8	0.88	0.95
并联谐波点	2.68，3.46	2.68，3.46	2.68，3.46
串联谐振点	2.84，3.88	2.84，3.88	2.84，3.88

表 6-7 负载变化对谐振点的影响

负载量变化	50 MV · A	80 MV · A	120 MV · A
并联谐波点	2.68，3.46	2.68，3.46	2.68，3.46
串联谐振点	2.84，3.88	2.84，3.88	2.84，3.88

5. 多组电容器投退

假设某一段母线上安装有 2 组均采用 6.5%串抗率的电容器，下面分析投入一组和投入多组的变化，结果如表 6-8 所示。

表 6-8 多组电容器投退对谐振点的影响

投电容器组数	投 1 组	投 2 组
并联谐波点	3.46	3.18
串联谐振点	3.88	3.88

可见，投电容器组会使电容器并联谐振点向更低的方向偏移，且这种偏移产生的效果非常显著，但对串联谐振点几乎无影响。

6. 电容器组容量变化

电容器的串联电抗的阻抗值保持不变，当电容器补偿容量分别为 12 Mvar、11.5 Mvar 和 10.8 Mvar 时，电容器组谐振点的仿真结果如表 6-9 所示。

表 6-9　电容器组容量变化对谐振点的影响

电容器容量	12 Mvar	11.5 Mvar	10.8 Mvar
并联谐波点	3.46	3.52	3.64
串联谐振点	3.88	3.98	4.06

可见，电容器组容量的变化对谐振点变化的影响是很大的。因此，要特别注意设备厂家的实际补偿容量是否存在较大的偏差。

三、小结

综上所述，串抗率、实际电容器组容量值、电容器组的投退对谐振点的影响最为显著。短路容量变化、变压器并列运行、负载容量的变化、功率因数的变化对电容器组谐振点的影响不大或无影响。将上述研究结论做一总结，可得到表 6-10。

表 6-10　动态特性汇总表

序号	运行方式的改变	串联谐振点变化	并联谐振点变化
1	短路容量变大	不变	微弱变大
2	主变并列运行	微弱变大	变大
3	串抗率变大	显著变小	显著变小
4	负载或功率因数变化	不变	不变
5	多组电容器投运	不变	显著变小
6	电容器组容量变大	显著变小	显著变小

本文首先对比了理论计算和仿真分析的结果，表明采用 ETAP 软件分析电容器谐振点的结果是可信的。然后，基于 ETAP 软件分析了电容器谐振点的动态特性，得到如下研究结论：

（1）串抗率、电容器组容量、多组电容器组的投退对谐振点的影响最为显著；系统短路容量及主变电站的并列运行对电容器组谐振点的影响不大；负载容量的变化及功率因数的变化对谐振点无影响。

（2）当电容器补偿容量不可调时，通过改变串抗率避免谐振运行风险，是最简捷有效的选择。

（3）由于电容器的补偿容量值和电抗率通常不会发生改变，因此多组电容器组投退是影响电容器谐振点动态特性的最主要原因，其中主要是对并联谐振点的影响。

（4）电容器的并联谐振点更容易受到系统运行方式的影响，其动态特性变化大，而串联谐振点的动态特性变化小。

基于上述研究结论，在工程实践中，只要做好以下 3 点，电容器谐振问题是可以完全避免的：

（1）要做好串抗率的合理选择，避免并联谐振的发生，建议配置 6.5%或 12%的串抗。

（2）在规划设计阶段，要考虑所有并联电容器支路的组合情况，特别留意分析是否存在 3、4、5 次谐波放大问题。

（3）定期校核电容器实际补偿容量，查验是否与设计容量一致。

第二节　电容器谐振预警方案研究

一、谐振预警的基本思路

根据有关谐波阻抗以及谐振的研究内容，可以得到电容器组谐振预警方案。主要依据如下：

（1）计算得到系统谐波阻抗与电容器组参数匹配关系。

（2）根据系统短路容量得到短路阻抗与电容器组参数匹配关系。

（3）电容器组支路谐波放大三方面进行谐振预警的判断。

其预警优先顺序为，判据（1）与（2）处于并列关系，判据（3）具有更高优先级。即在情况（1）或者情况（2）发生的条件下根据判据（3）进行谐振预警判断，或者只有判据（3）发生时也可根据情况进行谐振预警判断，谐振预警具体步骤如下。

（一）计算系统谐波阻抗

目前有两种方法计算系统谐波阻抗：基于实测数据法和利用系统短路容量法。

1. 根据实测数据计算系统谐波阻抗

实测数据主要分为两类：电容器投切过程录波数据和电能质量暂态录波数据。

电力系统运行时，电流电压实时变化，电能质量监测设备根据电能质量变化情况进行录波，将电能质量发生的过程记录下来，数据长度建议为 2 s 左右，给出检测设备的采样频率。

2. 用中位参数等价权回归法计算系统谐波阻抗

（1）根据输入电压和电流，进行 FFT 变换，得到各次谐波电流 $\dot{I}_{\mathrm{p}}$ 和电压 $\dot{U}_{\mathrm{p}}$。

（2）对于 h 次谐波可得 $\dot{U}_{ph}=\dot{U}_{sh}+Z_{sh}\dot{I}_{ph}$，将其按照实部虚部展开，以 x 表示实部 y 表示虚部，可得以 $\boldsymbol{y}=\begin{bmatrix} U_{\mathrm{p}hx} & I_{\mathrm{p}hx} & -I_{\mathrm{p}hy} \\ U_{\mathrm{p}hy} & I_{\mathrm{p}hy} & I_{\mathrm{p}hx} \end{bmatrix}$ 为样本空间 $\boldsymbol{b}=\begin{bmatrix} U_{shx} & Z_{shx} & Z_{shy} \\ U_{shy} & Z_{shx} & Z_{shy} \end{bmatrix}$ 为回归系数的二元回归方程

$$\begin{cases} U_{\mathrm{p}hx}=U_{shx}+Z_{shx}I_{\mathrm{p}hx}-Z_{shy}I_{\mathrm{p}hy} \\ U_{\mathrm{p}hy}=U_{shy}+Z_{shx}I_{\mathrm{p}hy}+Z_{shy}I_{\mathrm{p}hx} \end{cases} \tag{6-3}$$

（3）为分析方便，将 $U_{\mathrm{p}hx}=U_{shx}+Z_{shx}I_{\mathrm{p}hx}-Z_{shy}I_{\mathrm{p}hy}$ 简化为 $y=b_0+b_1x_1+b_2x_2$。选取 m 组样本空间即电压和电流分解值，得 m 组回归方程，从中选择 n 组方程按照最小二乘法估计回归系数，得 $p=C_m^n$ 组回归系数解，提取每组解向量中的第 $i(i=0,1,2)$ 个元素，构成新的 P 维向量 $\boldsymbol{a}_i=[b_i^1,b_i^2,b_i^3,\cdots,b_i^p]$。求取向量 $\boldsymbol{a}_i$ 中位数 $median(\boldsymbol{a}_i)$，则三组 P 维向量 $\boldsymbol{a}_0,\boldsymbol{a}_1,\boldsymbol{a}_2$ 的中位数构成中位参数向量为 $\boldsymbol{b}_{\mathrm{med}}=[median(\boldsymbol{a}_0),median(\boldsymbol{a}_1),median(\boldsymbol{a}_2)]$。计算 P 组解向量与中位参数向量的差值 $\Delta\boldsymbol{b}_k=\boldsymbol{b}_k-\boldsymbol{b}_{\mathrm{med}},(k=1,2,\cdots,p)$，可得 p 组差值向量，求其二范数 $(\|\Delta\boldsymbol{b}_1\|,\|\Delta\boldsymbol{b}_2\|,\cdots,\|\Delta\boldsymbol{b}_p\|)$，取 $\min(\Delta\boldsymbol{b})=\min[\|\Delta\boldsymbol{b}_1\|,\|\Delta\boldsymbol{b}_2\|,\cdots,\|\Delta\boldsymbol{b}_p\|]$，则最小值 $\min(\Delta b)$ 所对应的解向量即为初值解 $\hat{b}^0=(\hat{b}_0,\hat{b}_1,\hat{b}_2)$。

（4）利用式 $\delta\alpha_i=y_i-\hat{b}_0-\hat{b}_1x_1-\hat{b}_2x_2$ 可得到 m 组样本观测值的残差向量 $\delta\boldsymbol{\alpha}=(\delta\alpha_1,\delta\alpha_2,\cdots,\delta\alpha_m)$，取单位权中误差 $\delta=1.438median(|\delta\alpha_1|,|\delta\alpha_2|,\cdots,|\delta\alpha_m|)$。根据初始估计值 $\hat{b}^0$ 计算初始残差 $\delta\alpha^0$，从而计算 δ^0，利用权函数：

$$P_i=\begin{cases} p_i & |\delta\alpha_i/\delta|<k_0 \\ p_i\dfrac{k_0}{|\delta\alpha_i/\delta|}\left|\dfrac{k_1-|\delta\alpha_i/\delta|}{k_1-k_0}\right| & k_0<|\delta\alpha_i/\delta|<k_1\ (k_0=1.0\sim1.5,\ k_1=2.5\sim3.0) \\ 0 & |\delta\alpha_i/\delta|>k_1 \end{cases} \tag{6-4}$$

计算得到等价权函数 P^1，得到初始权重，回归计算得到估计值 $\hat{b}^1$，用 $\hat{b}^1$ 代替 $\hat{b}^0$，得到新的残差以及单位权中误差，计算得到新的估计值，以此类推进行迭代回归。如果新的估计值与前一个估计值的绝对值之差最大值小于给定误差参考值，则迭代结束，得到系统谐波阻抗估计 Z_{sh1}。

（5）对于 $U_{phy}=U_{shy}+Z_{shx}I_{phy}+Z_{shy}I_{phx}$ 同样按照步骤（3）、步骤（4）计算得系统谐波阻抗估计 Z_{sh2}。取 Z_{sh1} 与 Z_{sh2} 的平均值可得系统谐波阻抗的最终估计 Z_{sh}。

3. 用波动量法计算系统谐波阻抗

波动量法的基本原理为当系统运行方式固定时，短时间内系统谐波阻抗较为稳定，不会有大的波动，则通过测量在 PCC 点的谐波电流 I_o 及谐波电压 V_o 在该段时间内的波动可以估计出系统谐波阻抗[14]。其计算流程如图 6-8 所示。

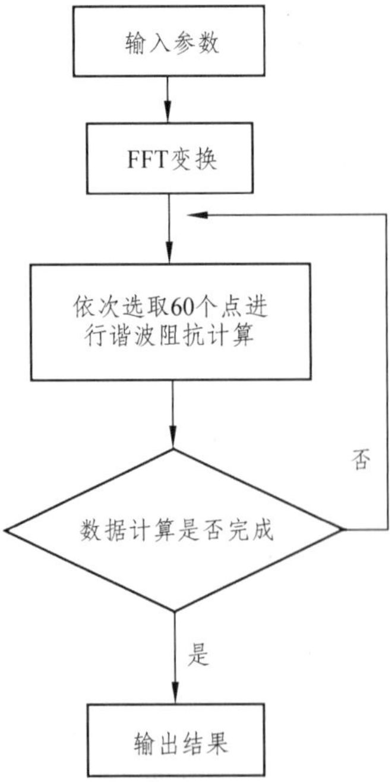

图 6-8　波动量法计算流程

4. 用电容器投切过程录波数据

对于电容器组投切数据，采用开短路法，可以得到电容器投切前后系统的谐波阻抗，投切前后数据长度均不小于 1.5 s。当电容器支路断开时，测量公共连接点的电压 V_{C1}，在投入后，可以测得公共连接点的电压 V_{C2} 和电流 I_{C2}。在电容器容量足够大且系统侧的背景谐波较大时，公共连接点的电压在电容器接入前后会发生明显的变化，根据 $Z_{sh}=(V_{C1}-V_{C2})/I_{C2}$ 即可计算得到系统谐波阻抗。其计算流程如图 6-9 所示。

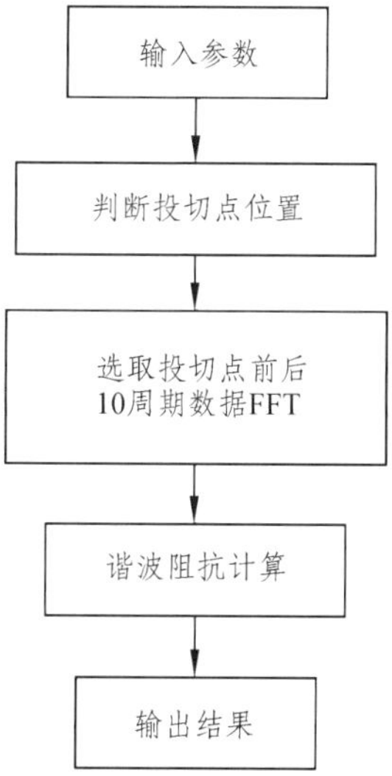

图 6-9 开短路法计算流程

综上，设在某一时刻计算得到的系统 n 次谐波阻抗为

$$Z_{sn1}=R_{sn}+\mathrm{j}X_{sn} \tag{6-5}$$

5. 根据系统短路容量得到谐波阻抗

忽略电阻，根据系统母线的短路容量以及额定电压，可以计算得到系统的短路电抗，将其认为系统的基波电抗，则可得到系统 n 次谐波阻抗为

$$Z_{sn2}=\mathrm{j}nX_{s} \tag{6-6}$$

（二）计算电容器组谐波阻抗

变电所中母线处电容器组由多组电容器和电抗器并联组成，实际运行时根据相应需求改变电容器投入组数，即对电容器组数及容量进行组合匹配。每组电容器的基波阻抗可以根据装置容量 Q_{cn}、电抗率以及额定电压 U_{N} 求得，则可得电容器组谐波阻抗为

$$Z_{Cn}=\mathrm{j}X_{Ln}-\mathrm{j}X_{Cn}=\mathrm{j}nX_{L}-\mathrm{j}X_{C}/n \tag{6-7}$$

根据投入运行电容器组的不同，电容器组支路的谐波容抗会发生变化，对于已知变电所，在电容器组参数已知的情况下，根据遍历性可以计算得到在所有不同投

入情况下电容器组支路谐波阻抗值 Z_{Cn}。

（三）计算谐波电流或谐波电压放大倍数

谐波电流或者谐波电压的放大倍数可以通过等效电路即系统谐波阻抗与电容器组谐波阻抗相互关系计算得到，也可通过实测数据进行 FFT 得到各次谐波分量。

1. 通过等效电路计算放大倍数

在步骤（一）中计算得到在某一时刻的系统谐波阻抗 $Z_{sn1}=R_{sn}+jX_{sn}$，根据该时刻电容器组的投入情况可以从步骤（二）中得到电容器组支路谐波阻抗值 $Z_{Cn}=jX_{Ln}-jX_{Cn}$。在电容器组支路与系统并联模型中，谐波阻抗为

$$Z_p=\frac{Z_{sn}\cdot Z_{Cn}}{Z_{sn}+Z_{Cn}}=\frac{(R_{sn}+jX_{sn})\cdot(jX_{Ln}-jX_{Cn})}{R_{sn}+jX_{sn}+jX_{Ln}-jX_{Cn}} \tag{6-8}$$

谐波电流的放大倍数为

$$Amp_{Cn}(I)=\frac{Z_{sn}}{Z_{sn}+Z_{Cn}}=\frac{R_{sn}+jX_{sn}}{jX_{Ln}-jX_{Cn}+R_{sn}+jX_{sn}} \tag{6-9}$$

在串联模型中，谐波阻抗为

$$Z_L=Z_{sn}+Z_{Cn}=R_{sn}+jX_{sn}+jX_{Ln}-jX_{Cn} \tag{6-10}$$

电压的放大倍数为

$$Amp_{Cn}(U)=\frac{Z_{Cn}}{Z_{sn}+Z_{Cn}}=\frac{jX_{Ln}-jX_{Cn}}{jX_{Ln}-jX_{Cn}+R_{sn}+jX_{sn}} \tag{6-11}$$

串、并联谐振的条件都是分母虚部为“零”，即 $X_{Ln}+X_{Sn}-X_{Cn}=0$。此时并联模型中，谐波电流的放大倍数为

$$|Amp_{Cn}(I)|=\left|\frac{I_{Cn}}{I_n}\right|=\frac{|R_{sn}+jX_{sn}|}{R_{sn}}=\frac{\sqrt{R_{sn}{}^2+X_{sn}{}^2}}{R_{sn}} \tag{6-12}$$

串联模型中，电压放大倍数为

$$|Amp_{Cn}(U)|=\left|\frac{U_{Cn}}{U_n}\right|=\frac{|X_{Ln}-X_{Cn}|}{R_{sn}} \tag{6-13}$$

2. 根据实测数据计算谐波分量

在步骤（一）“计算谐波阻抗”阶段电能质量监测设备可以得到电容器组支路的电流及电压，对其进行 FFT 变换，则可得到各次谐波分量，根据各次谐波电流或者电压的含有率也可对谐波放大情况进行预警，且其可靠性较高。

综上，建议先得到谐波放大倍数，再得到谐波含有率，在放大倍数较大且谐波含有率较高、发生谐振可能性非常大时进行预警。当计算所得放大倍数较小但谐波含有率较高时，可能是因为系统谐波阻抗计算有误差导致放大倍数出错，在该情况下，由于谐波含有率过大可能危害到电容器组的安全，同样需要发出预警信号，以提高电容器组的安全性。

（四）谐振预警实现

按照系统谐波阻抗与电容器组支路谐波阻抗的虚部匹配关系，可以进行谐振预警。设电抗差为 $\Delta X = \mathrm{j}(X_{sn} + X_{Ln}) - \mathrm{j}X_{Cn}$，随着谐波次数的增加，当电抗差从正变到负时可以判断出发生了串联谐振，会引起电压放大；当电抗差从负变到正时，可以判断出发生了并联谐振，会引起电流放大。根据电抗差趋近于“零”的程度，可以实现对谐振情况进行不同等级的预警，谐振预警结果用高、中、低三种程度来表示。

当系统谐波阻抗 $Z_{sn1} = R_{sn} + \mathrm{j}X_{sn}$ 或 $Z_{sn2} = \mathrm{j}X_{sn}$ 和电容器组支路谐波阻抗 $Z_{Cn} = \mathrm{j}X_{Ln} - \mathrm{j}X_{Cn}$ 的虚部差 $\left|\dfrac{X_{sn}}{X_{Ln} - X_{Cn}}\right| \times 100\%$ 达到 95%，且谐波放大倍数大于“3”时；或者谐波阻抗参数并未匹配但谐波放大倍数大于“3”，此时有可能谐波阻抗结果出现误差，发出“高”级别谐振预警信号，这种情况说明极有可能发生谐振，谐波产生较大放大，在运行中非常危险，应该是绝对避免出现的。

当系统谐波阻抗与电容器谐波阻抗，其虚部差达到 85%，且谐波放大倍数大于“2”时；或者谐波阻抗参数并未匹配但谐波放大倍数大于“2”，发出“中”级别谐振预警信号，这种情况说明可能发生谐振，并且谐波产生了放大，应尽量避免该情况出现。

当系统谐波阻抗与电容器谐波阻抗，其虚部差达到 80%，且谐波放大倍数大于“1”时；或者谐波阻抗参数并未匹配但谐波放大倍数大于“1”，发出“低”级别谐振预警信号，这种情况说明谐波产生了放大，需要引起注意。

二、电容器谐振预警方案

（一）电容器运行监测系统及方法

高压并联电容器是电力系统中常见的电气设备，投入并联电容器可以补偿系统无功功率，提高母线电压和功率因数；反之，切除并联电容器可以降低母线电压和功率因数。

高压并联电容器具有故障率高，不易查出故障原因的特点，因此，开展对高压并联电容的运行监测对于及时的故障分析，保证电力系统的安全可靠运行具有重要意义。从统计数据来看，电容器故障主要包括三大类：一是电容器谐振；二是电容器投工过程中发生的重燃和电容涌流；三是电容器的内在设备缺陷。本节将从电容器谐振预警和电容器投切过程监测两个角度出发，开展对电容器运行监测研究。通过对电容器的投切过程监测，可以客观反映电容器运行状态，如是否存在重燃、操作过电压电容涌流等；通过对电容器的谐振预警分析可以判断电容器是否存在谐振运行风险以及谐振的类型。

本小节提出了一种并联电力电容器投切过程监测系统，以满足对电容器投切过程的监测和分析需求。该系统由电能质量数据采集单元、数据存储单元、电容器投切监测模块、电容器谐振预警模块、谐波阻抗辅助评估模块，以及电容器运行监测模块组成，图 6-10 为系统框架图。

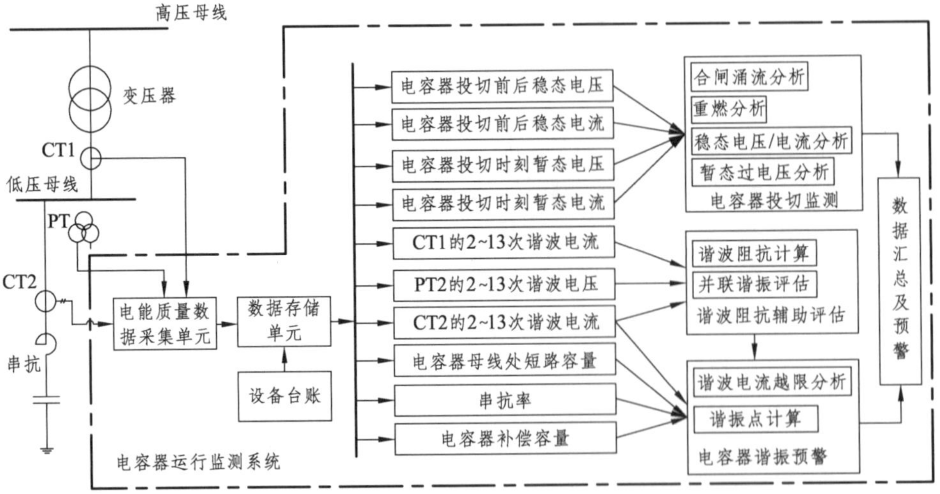

图 6-10　电容器投切过程监测系统框架图

电能质量数据采集单元用于实现：

（1）连续采集变压器低压侧 CT1 的电流有效值、并联电容器支路 CT2 电流有效值以及低压母线 PT 的电压有效值。

（2）通过设置电流突变量触发记录电容器投切时刻的电压波形和电流波形，数据采样率不低于 64 点/周波。

（3）具备谐波记录与分析功能，实现 2～13 次的谐波电压/电流分析。

数据存储单元用以实现电能质量数据采集单元及设备台账数据的存储。所存储的数据类型包括：电容器投切前后的稳态电流/电压、电容器投切时刻的电压/电流波形、CT1 和 CT2 的 2 ~ 13 次谐波电流、PT 的 2 ~ 13 次谐波电压、电容器母线处的短路容量、串抗率、电容器补偿容量。

电容器投切监测模块、电容器谐振预警模块以及谐波阻抗辅助评估模块这三个模块对数据分别进行电容器投切分析、谐振预警分析以及谐波阻抗分析，并将最终的分析结果传送至电容器运行监测模块，进行电容器的运行监测评估。

1. 电容器投切监测模块可实现的功能

（1）通过调取投电容器时刻的暂态电流波形，分析电容涌流，判断其值是否大于基波电流的 20 倍。

（2）通过调取切电容器时刻的暂态电流波形，判断是否存在波形过零后有续流现象（即发生电容器重燃）。

（3）通过调取电容器投切时刻的电压波形判断最大暂态过电压值是否大于额定电压的 1.1 倍。

（4）通过调取电容器投切前后的稳态电压值，判断其值是否大于额定电压值的 1.05 倍。

（5）通过调取电容器投切前后的稳态电流值，判断其值是否大于额定电流值的 1.37 倍。

2. 电容器谐振预警模块可实现的功能

（1）通过判断单次的谐波判断是否存在超标，判断是否发生了谐波电流放大。

（2）依据公式分别计算并联谐振点和串联谐振点，从理论上分析是否存在谐振。

3. 谐波阻抗辅助评估模块可实现的功能

（1）所记录的 CT1 和 CT2 同时存在同次的谐波电流放大。

（2）U/I CT1 与 U/I CT2 所得到矢量的虚部符号相反。

4. 电容器运行监测模块可实现的功能

（1）判断电容器投切环节是否正常。

（2）综合谐振预警模块和并联谐振辅助评估模块判断是否发生谐振。

图 6-11 为该系统的执行步骤，每 3 min 定时从数据库中读取 CT2 的电流有效值和谐波电流幅值数据。

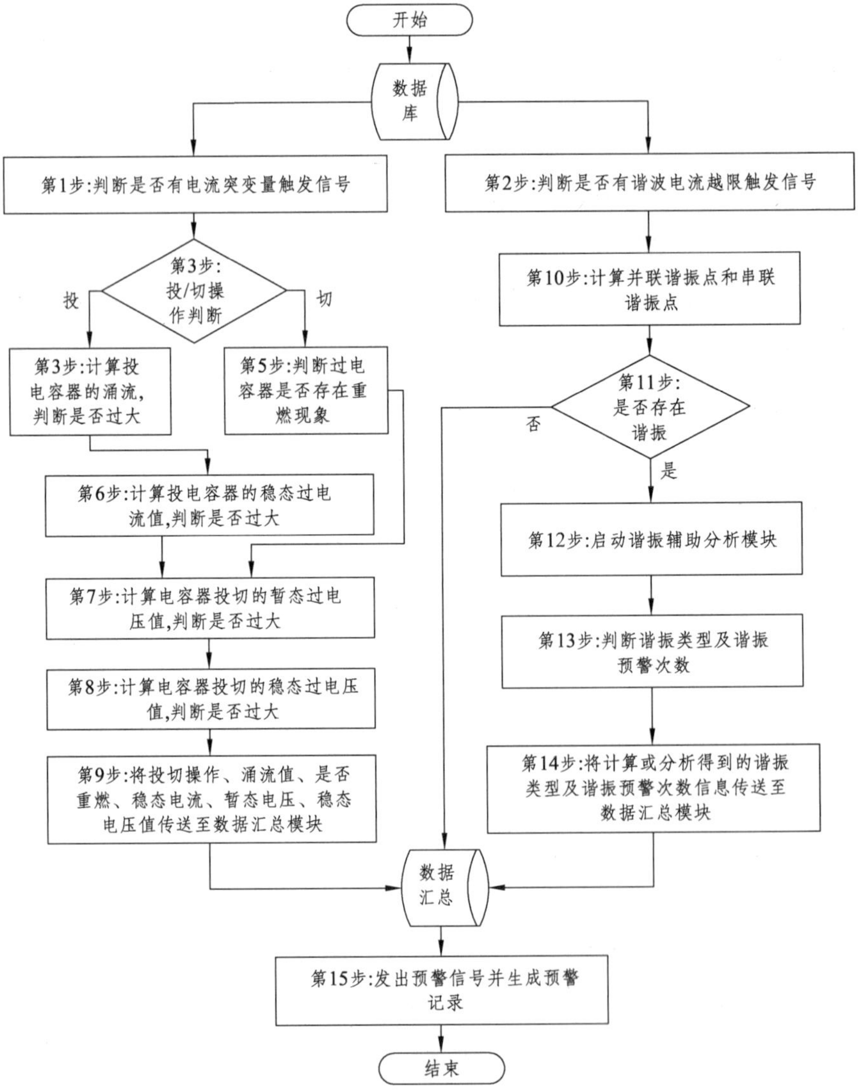

图 6.11　电容器投切过程监测系统执行步骤

步骤 1：读取 CT2 的电流有效值，判断是否存在电流突变，以此判断是否发生了电容器投切操作。

步骤 2：读取 CT2 的 2～25 次谐波电流幅值，判断是否存在谐波电流超标情况。

步骤 3：如果发生了电容器投切操作，判断是投入操作还切除操作，即电流有效值从额定值到零为切除操作，从零到额定值为投入操作。

步骤 4：通过调取投电容器时刻的暂态电流波形，分析最大电容器涌流，判断其值是否大于基波电流的 20 倍。

步骤 5：通过调取切电容器时刻的暂态电流波形，判断是否存在波形过零后有续流现象（即发生电容器重燃）。

步骤 6：通过调取电容器投切时刻的电压波形判断最大暂态过电压值是否大于额定电压的 1.1 倍。

步骤 7：通过调取电容器投切前后的稳态电压值，判断其值是否大于额定电压值的 1.05 倍。

步骤 8：通过调取电容器投切前后的稳态电流值，判断其值是否大于额定电流值的 1.37 倍。

步骤 9：将投切操作、涌流值、是否重燃、稳态电流、暂态电压、稳态电压值传送至运行监测模块。

步骤 10：如果存在谐波电流越限，则依据公式分别计算并联谐振点和串联谐振点。

步骤 11：判断是否存在谐振可能性；如果存在谐振执行步骤 12，反之将信息传送至数据汇总及预警模块，进行数据的存储。

步骤 12：启动谐振辅助分析模块，依据（1）所记录的 CT1 和 CT2 同时存在同次谐波电流放大；（2）*U*/*I* CT1 与 *U*/*I* CT2 所得到矢量的虚部符号相反。

步骤 13：判断谐振预警的类型，即是串联谐振还是并联谐振；判断谐波谐振的次数.

步骤 14：将计算或分析得到的谐振类型及谐振预警次数信息传送至数据汇总及预警模块，进行数据的存储。

第 15 步：发出预警信号并生成预警记录。

（二）针对电容器支路测点的谐振预警方案

高压并联电力电容器是电力系统中最常见的无功补偿设备，电容器谐振是电容器设备损坏的主要因素之一。电容器谐振具有瞬时性、破坏性的特点。瞬时性是指电容器谐振通常只会持续几秒钟，不会持续太长时间，采用人工的方式通常很难直接观察到这一现象并做出判断。电容器谐振的破坏性是指当满足谐振点条件时，就会发生电容器谐振行为，直到电容器被损坏，谐振条件不再满足为止。

目前对谐振的分析与评估通常采用的是离线分析的方法，即通过仿真分析或理论计算来判断是否存在谐振风险或对电容器谐振事故进行分析，而对在线谐振预警的研究涉及甚少。离线分析方法适用于电容器谐振事故后的推断，并不能达到电容器谐振在线监测及预警的目的。

本小节提出了一种利用并联电容器支路的电流互感器所采集的电流数据和设备台账数据进行在线谐振预警的监测系统，该系统由谐波监测模块、数据存储模块、谐振分析启动模块、谐振点计算模块和谐振预警模块依序连接组成预警系统，图 6-12 为系统框架图。

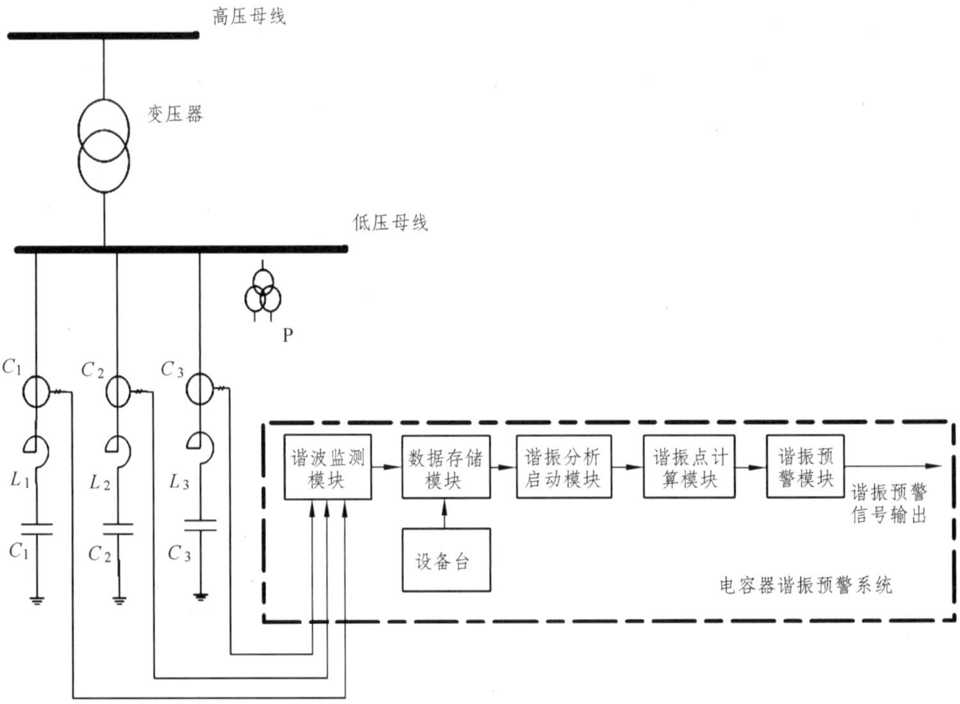

图 6-12　基于电容器支路监测点的电容器谐振预警系统框架图

谐波监测模块用于连续采集所有电容器支路电流互感器的谐波电流数据；数据存储模块用以实现电能质量数据采集模块及设备台账数据的存储；谐振分析启动模块用于通过谐波幅值启动谐振点计算模块，当谐振分析启动模块判断各次谐波电流的含有率大于 10%时，谐振点计算模块启动；谐振点计算模块用于评估电容器组的谐振点；谐振预警模块通过综合谐波放大倍数和谐波阻抗的扫描结果评估谐振预警等级。

1. 系统执行步骤（见图 6-13）

（1）采集 CT1 ~ CT3 的瞬时值，采样率不低于 64 点/周波，并将数据传送至谐波分析模块。

（2）判断各次谐波电流或谐波电压含有率是否存在越限的情况，判断各次谐波电流的含有率是否大于 10%。

（3）谐振点计算模块启动，计算单个电容器回路的 n 次谐波阻抗，得到多组电容器组总的谐波阻抗 Z_{Cn} 和系统的 n 次谐波阻抗 Z_{sn}，再经过扫描计算判断是否为并联谐振点或串联谐振点。

（4）进行谐振点评估、谐波放大评估和谐振预警评估。

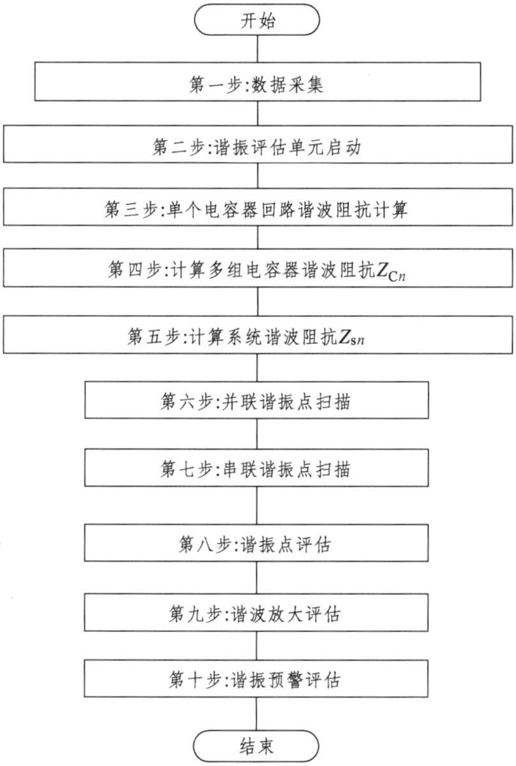

图 6-13　基于电容器支路监测点的电容器谐振预警系统执行步骤

2. 谐振点计算模块的谐波阻抗计算方法

（1）计算单个电容器回路的 n 次谐波阻抗，其公式如下：

$$X_{Cn} = \mathrm{j}(nX_L - X_C/n) \tag{6-14}$$

式中，X_L 为电抗器的基波阻抗，X_C 为电容器的基波阻抗。

（2）将所有投入运行的电容器组谐波阻抗做并联等效计算，可以得到多组电容器组总的谐波阻抗 Z_{Cn}。

（3）计算系统的 n 次谐波阻抗，首先由公式 $X_s = U_N^2/S_N$ 得到系统的基波短路阻抗，式中，S_N 为短路容量，U_N 为额定电压；然后由公式 $Z_{sn} = \mathrm{j}nX_S$ 计算得到系统 n

次谐波阻抗。

（4）扫描系统与电容器组的并联谐振点，以 0.05 Hz 为步长对并联阻抗进行扫描，并联阻抗根据 Z_{sn} 与 Z_{cn} 的并联关系得到，当计算得到对应某个频率的阻抗值均大于该频率点前后两个频率点对应的阻抗值时，该点为并联谐振点，如图 6-14 所示。

（5）扫描电容器组内的串联谐振点，以 0.05 Hz 为步长对电容器组的串联谐波阻抗 X_{Cn} 进行扫描，当计算得到对应某个频率的阻抗值均小于该频率点前后两个频率点对应的阻抗值时，该点为串联谐振点，如图 6-14 所示。

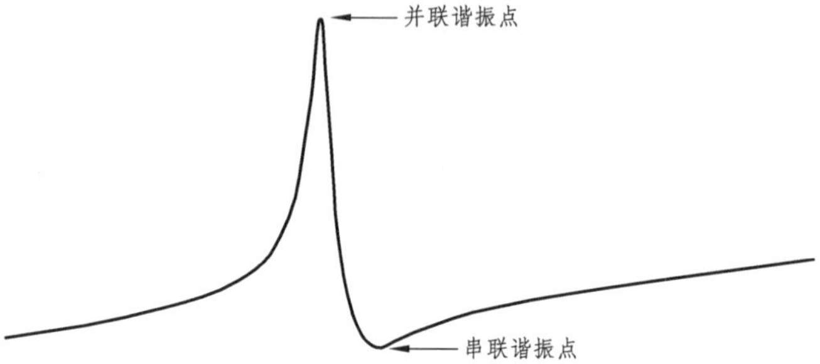

图 6-14　谐振点扫描结果

3. 给出谐振预警结果

谐振预警模块需综合分析谐波放大情况及谐波阻抗扫描结果，给出谐振预警结果，步骤如下：

（1）谐振点评估，判断某个谐振点落在离该谐振点最近的整数次谐波的情况，共分三个等级：在±5 Hz 以内谐振点评估结果 result1 为 3；在±5 Hz ~ ±7.5 Hz 以内谐振点评估结果 result1 为 2；在±7.5 Hz ~ ±10 Hz 以内谐振点评估结果 result1 为 1。

（2）谐波放大评估，判断某次谐波的放大情况，共分三个等级：谐波电流含有率为 10% ~ 15%，评估结果 result2 为 1；谐波电流含有率为 15% ~ 20%，评估结果 result2 为 2；谐波电流含有率在 20%以上评估结果 result2 为 3。

（3）谐振预警评估，将 result1 与 result2 相加得到 result，如果 result 值低于 4，不发出谐振预警；如果 result 值等于 4，则给出“低”级别预警信号；如果 result 值等于 5，则给出“中”级别预警信号；如果 result 值等于 6，则给出“高”级别预警信号。

该系统只需采集电容器支路电流互感器的电流信号，再加上设备台账数据，即可完成对高压并联电容器组的谐振预警。此方法所需采集的数据量小，算法简便，便于实施，预警结果的可靠性高。

（三）针对主变压器低压侧测点的谐振预警方案

针对主变压器低压侧测点的谐振预警技术方案与针对电容器支路测点的谐振预警技术方案类似，但比针对电容器支路测点的谐振预警技术方案多了一个谐波阻抗计算环节，相似之处不再赘述，谐振预警方案如下：

（1）根据谐波电流放大情况计算得到预警结果 result1（其中，电流放大倍数超过 6，则 result1 为 3；放大倍数超过 4，则 result1 为 2；放大倍数超过 2，则 result1 为 1）；比如此处发生了 5 次谐波放大，放大倍数为 3 倍，result1 为 1。

（2）如果 result1 发生谐波放大，则跳转到（3），否则结束计算。

（3）运行谐振点计算程序，得到所有运行工况的谐振点，如某变压器低压侧计算结果如图 6-15 所示。

电容器投入情况	并联谐振点	串联谐振点
00	——	——
01	3.3	4.47
10	2.51	2.88
11	2.37 3.7	2.88 4.47

图 6-15 某变压器低压侧电容器谐振点计算

注意：此处只看并联谐振点即可，即 2.37 和 3.7 这两个谐振点。

分别计算 3、4、5 属于（−0.1，0.1）、（−0.15，0.15,）、（−0.2，0.2）的区间，看看这 2 个谐振点分别落在哪个区间，可见，2.37 和 3.7 不属于任意一个区间，result2 为 0。

根据实测数据计算系统谐波阻抗，根据电容器组支路谐波阻抗与其匹配关系计算得到预警结果 result3。系统阻抗与电容器阻抗虚部相差 10%以内，则 result2 为 1，系统阻抗与电容器阻抗虚部相差 10%以上，则 result2 为 0。假设本设例中 result3=0。

将 result1、result2 与 result3 相加得到 result，如果 result 值为 6 或 7，预警结论为高；如果 result 值为 5，预警结论为中；如果 result 值为 4，预警结论为低。在本例中，result1=1，result2=0，result3=0，即 result=1+0+0=1，故不发生预警。

（四）针对电容器支路和主变压器低压侧测点的预警方案

并联电力电容器在谐波条件下有可能发生并联谐振引起谐波放大，危及电容器组的安全运行。目前，对于电容器组的并联谐振分析主要采用解析法，该方法是在理论上通过分析系统参数和并联电容器参数，得到谐波阻抗特性。这一方法的前提是准确的数学建模，但由于电力系统的动态特性，准确的数学建模并不是件容易的事情。因此，将解析法直接用于谐振预警评估可能存在较大的计算偏差，不能很好地满足在线谐振预警的需求。

本小节提出一种基于在线监测数据评估的并联电力电容器谐振预警装置，该装置实现了并联电容器组的在线谐振预警，有助于提升并联电力电容器的稳定运行能力。装置主要由测量启动单元、数据存储单元、系统谐波阻抗计算模块、电容器谐波阻抗计算模块和谐振分析预警模块组成，图 6-16 为装置的系统框架图。

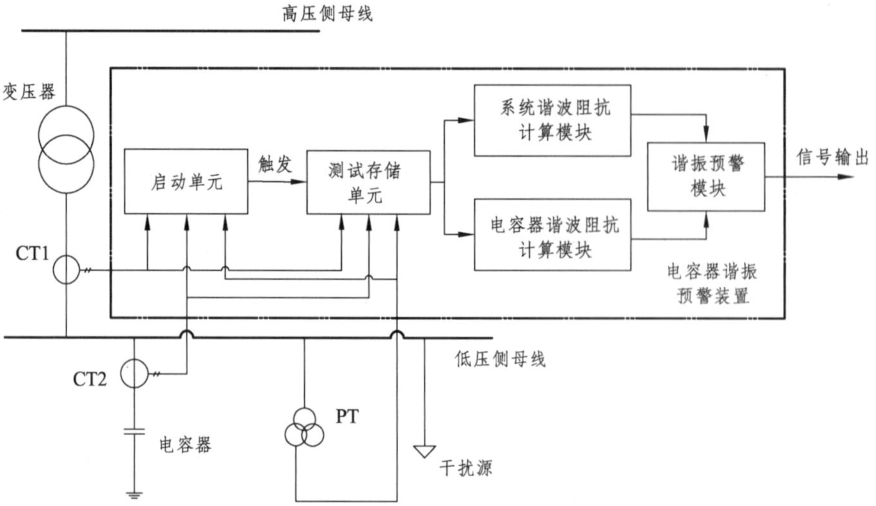

图 6-16　针对电容器支路和主变压器低压侧测点的电容器谐振预警装置系统框架图

装置有 3 组输入信号：主变压器低压侧测量用 CT1、电容器回路测量用 CT2 和低压侧 PT 的测量信号。启动单元的 3 组测量输入端与数据存储单元的 3 组测量输入端是并联的，数据存储单元的数据存储功能开启是由启动单元触发控制。数据存储单元的两个并联输出分支分别与系统阻抗计算模块和电容器谐波阻抗计算模块相连，这两个模块在完成数据计算后将结果传至谐波预警模块，做谐振预警分析，若满足预警条件输出预警信号。图 6-17 是装置的输入和输出端子示意图。

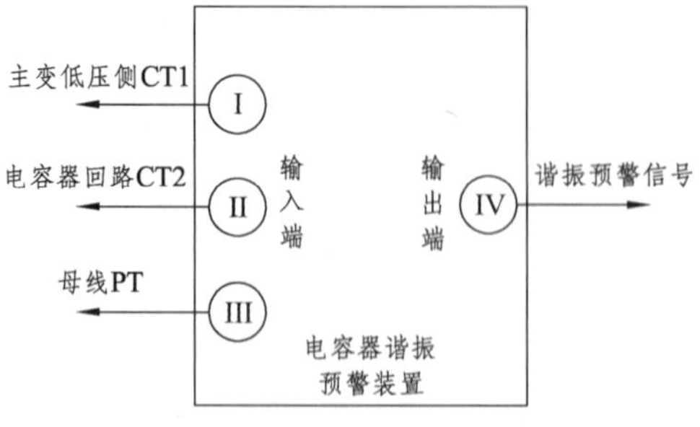

图 6-17　针对电容器支路和主变压器低压侧测点的电容器谐振预警装置输入输出端子示意图

当启动单元触发条件满足：① 主变压器低压侧电流 I_1 的谐波总畸变率大于 5%；② 电容器侧电流 I_2 的谐波总畸变率均大于 5%；③ 电容器组所接母线电压 U 的谐波总畸变率大于 3%这三个条件后启动录波，由测量存储单元记录变压器低压侧三相电流 I_1、三相电压 U，以及电容器组的三相电流 I_2。

系统谐波阻抗计算模块通过分析所记录的 I_1 和 U 数据进行系统侧谐波阻抗计算，得到系统谐波阻抗 Z_{sh}，系统谐波阻抗 Z_{sh} 可用第二节第一部分所提到的中位参数等价权回归法计算，该方法改进了传统回归法以不稳健的最小二乘解为迭代初值的缺点，能够更好地减小异常数据的干扰。

电容器谐波阻抗计算模块通过分析所记录的 I_2 和 U 的数据进行电容器侧谐波阻抗计算，得到电容器组谐波阻抗 Z_{Ch}，电容器组谐波阻抗 Z_{Ch} 的计算方法为：对 I_2 和 U 进行 FFT 变换，得到电容器组支路各次谐波电流 I_{Ch} 和谐波电压 V_{Ch}，电容器组支路 h 次谐波阻抗为 $Z_{Ch}=\dfrac{V_{Ch}}{I_{Ch}}$。图 6-18 为谐波阻抗计算等效电路示意图。

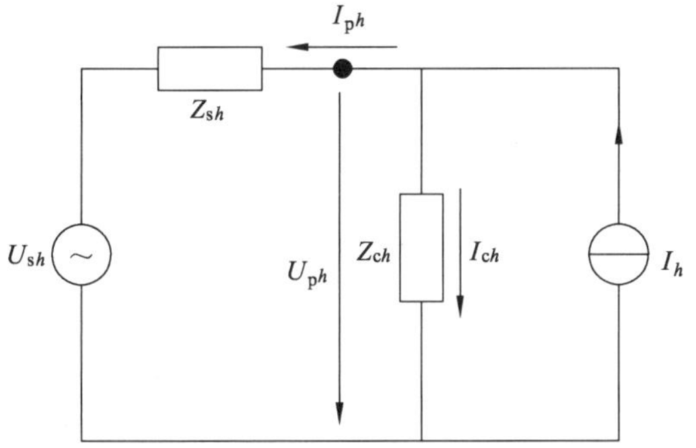

图 6-18　谐波阻抗计算等效电路示意图

谐振分析预警模块将系统谐波阻抗 Z_{sh} 与电容器组谐波阻抗 Z_{Ch} 进行分析比较，若两者虚部模值相差 30%以内且符号相反则发出电容器谐振预警信号。

图 6-19 所示为该装置的实施步骤：

（1）启动录波。当 $THD(I_1)>5\%$、$THD(I_2)>5\%$、$THD(U)>3\%$三个条件同时满足时，启动录波。

（2）数据存储。由测量存储单元记录变压器低压侧三相电流 I_1、三相电压 U，以及电容器组的三相电流 I_2，数据的采样频率或者是 3200 Hz 或者是 3200 Hz 的 2 倍或 3 倍。

（3）计算系统谐波阻抗 Z_{sh}。

（4）计算电容器组谐波阻抗 Z_{Ch}。

（5）谐振预警。将 Z_{sh} 与 Z_{Ch} 进行分析比较，若两者虚部模值相差 30%以内且符号相反，则发出谐预警。

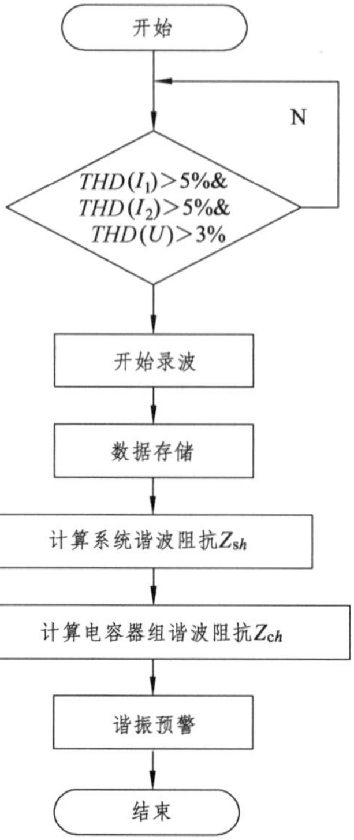

图 6-19　针对电容器支路和主变压器低压侧测点的电容器谐振预警装置实施步骤

（五）针对电容器投切的谐振预警系统及方法

高压并联电容器的投入或切除（即电容器投切）是电力系统中最常见的电力设备运行操作之一。然而，电容器的投切操作可能会引起电容器谐振，从而导致电容器合不上，严重时还会损坏电容器设备，此类事件在电网中屡见不鲜。这一问题的发生主要是由于不同电容器组的投切组合会改变电容器的谐振点，从而导致电容器组刚好处于电容器谐振范围内。此外，由于电网的背景谐波是在不断变化的，当电网谐波含量高且存在谐振条件时，必然会发生电容器的谐振事件，因此有必要通过电网的背景谐波情况和由于电容器操作导致的谐振点变化情况，进行电容器谐振预警，对于可能存在的由于电容器操作而产生的谐振情况进行预警。

本小节提出一种针对电容器投切的谐振预警装置，通过谐振点计算和背景谐波评估，实现在电容器投切操作过程中的电容器谐振预警。图 6-20 为该装置的系统框架图。该系统有在线和离线两种切换模式。针对电容器投切的离线谐振预警系统由状态输入模块、谐振点评估模块、谐振点趋势评估模块、离线谐振评估模块和预警信号输出模块依序连接组成，离线模式适用于装置没有接入电网的在线运行数据。针对电容器投切的在线谐振预警系统由逻辑判断模块、谐振点评估模块、谐振点趋势评估模块、谐波电流分析模块、在线谐振评估模块和预警信号输出模块依序连接组成，在线模式适用于装置接入了所需的隔离开关及断路器辅助触点的开关量信息和电流互感器的在线运行数据信息的情形。

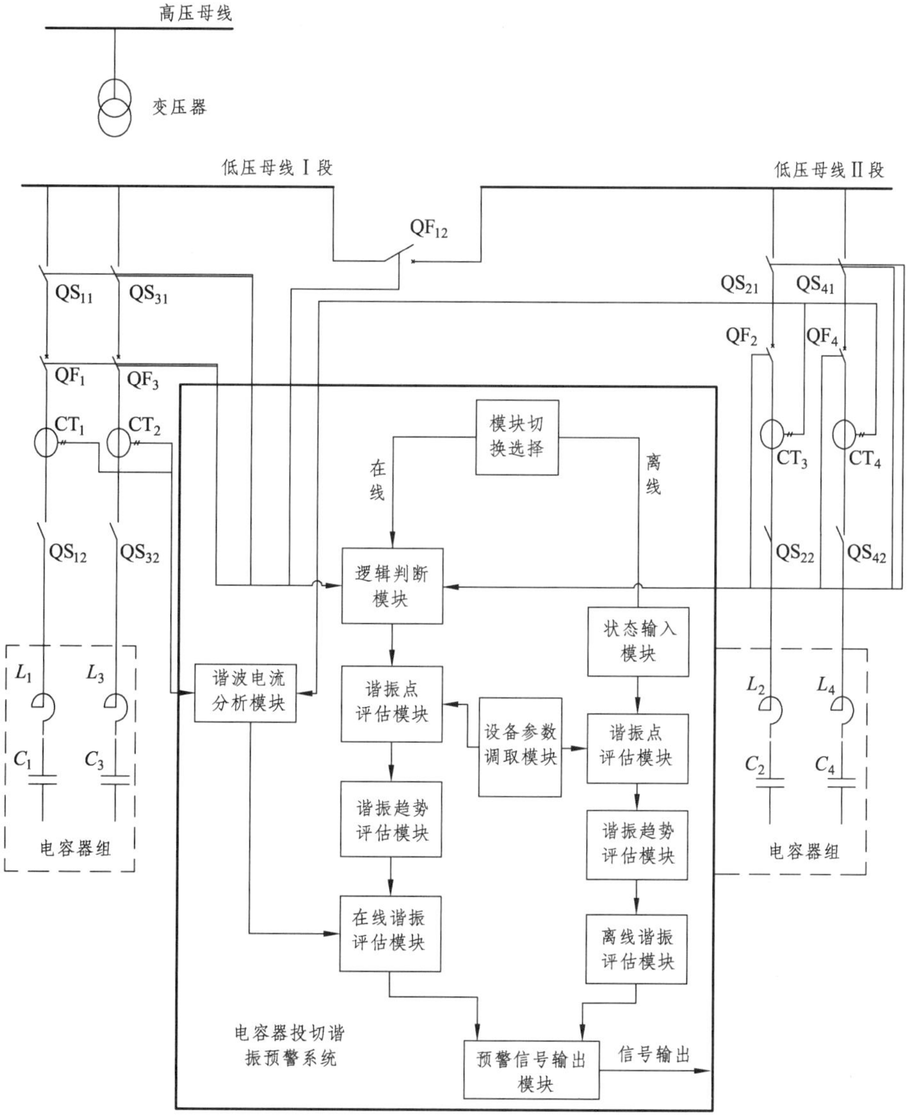

图 6-20　针对电容器投切的谐振预警系统框架图

状态输入模块采用人工方式输入当前电容器支路的运行状态和发生电容器支路倒闸操作后的运行状态。

逻辑判断单元采集每条电容器支路断路器的辅助触点信号，断路器上侧隔离开关或断路器下侧隔离开关的辅助触点信号，以及低压侧母联断路器的辅助接点信号构成投切逻辑，用于判别哪一条电容器支路将进行投切操作。其判别方法是将辅助触点开关量的前一个采样时间点的状态量与当前采样时间点的状态量做“与”运算，判定辅助触点的开关量是否发生了变位。

谐振点评估模块和谐振点趋势评估模块分别进行电容器投切前后的谐振点评估和电容器投切引起的谐振点变化趋势分析，谐振点评估模块依据公式 $n=\sqrt{\dfrac{1}{Q_C/S_d+K}}$ 和 $n=\sqrt{\dfrac{X_C}{X_L}}$ 分别计算电容器组的并联谐振点和串联谐振点。式中，n 为谐振点；Q_C 为电容器容量；S_d 为并联电容器所处母线的短路容量；X_C 为电容器组的容抗值；X_L 为电容器组串联电抗的电抗值。谐振趋势评估模块对比电容器倒闸操作前后的谐振点值，并给出谐振点的变化量和变化率。

设备参数调取模块用于读取用以进行谐振点评估的数据或参数，即每一组电容器的额定电压、设备容量、串抗率以及短路容量值。

谐振点评估的在线谐振评估模块和离线谐振评估模块分别对所采取的在线方式或离线方式进行针对电容器投切的谐振预警评估。

在线/离线谐振评估模块依据谐振点计算结果首先进行谐振点的预警等级，对谐振点 n 做取整运算，得到整数 k，再将谐振点分别与整数 k 和整数 k+1 做减法运算，而后取绝对值，得到数值 m，即某个谐振点落在离该谐振点两侧最近的整数次谐波的情况：若数值 m 为 0 ~ 0.1 则预警等级为高，若数值 m 为 0.1 ~ 0.15 则预警等级为低，若数值 n 大于 0.15 则不预警。然后根据谐振点的计算结果和谐波电流含有率情况进行谐振预警等级的划分：

（1）谐波电流含有率大于或等于 5%，且谐振等级高的发红色预警。

（2）谐波电流含有率大于或等于 5%，且谐振等级低的发黄色预警。

（3）谐波电流含有率小于 5%，且谐振等级高的发黄色预警。

（4）其他情况不发预警。

信号输出模块用于控制谐振预警评估结果的输出，输出的谐振预警信息包括谐振次数、谐振类型和谐振预警等级。

下面分别以“在线”模式分析电容器组投入运行、“离线”模式分析电容器组投入运行、“在线”模式分析电容器组退出运行、“离线”模式分析电容器组退出运行这四种情况为例，对本文的实施方式做进一步详细说明。

1. 以“在线”模式分析电容器组投入运行的谐振预警情况

假设 QF1 处于合位，第一组电容器 C_1 投入运行，母联断路器 QF12 处于断开位置，现需要将第三组电容器 C_3 投入运行；以“在线”模式分析此操作引起的谐振预警情况，所需要采集的数据如图 6-21 所示。

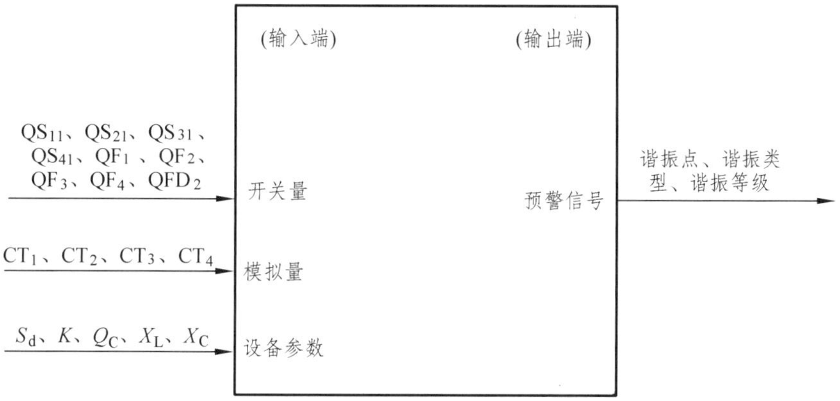

图 6-21　“在线”模式分析电容器组投入、退出运行的谐振预警情况所需采集的数据

操作 C_3 投入运行的顺序为：合 QS32→合 QS31→合 QF3；此时，逻辑判断单元通过判断 QS31 的位置发生变化，可知第三组电容器可能会投入运行，便启动逻辑判断模块，步骤如下：

（1）选择“在线”模式。

（2）由逻辑判断单元判断电容器组的操作；由于 C_3 投入运行的顺序为合 QS32→合 QS31→合 QF3，此时，逻辑判断模块通过判断 QS31 的位置发生变化，可知第三组电容器可能会投入运行。

（3）启动谐振点评估模块，计算电容器组的并联谐振点和串联谐振点；操作前的 Q_C 为第一组电容器的容量，操作后的 Q_C 为第一组电容器的容量加上第三组电容器组的容量。

（4）谐波电流分析，判断各次谐波电流的含有率是否超过 5%。

（5）启动在线谐振评估模块对谐振点进行运算，确定预警等级。

（6）对于达到谐振预警的情况，输出谐振点次数、谐振类型和谐振预警等级；对于未达到谐振预警的情况，输出的预警结果为空。

2. 以“在线”方式分析电容器组退出运行的谐振预警情况

假设 QF1 和 QF3 处于合位，即第一组电容器 C_1 和第三组电容器 C_3 投入运行，母联断路器 QF12 处于断开位置，现需要将第三组电容器 C_3 退出运行；以“在线”模式分析此操作引起的谐振预警情况，所需要采集的数据如图 6-21 所示。

操作 C_3 电容器组退出运行的顺序为：断开 QF3→断开 QS32→断开 QS31。此时，逻辑判断单元通过判断 QF3 的位置发生变化，可知 C_3 电容器已发生了变位，便启动逻辑判断模块，步骤与以“在线”模式分析电容器组投入运行时的步骤一样。

3. 以“离线”模式分析电容器组投入运行的谐振预警情况

假设 QF1 处于合位，第一组电容器 C_1 投入运行，母联断路器 QF12 处于断开位置，现需要将第三组电容器 C_3 投入运行；以“离线”模式分析此操作引起的谐振预警情况，所需要采集的数据如图 6-22 所示。

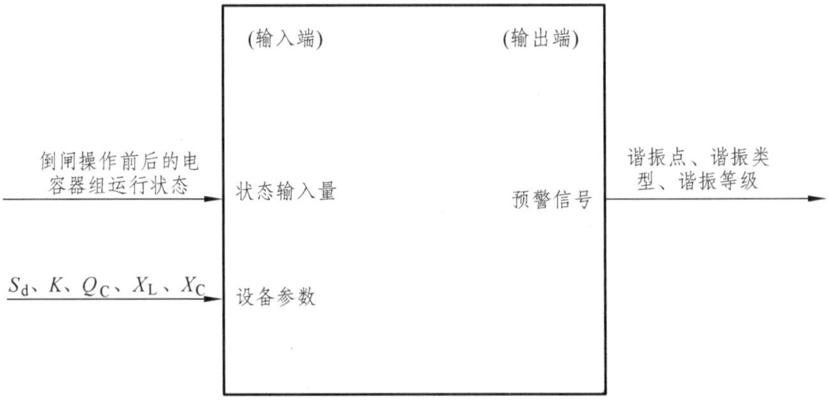

图 6-22　“离线”模式分析电容器组投入、退出运行的谐振预警情况所需采集的数据

谐振预警步骤如下：

（1）选择“离线”模式。

（2）电容器组投运状态输入，采用人工方式输入当前电容器支路的运行状态和发生电容器支路倒闸操作后的运行状态。

（3）启动谐振点评估模块，计算电容器组的并联谐振点和串联谐振点；操作前的 Q_C 为第一组电容器的容量，操作后的 Q_C 为第一组电容器的容量加上第三组电容器组的容量。

（4）谐波电流分析，判断各次谐波电流的含有率是否超过 5%。

（5）启动离线谐振评估模块对谐振点进行运算，确定预警等级。

（6）对于达到谐振预警的情况，输出谐振点次数、谐振类型和谐振预警等级；对于未达到谐振预警的情况，输出的预警结果为空。

4. 以“离线”方式分析电容器组退出运行的谐振预警情况

假设 QF1 和 QF3 处于合位，即第一组电容器 C_1 和第三组电容器 C_3 投入运行，母联断路器 QF12 处于断开位置，现需要将第三组电容器 C_3 退出运行；以“离线”模式分析此操作引起的谐振预警情况，所需要采集的数据如图 6-22 所示，步骤与以“离线”模式分析电容器组投入运行时的步骤一样。

三、实例分析

（一）电抗率选取的国家标准

国家标准《并联电容器装置设计规范》（GB 50227—2008）中明确规定：

（1）仅用于限制涌流时，电抗率宜取 0.1% ~ 1%。

（2）用于抑制谐波时，电抗率应根据并联电容器装置接入电网处的背景谐波含量的测量值选择。当谐波为 5 次及以上时，宜取 4.5% ~ 5.0%；当谐波为 3 次以及上时，宜取 12%；宜可采用 4.5% ~ 5.0%与 12%两种电抗率混装方式。

1. 当并联电容器装置接入电网处的背景谐波为 5 次及以上时，电抗率宜取 4.5% ~ 5.0%

由于串联谐振点是由串抗率决定，且并联谐振次数总是小于串联谐振点，因此，当采用 4.5% ~ 6%的串抗时，串联谐振点大致是落在 4.47 ~ 4.71。从而使得谐振点不可能落在 5 次谐波附近。从这个方面来讲，此条规定是合理的。

但此条规定却有可能导致 3 次谐波和 4 次谐波谐振。例如，在某 220 kV 变电站的 10 kV 侧安装两组串抗率为 5%的 10 Mvar 电容器组，母线处的短路容量为 150 MV · A，此时的电容器谐振点计算结果如图 6-23 所示。

可见，这种配置方案还是十分危险的，极有可能发生 3 次并联谐振。

数据导出 导出

谐振点计算结果

电容器投入情况	并联谐振点	串联谐振点
00	——	——
01	2.98	4.47
10	2.98	4.47
11	2.38	4.47

电容器投入情况用0和1表示（位数表示有多少组电容器，0表示没有投入，1表示投入），例如'00000'表示总共有5组电容器，没有投入电容器，'01010'表示总共有5组电容器,并投入第二和第四组电容器

图 6-23　谐振点计算结果

2. 当并联电容器装置接入电网处的背景谐波为 3 次以及上时，电抗率宜取 12%；宜可采用 4.5%～5%与 12%两种电抗率

同样的，由于串联谐振点是由串抗率决定，且并联谐振次数总是小于串联谐振点，因此，当采用 12%的串抗时，串联谐振点大致是落在 2.88 处。从而使得谐振点不可能落在 3 次谐波以上。从这个方面来讲，此条规定是合理的。

但是，当采用 4.5%～5%与 12%两种电抗率时，会存在两个串联谐振点，其中一个串联谐振点会在 3 次谐波以上。例如，当同时投入 5%和 12%两种电抗时，串联谐振点在 2.88 和 4.47 处，这样，必定有一个并联谐振点是落在 2.88 与 4.47 之间，从而导致 4 次并联谐波谐振。而且，从已有的文献资料来看，由于采用 4.5%～5%与 12%两种电抗率的配置方式，从而发生谐波谐振损坏电容器组的情况时有发生。

例如，在某 220 kV 变电站的 35 kV 侧安装两组串抗率为 5%和 12%的 10 Mvar 电容器组，母线处的短路容量为 720 MV·A，此时的电容器谐振点计算结果如图 6-24 所示。

可见，这种配置方案还是十分危险的。这种配置方案很有可能会发生 4 次谐波谐振。

因此，《并联电容器装置设计规范》（GB 50227—2008）中有关串抗率的有关规定只是从避免串联谐振的角度进行的规则总结，并没有考虑到并联谐振问题，因此不能简单或机械地套用，对每一个实际工程要具体案例具体分析，进行实际计算。本项目开发的谐振点计算工具无疑为串抗率选择的工程计算提供了一个计算和分析平台。

谐振点计算结果
数据导出
导出
谐振点计算结果
电容器投入情况用0和1表示（位数表示有多少组电容器，0表示没有投入，1表示投入），例如'00000'表示总共有5组电容器，没有投入电容器，'01010'表示总共有5组电容器,并投入第二和第四组电容器

电容器投入情况	并联谐振点	串联谐振点
00	——	——
01	3.98	4.47
10	2.76	2.88
11	2.73 4.06	2.88 4.47

图 6-24　谐振点计算结果

（二）红河局南湖变电容器事故分析

红河局南湖变电站 1 号电容器组曾多次发生电容器熔丝熔断、电容器损坏等设备事故，经过云南电力研究院的仿真验算，怀疑事故是由谐波谐振引起。

采用本项目提供的电容器谐振预警分析模块，对电容器组的运行数据进行了分析，进一步证实了电容器事故的原因为 4 次谐波引起的谐波放大，导致电容器损坏。分析过程如下：

（1）选择电容器测点谐振评估。

（2）选择监测点和时间范围。

（3）点击“谐振评估”。

输出的谐振评估结果如图 6-25 所示。

可见，从 2011 年 12 月 14 日至 2012 年 4 月 28 日，南湖变电站 1 号电容器共发生了 612 次谐振预警，其中，谐振预警等级为“中”的有 2 次、谐振预警等级为“高”的有 2 次。预警信息显示均为 4 次谐波谐振。

电容器测点谐振评估 当前查询时间范围：2010-01-01 00:00:00---2014-01-14 15:14:57 时间 监测点 注销

时间设定 监测点选择 参数 | 谐振评估 查询 | Exce 导出 | 打印 打印

监测点名称	发生时间	预警结论	预警信息
220kV南湖变1#电容器35kV	2012-03-21 00:36:00	谐振等级'中'	第4次谐振水平高
220kV南湖变1#电容器35kV	2012-04-20 19:18:00	谐振等级'中'	第4次谐振水平高
220kV南湖变1#电容器35kV	2012-04-20 19:15:00	谐振等级'高'	第4次谐振水平高
220kV南湖变1#电容器35kV	2011-12-27 04:21:00	谐振等级'高'	第4次谐振水平高
220kV南湖变1#电容器35kV	2011-12-14 09:24:00	谐振等级'低'	第4次谐振水平高
220kV南湖变1#电容器35kV	2011-12-14 09:27:00	谐振等级'低'	第4次谐振水平高
220kV南湖变1#电容器35kV	2011-12-14 09:30:00	谐振等级'低'	第4次谐振水平高
220kV南湖变1#电容器35kV	2011-12-14 09:33:00	谐振等级'低'	第4次谐振水平高
220kV南湖变1#电容器35kV	2011-12-14 09:36:00	谐振等级'低'	第4次谐振水平高
220kV南湖变1#电容器35kV	2011-12-14 09:39:00	谐振等级'低'	第4次谐振水平高
220kV南湖变1#电容器35kV	2011-12-14 09:42:00	谐振等级'低'	第4次谐振水平高
220kV南湖变1#电容器35kV	2011-12-14 09:45:00	谐振等级'低'	第4次谐振水平高
220kV南湖变1#电容器35kV	2011-12-14 09:48:00	谐振等级'低'	第4次谐振水平高
220kV南湖变1#电容器35kV	2011-12-14 09:51:00	谐振等级'低'	第4次谐振水平高
220kV南湖变1#电容器35kV	2011-12-14 09:54:00	谐振等级'低'	第4次谐振水平高

记录总数：612 每页记录数：15 页 1 共 41

图 6-25 南湖变电站 1 号电容器组谐振评估

事故发生后，在研究院的建议下将原来 5%的串联电抗更换为 6.5%的串联电抗，则再也没有发生过电容器谐振预警。

南湖变电站 1 号电容器事故的直接原因是设计缺陷，工程设计单位只是机械地套用设计规范，并没有真正理解设计规范，也没有进行谐振点计算，从而使得并联谐振点刚好落在 4 次谐波处。

利用电容器谐振预警模块提供的谐振时刻，分析谐振时刻的电流有效值、谐波电流、谐波电压情况如图 6-26 ~ 图 6-28 所示。

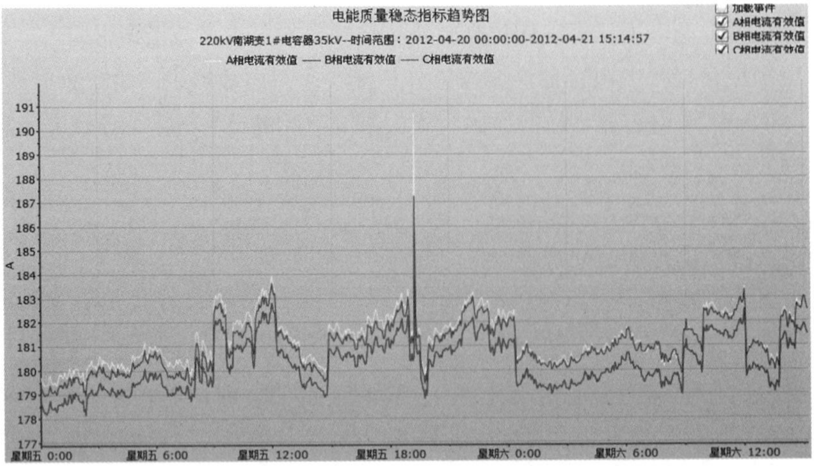

图 6-26 谐振时刻的电流有效值

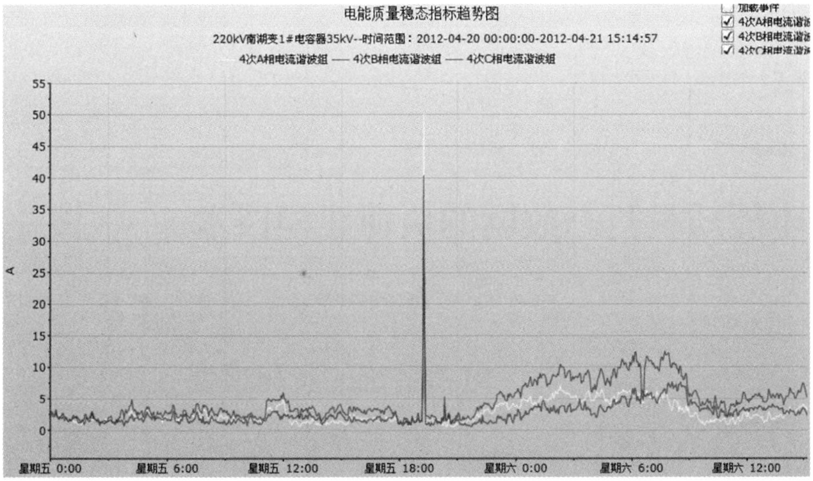

图 6-27 谐振时刻的 4 次谐波电流

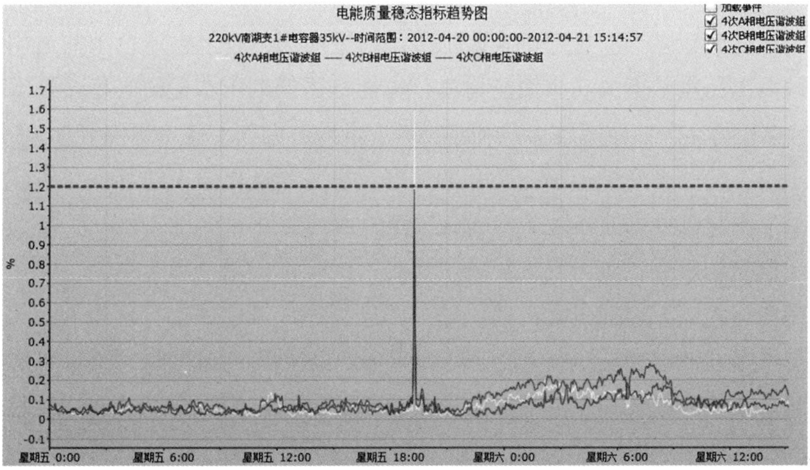

图 6-28 谐振时刻的 4 次谐波

第七章

基于电能质量暂态数据的负荷建模技术

第一节　电力系统的负荷模型

一、电压稳定分析对综合负荷模型的基本要求及其建模方法

综合负荷模型应当满足的基本要求是：模型应当具有全电压范围的适用性，既能描述较高电压水平下的功率恢复特性，也能描述低电压水平的失稳特性。鉴于上述要求，电压稳定分析中对综合负荷建模时，可以遵循如下基本思路和原则方法[15]：

（1）模型的状态变量：描述负荷的动态行为应当选择能反映其内在本质特征的状态变量，不应以负荷的输入或输出变量作为状态变量。

（2）模型的阶数：电力系统综合负荷是一个高维的复杂动态系统，完全真实地描述其系统行为既无可能也无必要。建模时应当抓住其中起主导作用的结构和主要变量，提取那些能够左右负荷行为的本质特征，而不应当过分强调其非本质特征的细节描述。这样才能使模型既能揭示负荷系统的内在本质规律，又尽可能具有简单的结构和便于使用的低阶形式。

（3）动态与静态的关系：综合负荷的静态与动态行为是负荷系统本身在不同外部条件（扰动或激励）作用下的两种固有运行行为，二者本质上是同一动态系统特性的不同表现形式。负荷模型应当能够揭示动态与静态之间的相互关系及其内在联系。

（4）有功功率与无功功率的关系：从能量转换的本质来说，负荷从电网吸收的无功功率是为其提供间接的内部转换条件，吸收无功的多少是依赖于其能量（即有功功率）输出的。因此，模型应能够实现有功功率和无功功率的统一综合描述而不是相互独立描述。

负荷模型的评判是困难的，因为不同的应用目的对负荷的要求不同，不同的研究人员看问题的出发点可能也不一样。一般来说，需要考虑以下几个方面：① 精确

度；② 计算量；③ 物理背景；④ 参数获取；⑤ 应用方便。可以说，目前没有一种负荷模型是完美的。事实上，上述几个方面有时甚至是互相矛盾的。因此，往往要根据应用者关心的主要方面，选择一种折中的负荷模型。

二、负荷模型参数的获取

负荷建模的研究是一个既涉及理论深度又直接面向实际应用的课题。鉴于负荷的大量性、分散性、时变性，无法对它进行数字仿真或在实验室内重现；又因为负荷特性是与用户人群的行为密切联系的，所以负荷特性与国家、地区、气候、资源、经济发展情况、生活水平、生活习惯有关，这就决定了不同国家、不同地区之间不能相互借用模型及参数。正是由于负荷的这些特性决定了负荷建模的难度，也决定了与现场结合研究负荷模型的必要性。迄今为止，负荷建模的方法可以归结为三大类：第一类是统计综合法，即基于元件特性综合的间接法；第二类是总体测辨法，即基于现场辨识的直接法；第三类就是故障仿真法。下面对这三种建模方法分别做具体介绍。

1. 综合统计法

这一方法的基本思想是把综合负荷看成成千上万用户的集合，首先在实验室确定各种典型负荷的平均特性（如日光灯、电机、空调器等的平均电气特性），然后统计出各类负荷如居民负荷、商业负荷、工业负荷等这些典型负荷的比例，估计出各类负荷的平均特性，最后再根据各类负荷所占的比例，得出综合负荷模型。

2. 总体测辨法

就综合电力负荷而言，只要负荷模型能反映出真实系统的输入/输出特性，就可以认为模型是合理的，而不必拘泥于模型的形式。总体测辨法的基本思想正是把负荷看成一个整体，作为一个随机系统来考虑。先利用数据采集装置，从现场采集负荷所在母线的电量，然后根据系统辨识理论确定综合负荷模型。

从数据采集角度看，总体测辨法有两种数据来源：即人为干扰下采集数据和自然扰动下采集数据。从参数辨识角度看，可分为离线辨识和在线辨识两种方式。后一种方法能够较好反映负荷特性随时间的变化，但在线计算量大，要做到实时性，对计算方法和硬件要求较高。总体测辨法的困难之一是信噪比小，要从信号处理技术和辨识方法入手，尽量避免噪声的影响。通过对统计综合法和总体测辨法的比较，可以看出只有总体测辨法才可能把负荷特性随时间变化的性质反映出来，这样的结果才更具有说服力。现代化数据收集手段及数字滤波、辨识理论的发展，也为其提供了理论支撑。

3. 故障仿真法

这一方法根据故障情况下的系统动态录波，通过不断改变全网负荷特性参数（比如全网统一的感应电动机比例），使仿真结果尽量与系统动态录波接近。利用该方法建模时需要注意的是，判断仿真结果与实测结果是否一致。主要看系统的整体行为（如失稳与否、振荡频率、阻尼等）是否一致，主要环节（如控制母线、系统联络线、主力发电厂等）的动态行为是否一致，而不要太计较局部行为、次要元件的结果。

故障仿真法的优点在于其模型参数的确定过程与程序计算时选择参数的过程是一致的，并且在某些故障下可能获得重现。但该方法很难保证在某些故障下确定的负荷参数也适用于其他故障，而且该方法认为全网负荷的参数相同且不变，这显然不符合实际情况。

4. 方法的综合

用统计综合法得到的负荷模型具有物理概念清晰、易于被现场工作人员理解的优点，但其核心是建立在“统计资料齐全，负荷特性精确”的基础之上的，这一点往往很难做到，而且不可能经常进行，从而无法考虑负荷随时间变化的特性。

总体测辨法避免了大量的统计工作，有可能得到随时间变化的在线实时负荷特性。其最大的困难在于一是难以在系统中所有变电站都安装有关装置；二是参数的不确定性。

故障仿真法的优点是参数确定过程与程序计算时选择参数的过程一致，而且某些故障能获得重现。但实际上这是一种试凑的方法，在某些故障下的负荷参数是否适用于其他故障难以保证，而且该方法认为全系统负荷参数相同、不变，显然不符合负荷的实质。

综上所述，可以结合以上三种方法的优点进行负荷建模。统计综合法比较适合于宏观定性，总体测辨法比较适合于微观定量，故障仿真法比较适合于最终校验。因此，对于特别重要或者具有典型性的负荷节点，通过总体测辨法进行长期观测，建立其分时段的模型和参数范围。对于比较重要的负荷节点，通过统计综合法定性后套用观测参数。对于影响不大的负荷节点则采用恒定阻抗。最终的有效性则要采用故障仿真法进行校核。

三、电力系统的静态、动态负荷模型

按照是否反映负荷的动态特性，负荷模型一般可分为静态模型和动态模型两类，前者通常用代数方程来描述，后者通常用微分方程或差分方程描述。

（一）静态负荷模型

静态负荷模型是表示有功功率和无功功率随节点电压和频率的缓慢变化而变化的模型，它主要应用在电力系统的潮流分析、长期动态过程分析、静态稳定分析以及以静态负荷为主的情况下。基本的静态负荷模型的有多项式模型和幂函数模型，以及这两种模型的变形或组合。两种模型各有优点，幂函数模型形式简单参数少，多项式模型则使用较灵活。

1. 多项式模型

$$\begin{cases} P = P_0\left[A_{\mathrm{p}}(U/U_0)^2 + B_{\mathrm{p}}(U/U_0) + C_{\mathrm{p}}\right]\left[1+\left(\dfrac{\partial P}{\partial f}\right)_{f_0}\Delta f\right] \\ Q = Q_0\left[A_{\mathrm{q}}(U/U_0)^2 + B_{\mathrm{q}}(U/U_0) + C_{\mathrm{q}}\right]\left[1+\left(\dfrac{\partial Q}{\partial f}\right)_{f_0}\Delta f\right] \end{cases} \tag{7-1}$$

式中，P、Q 为有功功率、无功功率；P_0、Q_0、U_0、f_0 为稳态时的运行值；A_{p}、B_{p}、C_{p} 和 A_{q}、B_{q}、C_{q} 分别为有功无功电压特性参数；$(\partial P/\partial f)_{f_0}$、$(\partial P/\partial f)_{f_0}$ 为有功无功频率特性参数。

电力系统机电暂态过程中，一般电网的频率变化很小，因此通常只考虑负荷功率随电压的变化特性，而不考虑频率的影响。这时负荷模型的形式为

$$\begin{cases} P = P_0\left[A_{\mathrm{p}}(U/U_0)^2 + B_{\mathrm{p}}(U/U_0) + C_{\mathrm{p}}\right] \\ Q = Q_0\left[A_{\mathrm{q}}(U/U_0)^2 + B_{\mathrm{q}}(U/U_0) + C_{\mathrm{q}}\right] \end{cases} \tag{7-2}$$

这种形式实际上有恒阻抗、恒电流、恒功率三部分组成，即所谓的模型，其中系数应满足 $A_{\mathrm{p}} + B_{\mathrm{p}} + C_{\mathrm{p}} = 1$，$A_{\mathrm{q}} + B_{\mathrm{q}} + C_{\mathrm{q}} = 1$。

目前，国内电力系统潮流计算所采用的负荷模型多是恒功率模型，暂态计算所采用的负荷模型也多是多项式模型，如恒功率+恒阻抗等。在电压稳定性分析及其他电力系统仿真计算中最常用的静态负荷模型是恒定功率模型、恒定电流模型和恒定阻抗模型，以及作为三者之线性组合的 ZIP 模型，在电压稳定分析中，通常不计系统频率对负荷特性的影响，当需要计算这种影响时，只要乘以相应的频率项即可。

2. 幂函数模型

$$\begin{cases} P = P_0(U/U_0)^{P_u}(f/f_0)^{P_f} \\ Q = Q_0(U/U_0)^{Q_u}(f/f_0)^{Q_f} \end{cases} \tag{7-3}$$

式中，P_u、Q_u 是有功无功电压特性系数；P_f、Q_f 是有功无功频率特性系数。

当忽略频率的影响时，此时负荷模型形式为

$$\begin{cases} P = P_0(U/U_0)^{P_u} \\ Q = Q_0(U/U_0)^{Q_u} \end{cases} \tag{7-4}$$

（二）动态负荷模型

动态负荷模型按照模型是否反映物理本质，可进一步可分为机理模型和非机理模型。

1. 机理模型

机理模型通常是指感应电动机模型、感应电动机并联静态模型的综合负荷模型、考虑配电网络的综合负荷模型等。这类传统动态负荷模型在电压稳定性机理研究的有关文献中广为采用，也是工程仿真计算中应用最为广泛的动态负荷模型。在实际应用中，通常选择所谓“典型参数”，不同使用者在采用该模型时的主要区别在于模型阶数选择的差别。传统机理模型的最大优点是物理意义明确、描述范围广，理论上讲它可以描述任意运行状态下的动态负荷行为。

1）感应电动机模型

感应电动机模型也是电力系统仿真中应用最为广泛的模型，按照考虑问题的详细程度可以分为五阶电磁暂态模型、三阶机电暂态模型和一阶机械暂态模型等。五阶电磁暂态模型，考虑了定子和转子绕组的电磁暂态特性以及转子的机械动态特性如果忽略定子绕组的电磁暂态特性，得到的是三阶机电暂态模型进一步忽略转子绕组的电磁暂态特性，得到的就是一阶机械暂态模型。

对于负荷建模研究工作来说，主要考虑的是机电暂态过程，并且感应电动机定子绕组的暂态过程比电力系统暂态过程快得多。因此，三阶模型就能很好地反映感应电动机的动态性能，负荷建模中采用三阶的感应电动机模型就能够很好的满足要求。

感应电动机部分采用三阶感应电动机模型，其状态方程表示为

$$\begin{cases}\dfrac{\mathrm{d}E_{\mathrm{d}}'}{\mathrm{d}t}=-\dfrac{1}{T_0'}\left[E_{\mathrm{d}}'+(X-X')I_{\mathrm{q}}\right]+(\omega-\omega_{\mathrm{r}})E_{\mathrm{q}}'\\ \dfrac{\mathrm{d}E_{\mathrm{q}}'}{\mathrm{d}t}=-\dfrac{1}{T_0'}\left[E_{\mathrm{q}}'+(X-X')I_{\mathrm{d}}\right]+(\omega-\omega_{\mathrm{r}})E_{\mathrm{d}}'\\ \dfrac{\mathrm{d}\omega_{\mathrm{r}}}{\mathrm{d}t}=-\dfrac{1}{H}\left[(E_{\mathrm{d}}'I_{\mathrm{d}}+E_{\mathrm{q}}'I_{\mathrm{q}})-T_{\mathrm{L}}(A\omega_{\mathrm{r}}^2+B\omega_{\mathrm{r}}+C)\right]\end{cases}\tag{7-5}$$

$$\begin{cases}I_{\mathrm{d}}=\dfrac{1}{R_{\mathrm{s}}^2+X'^2}\left[R_{\mathrm{s}}(U_{\mathrm{d}}-E_{\mathrm{d}}')+X'(U_{\mathrm{q}}-E_{\mathrm{q}}')\right]\\ I_{\mathrm{q}}=\dfrac{1}{R_{\mathrm{s}}^2+X'^2}\left[R_{\mathrm{s}}(U_{\mathrm{q}}-E_{\mathrm{q}}')+X'(U_{\mathrm{d}}-E_{\mathrm{d}}')\right]\end{cases}\tag{7-6}$$

式中，U 是系统的输入，I_{d} 和 I_{q} 是系统的输出，ω 是系统运行频率 ω_{r} 为转速，R_{s} 和 X_{s} 是定子绕组的等值电阻和漏抗，R_{r} 和 X_{r} 是转子绕组的等值电阻和漏抗，X_{m} 是定子转子互感抗，$X=X_{\mathrm{s}}+X_{\mathrm{m}}$，$T_0'=(X_{\mathrm{r}}+X_{\mathrm{m}})/R_{\mathrm{r}}$，$X'=X_{\mathrm{s}}+X_{\mathrm{m}}X_{\mathrm{r}}/(X_{\mathrm{m}}+X_{\mathrm{r}})$，$H$ 为电动机惯性时间常数，T_0' 为定子开路暂态时间常数，$T_{\mathrm{e}}=E_{\mathrm{d}}'I_{\mathrm{d}}+E_{\mathrm{q}}'I_{\mathrm{q}}$ 为电磁转矩，$T_{\mathrm{m}}=T_{\mathrm{L}}(A\omega_{\mathrm{r}}^2+B\omega_{\mathrm{r}}+C)$ 为电动机机械转矩，T_{L} 为负载系数，A、B、C 为机械转矩特性参数，$A+B+C=1$。

2）综合负荷模型

（1）ZIP 并联感应电动机模型。

综合负荷模型结构由感应电动机并联静特性负荷组成，静态部分采用分项式模型或者幂函数模型，感应电动机采用了三阶感应电动机模型，如图 7-1 所示。

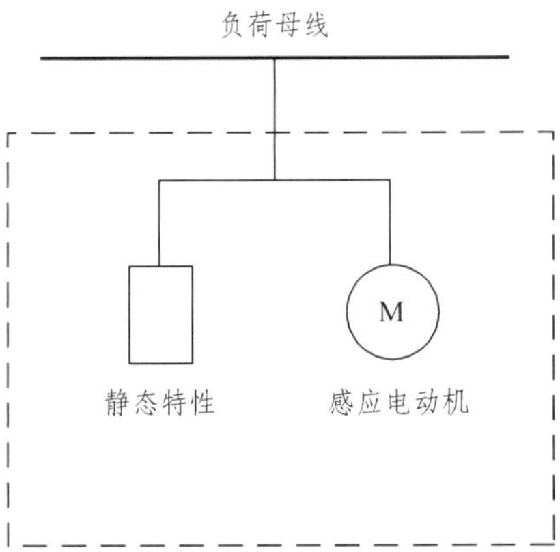

图 7-1　综合负荷模型结构图

该模型共有 14 个独立参数，即

$$\theta=[R_s,X_s,X_m,R_r,X_r,H,A,B,K_{pm},M_{lf},A_p,B_p,A_q,B_q]$$

其中，R_s，X_s 为感应电动机定子绕组的等值电阻和电抗；R_r、X_r 为感应电动机转子绕组的等值电阻和电抗；X_m 为定子绕组和转子绕组之间的互感抗；H 为感应电动机的惯性时间常数；A、B 为机械转矩特性参数；A_p、B_p 为静态有功 ZIP 模型中恒阻抗、恒电流所占的比例；A_q、B_q 为静态无功 ZIP 模型中恒阻抗、恒电流所占的比例；K_{pm} 和 M_{lf} 是综合负荷模型中两个重要的参数。实现了模型参数与负荷幅值的大小无关，即模型具有容量自适应特性。

K_{pm} 用来表示等值电动机在综合负荷中所占的比例，定义为

$$K_{pm}=\frac{P_0'}{P_0} \tag{7-7}$$

式中，P_0 为负荷测点的初始有功功率；P_0' 为等值电动机的初始有功功率。

M_{lf} 为额定初始负荷率系数，定义为

$$M_{lf}=\left(\frac{P_0'}{S_{MB}}\right)\bigg/\left(\frac{U_0}{U_B}\right) \tag{7-8}$$

式中，S_{MB} 与 U_B 分别为负荷模型中等值电动机的额定容量与额定电压；U_0 为负荷测点的初始电压。

三阶感应电动机可用微分代数方程描述：

$$\begin{cases}\dfrac{dE_d'}{dt}=-\dfrac{1}{T'}[E_d'+(X-X')I_q]-(\omega-1)E_q'\\ \dfrac{dE_q'}{dt}=-\dfrac{1}{T'}[E_q'+(X-X')I_d]-(\omega-1)E_d'\\ \dfrac{d\omega}{dt}=-\dfrac{1}{2H}[T_L(A\omega^2+B\omega+C)-(E_d'I_d+E_q'I_q)]\end{cases} \tag{7-9}$$

$$\begin{cases}I_d=\dfrac{1}{R_S^2+X'^2}[R_S(U_d-E_d')+X'(U_q-E_q')]\\ I_q=\dfrac{1}{R_S^2+X'^2}[R_S(U_q-E_q')+X'(U_d-E_d')]\end{cases} \tag{7-10}$$

$$\begin{cases}P=U_dI_d+U_qI_q\\ Q=U_qI_d-U_dI_q\end{cases} \tag{7-11}$$

综合负荷模型的静态部分如公式（7-12）所示：

$$\begin{cases}P=P_0[A_p(U/U_0)^2+B_p(U/U_0)+C_p]\\ Q=Q_0[A_q(U/U_0)^2+B_q(U/U_0)+C_q]\end{cases} \tag{7-12}$$

由于综合负荷模型结构包含了感应电动机部分，能够描述负荷随频率的变化以及系统短路时电动机倒送无功的电磁暂态现象。另外，模型并联的静态特性可采用多项式模型或幂函数模型，一方面大大扩展了静特性部分的表征能力，另一方面也可在一定程度上补偿由于电动机不同接入点带来的虚假无功功率短缺，而且这样模型的参数也不是太多，适合于基于量测的负荷建模问题。

但是这种感应电动机并联静态模型的综合负荷模型并没有考虑配电系统的影响，从而无法计算配电系统的阻抗、无功补偿等，这可能会导致配电系统等值阻抗电压降的增加，并最终恶化电动机的运行条件，同时，如果模型静态部分的无功功率有负的电流或功率成分，可能会被处理成无功电源，这将影响系统的仿真稳定水平，从而影响仿真计算的可信度。

（2）考虑配电网的综合负荷模型。

考虑配电网络的综合负荷模型结构（SML 模型）在综合负荷模型基础上，还包含了描述无功补偿的等值电容、代表分布式电源的等值发电机，并在中间设置了一个虚拟母线 $\dot{V}_L$，在虚拟母线 $\dot{V}_L$ 与实际母线 $\dot{V}_S$ 之间设置了配网等值阻抗。这种模型结构更符合电力系统负荷的实际情况，其结构图如图 7-2 所示。目前我国电力系统常用的稳定计算软件暂态稳定程序和电力系统分析综合程序中也都已经嵌入了这种模型。

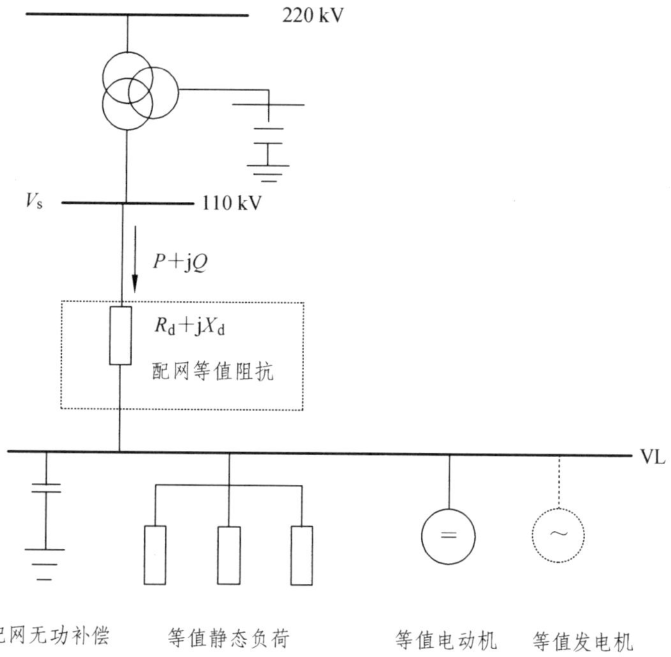

图 7-2　考虑配电网络的综合符合模型

SLM 模型能够较全面地反映配电网络阻抗、补偿电容、电源等对负荷特性的影响，但该模型参数较多，参数辨识要比纯负荷模型困难得多。仅仅依靠辨识方法并不能确定出该负荷模型中的所有参数，需要采用统计综合法（或理论等值）与总体测辨法相结合的方法来确定模型参数。

需要注意的是，实际负荷中电动机负荷种类繁多，不同容量不同型号的电动机特性也存在差异，将所有电动机负荷等值为一台感应电动机有时并不能满足仿真精度的要求。研究表明，空调负荷在城市负荷中所占的比重越来越大，其特殊的启动特性和电压恢复特性对系统电压稳定产生越来越不利的影响。可以考虑采用两个感应电动机来描述动态负荷，其中大感应电动机主要用来描述工业用大型电动机负荷，小感应电动机主要描述商用、民用等小型电动机负荷。

以上介绍了几种机理综合负荷模型，其中 ZIP 并联感应电动机模型是目前国内电网仿真计算中使用最多的模型。这些模型物理意义清晰，易于人们理解。然而，这些模型有一个共同的不足之处，即模型的数学表达式比较复杂，模型参数多，且不容易辨识。因此，寻找结构更加简单，参数更容易辨识的综合负荷模型需要负荷建模工作者进一步的努力。

2. 非机理动态模型

非机理模型把负荷群看作一个整体，电压和频率作为输入量，有功功率和无功功率作为其输出量。

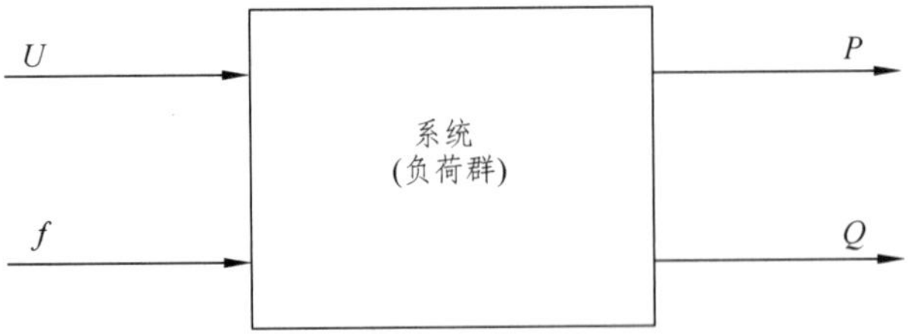

图 7-3　非机理模型示意图

1）具有功率恢复性特性的非线性通用动态负荷模型

基于实验观察到的负荷对电压的阶跃响应，可以构造出动态负荷模型，如式（7-13）:

$$\begin{cases} T_{\mathrm{p}}\dfrac{\mathrm{d}P_{\mathrm{d}}}{\mathrm{d}t}+P_{\mathrm{d}}=P_{\mathrm{s}}(V)+K_{\mathrm{p}}(V)\dfrac{\mathrm{d}V}{\mathrm{d}t} \\ T_{\mathrm{q}}\dfrac{\mathrm{d}P_{\mathrm{d}}}{\mathrm{d}t}+P_{\mathrm{d}}=P_{\mathrm{s}}(V)+K_{\mathrm{p}}(V)\dfrac{\mathrm{d}V}{\mathrm{d}t} \end{cases} \tag{7-13}$$

式（7-13）中，$P_s(V)$、$Q_s(V)$ 是负荷静态特性，取幂函数或多项式模型；P_d、Q_d 是动态负荷功率；$K_p(V)$、$K_q(V)$ 是关于电压的非线性函数，由实验或现场实测数据决定；T_p、T_q 是综合负荷的时间常数。

式（7-13）的解 $P_d(t)$、$Q_d(t)$ 具有指数恢复性质，可以分别描述计算 OLTC 动态作用的静态负荷、感应电动机负荷和恒温负荷。但它存在如下主要缺陷：首先它不能描述综合负荷的低电压失稳特性；其次，对负荷母线而言，负荷电压 V 是输入（控制）变量或激励变量，有功功率和无功功率则是其输出变量，而且在不计网络动态时负荷母线电压，从而负荷功率均是可突变的非状态变量，把它们作为状态变量来建模是不合适的；此外，该模型完全是从对实验所得的负荷响应进行数值拟合的角度构造的，缺乏清晰的物理意义。

2）以母线电压为状态变量描述的动态负荷模型

该模型以负荷母线的电压相量为状态变量来描述动态负荷，如式（7-14）所示。

$$\begin{cases} P_d = P_s(V) + k_1\dfrac{d\theta}{dt} + k_2\dfrac{dV}{dt} \\ Q_d = Q_s(V) + k_3\dfrac{d\theta}{dt} + k_4\dfrac{dV}{dt} \end{cases} \tag{7-14}$$

式（7-14）中，$P_s(V)$、$Q_s(V)$ 是负荷静态特性，取幂函数或多项式模型；P_d、Q_d 是动态负荷功率；$k_1 \sim k_4$ 为比例系数；V、θ 是负荷母线电压模值及相位。

式（7-13）与式（7-14）具有同样的特点：没有明确的物理意义；不能描述失稳特性；都是用输入变量作为状态变量。

综上所述，对于不同的负荷，机理模型需综合不同元件的数学模型；而非机理模型与研究的具体负荷无关，模型结构大体上是固定的，因此输入/输出的非机理模型在使用上更为方便，通用性更强。以上介绍的非机理模型比机理模型更能准确刻画出负荷的运行特性，但模型仅用数学公式来表达无法体现其物理本质。

第二节 基于电能质量暂态数据的负荷建模技术

一、负荷模型参数的可辨识性问题

在负荷参数辨识研究中人们常常发现：即使同一试验，负荷参数有时变化较大，但不同参数模型的动态响应却相差不大，而且与实测的结果也吻合甚好。这证明该模型能够描绘负荷动态行为，但可能不唯一。人们在根据测量数据进行参数辨识的过程中自然关心能否成功辨识，当模型本身的结构决定了参数不能唯一地辨识出来，则仅通过测量数据来辨识参数多半不会成功。因此，电力负荷模型的可辨识性问题应该得到深入的研究和广泛的重视。对于非线性负荷模型，其参数的可辨识性研究的主要方法有：输出量高阶求导法；线性化分析，非线性辨识方法验证；等高线法。

目前，负荷模型可辨识性研究的主要有以下结果。

1. 感应电动机模型

对于三阶机电暂态模型，仅利用前稳态条件和动态过程信息还不能唯一辨识出所有的参数，但加上后稳态条件后，模型则变为可辨识。

对于一阶机械暂态模型，在任何测量条件下都不能唯一辨识出所有参数。对于一阶电压暂态模型，不管是否利用前后稳态条件，模型均是不可辨识的。之所以三阶模型可辨识、而两个一阶模型不可辨识，主要原因可能是：三种模型的参数个数相同，但高阶模型能提供更多的动态参数条件，从而能够确定参数。

2. 非机理动态模型

（1）线性传递函数负荷模型是唯一可辨识的。

（2）线性状态方程负荷模型是唯一可辨识的。

（3）非线性一阶负荷模型是唯一可辨识的。

（4）非线性高阶电压负荷模型，在阶跃电压干下是不可辨识的，在斜坡或恢复型电压干扰下是唯一可辨识的。

二、负荷模型的参数辨识方法

电力负荷辨识方法大体可以分为线性和非线性两大类。

线性类方法包括最小二乘估计、卡尔曼滤波等方法，对于参数线性模型通常是行之有效的。但对于参数非线性模型，容易产生不准确及收敛性等问题。

非线性模型的参数辨识方法目前大都以优化为基础。其主要过程是寻找一组最优的参数向量 θ，使得预定的误差目标函数值 E 达到最小，误差目标函数 E 通常选取输出误差的一个非负单调递增函数为参数 θ 的函数[16]。但这一函数是不可能写出其解析关系的，其解空间往往相当复杂，可能有多个极值点。因此，优化搜索方法必须十分有效。

优化搜索方法从其原理上来说大体有三种。

（1）梯度类方法对于连续、光滑、单峰的优化问题，具有良好的性能，精确而快速。但存在如下困难：局部性；要求一阶导数甚至二阶导数的存在；一般不适用于既包含离散变量又包含连续变量的混合问题；难以处理噪声问题或随机干扰；鲁棒性较差，即条件好时收敛性好、条件复杂时收敛性差。

（2）随机类搜索方法具有良好的收敛性、全局性和鲁棒性，其最大（或者说最致命）的缺陷是计算效率太低。

（3）模拟进化类方法具有以下特点：适用范围较广；找到全局最优解或近乎全局最优解的可能性大；属于随机性优化方法，但计算效率比传统的随机类搜索方法要高得多。目前应用最为广泛的优化算法有粒子群算法和遗传算法两种基础优化算法。

受鸟群觅食行为的启发，Kennedy 和 Eberhart 于 1995 年提出了粒子群优化算法。该算法采用内在并行搜索机制，通过粒子最优信息的传递，使种群快速收敛，最终找到最优解。其搜索原理为：在搜索空间内，初始化一组随机粒子，每个粒子都代表一个潜在的解。粒子在搜索空间内以一定的速度飞行，该速度决定了粒子飞行的方向和距离。粒子在飞行中会根据自身和种群的经验对速度进行动态调整，粒子位置的好坏可由设定的适应性函数来判定。粒子群优化算法是一种基于种群的模拟进化算法，该算法的优点是：全局性能好，正反馈性和协同性好。存在的问题是：当待辨识的参数较多时计算效率有待进一步提高；算法本身的参数要根据具体问题合理地选择，这需要一个过程。

遗传算法（GA）模拟生物体的进化过程是一种基于自然选择与遗传机理的随机搜索算法。GA 具有将复杂的非线性问题经过有效搜索和动态演化而达到优化状态的特性，在求解复杂优化问题上具有巨大的潜在优势。这种优势主要表现在 2 个方面：一是它对目标函数没有任何解析性质的要求；再者，它具有理论上的全局寻优能力以保证在整个解空间搜索到全局最优解。理论上，GA 的这种优良性能能够很好地解决电力负荷建模中准则函数难以解析描述以及模型参数分散性的难题，然而在实践应用中 GA 的这种潜在优势能否得以发挥取决于诸多因素，其中 GA 控制参数的选取是关键。在 GA 的搜索过程中每个参数都表现为多方面的功效，不同的参数组合对 GA 性能的影响非常复杂。

三、感应电动机模型的动态过程求解

1. 感应电机模型的初始状态求解

由于感应电机的状态变量在动态过程中不能突变，在对模型进行数值迭代计算之前，应对其状态变量进行初始化，解得符合条件的状态变量值。感应电动机启动时初始滑差为 1，因此可将其作为已知量进一步求得暂态电动势的初始值。

由感应电机三阶模型可得如下方程：

$$\begin{cases}\dot{U} = \dot{E}' + (R_s + jX')\dot{I} \\ \dfrac{d\dot{E}'}{dt} = -js\dot{E}' - [\dot{E}' - j(X - X')\dot{I}]/T_0'\end{cases} \tag{7-15}$$

稳态时，其暂态电势的导数为 0，则有

$$\begin{cases}\dot{U} = \dot{E}' + (R_s + jX')\dot{I} \\ 0 = -js\dot{E}' - [\dot{E}' - j(X - X)\dot{I}]/T_0'\end{cases} \tag{7-16}$$

将式（4-16）中的电压方程代入其中的暂态方程可得

$$jsT_0'\dot{E}' + \dot{E}' - j(X - X')\frac{\dot{U} - \dot{E}'}{R_s + jX'} = 0 \tag{7-17}$$

展开后可得

$$jsT_0'(E_d' + jE_q') + (E_d' + jE_q') - j(X - X')\frac{(U_d + jU_q) - (E_d' + jE_q')}{R_s + jX'} = 0 \tag{7-18}$$

将虚实部分开后化为矩阵形式则有

$$\begin{bmatrix} E_d' \\ E_q' \end{bmatrix} = \begin{bmatrix} R_s - sT_0'X' & -(X + sT_0'R_s) \\ X + sT_0'R_s & R_s - sT_0'X' \end{bmatrix}^{-1} \begin{bmatrix} -U_q \\ U_d \end{bmatrix}(X - X') \tag{7-19}$$

于是可以得到暂态电势的表达式：

$$\begin{bmatrix} E_d' \\ E_q' \end{bmatrix} = \begin{bmatrix} R_s - sT_0'X' & -(X + sT_0'R_s) \\ X + sT_0'R_s & R_s - sT_0'X' \end{bmatrix} \begin{bmatrix} -U_q \\ U_d \end{bmatrix} \frac{(X - X')}{(R_s - sT_0'X')^2 + (X + sT_0'R_s)^2} \tag{7-20}$$

将初始滑差 $s = 1$ 代入上式，可求得暂态电势的初始值 E_d'、E_q'。

2. 感应电机模型的动态过程求解

由于感应电机模型为微分方程的形式，虽然微分方程可以采用解析方法进行求解，但解析方法只适用于一些特殊类型的微分方程，大多数微分方程的求解还是采用数值解法。设微分方程为

$$\begin{cases} y' = f(x, y) \\ y(x_0) = y_0 \end{cases} \tag{7-21}$$

所谓微分方程的数值解法，就是寻求 $y(x)$在离散节点$(x_1,x_2,\cdots,x_n,x_{n+1},\cdots)$上的近似值$(y_1,y_2,\cdots,y_n,y_{n+1},\cdots)$。相邻两节点的间距$h=X_{n+1}-X_n$称为步长，通常情况下，步长 h 为一个定值，碰到特殊问题时，也可采用变步长的方式，其相应节点为$x_n=x_0+nh$，n=0，1，2，…。微分方程的数值解法就是采用“步进式”的求解思路，即在求解过程中，沿着节点的增大方向，一步一步地向后迭代。只要给出前一步解的信息(x_n,y_n)就能根据递推公式求得下一步的值(x_{n+1},y_{n+1})。

微分方程的数值解法有多种，其中较常使用的有牛顿法、隐式梯形积分法、龙格-库塔法等。牛顿法和隐式梯形积分法有较高的精度，但其算法的实现较为复杂，迭代时间长；龙格-库塔法虽然计算量大，但其形式较为简单，不需要对变量进行求导以获得雅可比矩阵，且可以满足计算要求的精度。龙格-库塔法迭代公式主要有二阶、三阶、四阶三种形式，本文采用四阶龙格-库塔法对感应电机的微分方程进行求解。

四阶龙格-库塔法的迭代公式为

$$\begin{cases} y_{n+1}=y_n+\dfrac{6}{h}(K_1+2K_2+2K_3+K_4) \\ K_1=f(x_n,y_n) \\ K_2=f(x_n+\dfrac{h}{2},y_n+\dfrac{h}{6}K_1) \\ K_3=f(x_n+\dfrac{h}{2},y_n+\dfrac{h}{6}K_2) \\ K_4=f(x_n+h,y_n+hK_3) \end{cases} \tag{7-22}$$

将式（7-6）带入式（7-5）可得感应电机微分方程组：

$$\begin{cases} f1=\dfrac{\mathrm{d}E_\mathrm{d}'}{\mathrm{d}t}=-\dfrac{1}{T_0'}\left\{E_\mathrm{d}'+(X-X')[R_\mathrm{s}(U_\mathrm{q}-E_\mathrm{q}')-X'(U_\mathrm{d}-E_\mathrm{d}')]/(R_\mathrm{s}^2+X'^2)\right\}+sE_\mathrm{q}' \\ f2=\dfrac{\mathrm{d}E_\mathrm{q}'}{\mathrm{d}t}=-\dfrac{1}{T_0'}\left\{E_\mathrm{q}'+(X-X')[R_\mathrm{s}(U_\mathrm{d}-E_\mathrm{d}')-X'(U_\mathrm{q}-E_\mathrm{q}')]/(R_\mathrm{s}^2+X'^2)\right\}+sE_\mathrm{d}' \\ f3=\dfrac{\mathrm{d}s}{\mathrm{d}t}=\dfrac{1}{2H}\left\{T_\mathrm{L}(A(1-s)^2+B(1-s)+C)-[E_\mathrm{d}'(R_\mathrm{s}(U_\mathrm{d}-E_\mathrm{d}')+X'(U_\mathrm{q}-E_\mathrm{q}')]/\right. \\ \qquad \left.(R_\mathrm{s}^2+X'^2)+E_\mathrm{q}'[R_\mathrm{s}(U_\mathrm{q}-E_\mathrm{q}')-X'(U_\mathrm{d}-E_\mathrm{d}')]/(R_\mathrm{s}^2+X'^2)\right\} \end{cases} \tag{7-23}$$

根据龙格库塔法公式（7-22）可将微分方程组化为以下形式：

$$\begin{cases} k_{11}=f_1(E_{\mathrm{d}n}',E_{\mathrm{q}n}',s_n) \\ k_{12}=f_2(E_{\mathrm{d}n}',E_{\mathrm{q}n}',s_n) \\ k_{13}=f_3(E_{\mathrm{d}n}',E_{\mathrm{q}n}',s_n) \end{cases} \tag{7-24}$$

$$\begin{cases} k_{21}=f_1(E'_{dn}+\dfrac{h}{2}k_{11},E'_{qn}+\dfrac{h}{2}k_{12},s_n+\dfrac{h}{2}k_{13}) \\ k_{22}=f_2(E'_{dn}+\dfrac{h}{2}k_{11},E'_{qn}+\dfrac{h}{2}k_{12},s_n+\dfrac{h}{2}k_{13}) \\ k_{23}=f_3(E'_{dn}+\dfrac{h}{2}k_{11},E'_{qn}+\dfrac{h}{2}k_{12},s_n+\dfrac{h}{2}k_{13}) \end{cases} \tag{7-25}$$

$$\begin{cases} k_{31}=f_1(E'_{dn}+\dfrac{h}{2}k_{21},E'_{qn}+\dfrac{h}{2}k_{22},s_n+\dfrac{h}{2}k_{23}) \\ k_{32}=f_2(E'_{dn}+\dfrac{h}{2}k_{21},E'_{qn}+\dfrac{h}{2}k_{22},s_n+\dfrac{h}{2}k_{23}) \\ k_{33}=f_3(E'_{dn}+\dfrac{h}{2}k_{21},E'_{qn}+\dfrac{h}{2}k_{22},s_n+\dfrac{h}{2}k_{23}) \end{cases} \tag{7-26}$$

$$\begin{cases} k_{41}=f_1(E'_{dn}+hk_{31},E'_{qn}+hk_{32},s_n+hk_{33}) \\ k_{42}=f_2(E'_{dn}+hk_{31},E'_{qn}+hk_{32},s_n+hk_{33}) \\ k_{43}=f_3(E'_{dn}+hk_{31},E'_{qn}+hk_{32},s_n+hk_{33}) \end{cases} \tag{7-27}$$

由此可得状态变量的迭代公式：

$$\begin{bmatrix} E'_{dn+1} \\ E'_{qn+1} \\ s_{n+1} \end{bmatrix}=\begin{bmatrix} E'_{dn} \\ E'_{qn} \\ s_n \end{bmatrix}+\frac{h}{6}\left(\begin{bmatrix} k_{11} \\ k_{12} \\ k_{13} \end{bmatrix}+2\begin{bmatrix} k_{21} \\ k_{22} \\ k_{23} \end{bmatrix}+2\begin{bmatrix} k_{31} \\ k_{32} \\ k_{33} \end{bmatrix}+\begin{bmatrix} k_{41} \\ k_{42} \\ k_{43} \end{bmatrix}\right) \tag{7-28}$$

联立式（7-28）、式（7-20），就可以对感应电机进行时域仿真。

四、电力系统负荷建模的参数辨识流程

1. 确定参数辨识优化算法

常用的优化算法有遗传算法、粒子群算法等，根据算法的不同进行不同的参数初始化，并进一步生产解区间。算法循环过程中的目标函数设置为负荷模型的拟合误差，即实现寻找拟合误差最小的负荷模型参数的功能。

2. 编写负荷模型辨识程序

（1）将优化算法中产生的解区间内的一组解作为带入程序。解区间的范围如表7-1所示。

表 7-1　需要辨识的参数及取值说明

序号	1	2	3	4	5	6	7	8	9	10	11	12
参数	X_r	X_m	X_s	R_s	R_r	A	B	C	P_{MP}	K_L	P_U	Q_U
经典值	0.12	3.5	0.12	0	0.02	0.85	0	1	0.6	0.468	2	2
最小值	0.07	2	0.1	0	0.01	0.2	0	0.6	0.1	0.25	0	0
最大值	0.18	3.8	0.4	0.35	0.08	1	1	1.6	0.8	0.8	2.5	2.5

上表中，P_{MP} 为电动机负荷在综合负荷中所占的比例；K_L 为负载率系数；R_s 和 X_s 是定子绕组的等值电阻和漏抗；R_r 和 X_r 是转子绕组的等值电阻和漏抗；X_m 是定子转子互感抗；P_U、Q_U 是有功无功电压特性系数；A、B、C 为机械转矩特性参数。

（2）计算微分方程初始值（与辨识参数相关的代数方程）。

（3）求解微分方程（每步迭代求解均得到与辨识参数相关代数方程）。

（4）计算目标函数值（带入微分方程求解结果，以辨识参数为变量，求解此优化问题）。

目标函数如下：

$$\min_{x}\frac{1}{N}\sqrt{\sum_{k=1}^{N}\left\{[P(k)-P_{C}(k)]^{2}+[Q(k)-Q_{C}(k)]^{2}\right\}} \tag{7-53}$$

其中，P、Q 已知，P_C 和 Q_C 与 x 相关（x 表示需要辨识的参数）。

$$P_{C}(k)=P_{m}(k)+P_{S}(k) \tag{7-54}$$

$$Q_{C}(k)=Q_{m}(k)+Q_{S}(k) \tag{7-55}$$

参数 1：$P(k)$、$Q(k)$ 为测量已知的值，表示母线实际有功功率与无功功率。

参数 2：$P_C(k)$、$Q_C(k)$ 为输入电压 $U(k)$ 后，通过模型计算得到的有功功率和无功功率。

参数 3：$P_m(k)$ 为模型电动机部分的有功功率，$P_S(k)$ 为模型静态部分的有功功率。

参数 4：$Q_m(k)$ 为模型电动机部分的无功功率，$Q_S(k)$ 为模型静态部分的无功功率。

1）计算 $P_m(k)$，$Q_m(k)$

$$P_{m}(k)=\frac{(U_{d}I_{d}+U_{q}I_{q})S_{BM}}{S_{BS}} \tag{7-56}$$

$$Q_{m}(k)=\frac{(U_{q}I_{d}-U_{d}I_{q})S_{BM}}{S_{BS}} \tag{7-57}$$

其中，U_q、U_d 已知，I_q、I_d 未知，S_{BM} 未知，S_{BS} 未知。

$$\begin{cases}\dfrac{\mathrm{d}E_{\mathrm{d}}'}{\mathrm{d}t}=-\dfrac{1}{T_{\mathrm{d0}}'}[E_{\mathrm{d}}'+(X-X')I_{\mathrm{q}}]\times100\pi-100\pi(w-1)E_{\mathrm{q}}'\\ \dfrac{\mathrm{d}E_{\mathrm{q}}'}{\mathrm{d}t}=-\dfrac{1}{-T_{\mathrm{d0}}'}[E_{\mathrm{q}}'-(X-X')I_{\mathrm{d}}]\times100\pi+100\pi(w-1)E_{\mathrm{d}}'\\ \dfrac{\mathrm{d}w}{\mathrm{d}t}=-\dfrac{1}{2H}[(Aw^2+Bw+C)T_0-(E_{\mathrm{d}}'I_{\mathrm{d}}+E_{\mathrm{q}}'I_{\mathrm{q}})]\times100pi\end{cases} \tag{7-58}$$

$$\begin{cases}I_{\mathrm{d}}=\dfrac{1}{R_{\mathrm{S}}^2+X'^2}[R_{\mathrm{S}}(U_{\mathrm{d}}-E_{\mathrm{d}}')+X'(U_{\mathrm{q}}-E_{\mathrm{q}}')]\\ I_{\mathrm{q}}=\dfrac{1}{R_{\mathrm{S}}^2+X'^2}[R_{\mathrm{S}}(U_{\mathrm{q}}-E_{\mathrm{q}}')-X'(U_{\mathrm{d}}-E_{\mathrm{d}}')\end{cases} \tag{7-59}$$

其中，U_{d}、U_{q}已知，T_0已知（后面会进行初始化计算）。

$$X'=X_{\mathrm{S}}+\frac{X_{\mathrm{r}}X_{\mathrm{m}}}{X_{\mathrm{r}}+X_{\mathrm{m}}} \tag{7-60}$$

$$X=X_{\mathrm{S}}+X_{\mathrm{m}} \tag{7-61}$$

$$T_{\mathrm{d0}}'=\frac{X_{\mathrm{r}}+X_{\mathrm{m}}}{R_{\mathrm{r}}} \tag{7-62}$$

2）计算 $P_{\mathrm{S}}(k)$，$Q_{\mathrm{S}}(k)$

$$\begin{cases}P=(P_0-P_{\mathrm{M0}})\left(\dfrac{U}{U_0}\right)a\\ Q=(Q_0-Q_{\mathrm{M0}})\left(\dfrac{U}{U_0}\right)b\end{cases} \tag{7-63}$$

式中，P_0是系统初始有功功率；Q_0是系统初始无功功率；P_{M0}是电动机初始有功功率；Q_{M0}是电动机初始无功功率。

五、实例分析

根据上一小节所述方法，对云南电网负荷模型中的 7 个重点参数进行辨识，辨识算法选用收敛效果较好的遗传算法。

1. 实验一

先采用幂函数静态负荷模型对负荷发生突然变化的工况进行拟合描述。实测数据来源于云南某 220 kV 变电站的现场动态实验数据，数据中有功功率、无功功率和电压都为标幺值。可以观查到，该实测数据在 0.2 s 时出现突变。图 7-4、图 7-5 分别为幂函数模型输出的有功功率拟合曲线和无功功率拟合曲线。

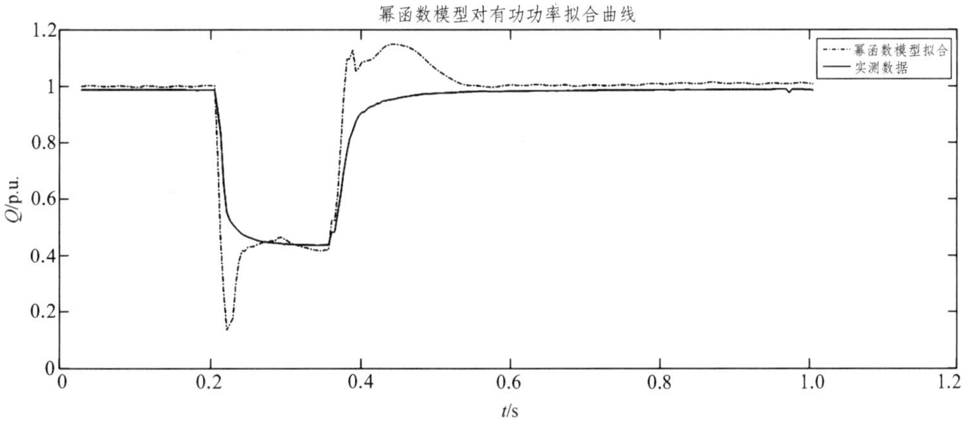

图 7-4 幂函数模型有功功率拟合曲线

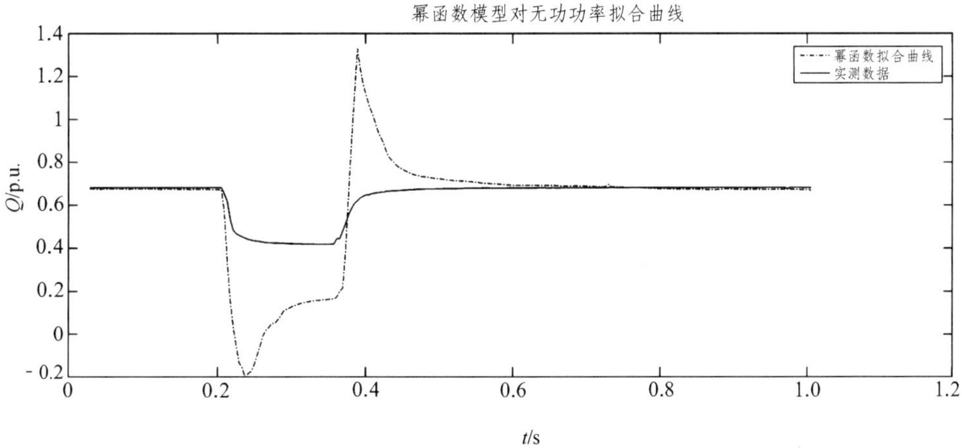

图 7-5 幂函数模型无功功率拟合曲线

从图 7-4 和图 7-5 中可以发现，幂函数静态负荷模型的参数辨识结果静态时在一定程度上可以反应出负荷的特性。但是，在负荷出现突变的情况下，如发生三相或单相短路故障时，电压大幅下降，拟合结果与实测的结果会相差很大，静态模型无法仿真或体现出负荷的动态变化特性。因此，当负荷数据出现突变情况时，应该考虑采用动态负荷模型对其进行拟合描述。

2. 实验二

采用静态幂函数模型+动态电动机模型的综合负荷模型，继续对云南某地实测采集到的某 220 kV 变电所动态扰动电压、功率数据进行负荷模型参数的辨识。

在参数辨识过程中需要注意的是，从电网中得到的初始数据并不能直接用于负荷建模。根据上一节的介绍，电动机模型中需要使用的是电压的直轴分量 U_d 和交轴

分量 U_q，因此需要先将定子电压通过派克变换分解至感应电机直轴和交轴上，即 U_d 和 U_q，然而现场测得的动态负荷数据则是表征电压值大小的U，所以在参数辨识之前，需要对母线电压进行解耦：

$$U_d = \frac{UP}{S}, \quad U_q = \frac{UQ}{S} \tag{7-64}$$

除需要辨识的重点参数外，其余参数均采用表 7-2 中的典型值代替。

表 7-2　综合负荷模型典型值取值

参数	A	B	C	T_L	R_s	X_m	R_r	X_r	T_j
取值	0.85	0	0.15	0.56	0.0465	3.5	0.02	0.12	2

需要辨识的 7 个重点参数 X_s、k_{pm}、K_L、P_0、P_u、Q_0、q_u的取值范围如表 7-3 所示。

表 7-3　综合负荷模型需要辨识参数的范围

参数	X_s	k_{pm}	K_L	P_0	P_u	Q_0	q_u
最大值	1.00	0.85	0.60	2.00	2.00	6.00	6.00
最小值	0.10	0.20	0.30	0.00	0.00	0.00	0.00

参数辨识的过程在上一节中已经详细介绍过，此处就不在赘述了，仅放上辨识结果以供参考。

上述 7 个重点参数的辨识结果如表 7-4 所示。

表 7-4　综合负荷模型进行参数辨识结果

参数	X_s	k_{pm}	K_L	P_0	P_u	Q_0	q_u	辨识精度
取值	0.9000	0.4613	0.4536	0.7821	0.7928	0.4477	4.0563	7.7438

辨识结果曲线如图 7-6、图 7-7 所示。

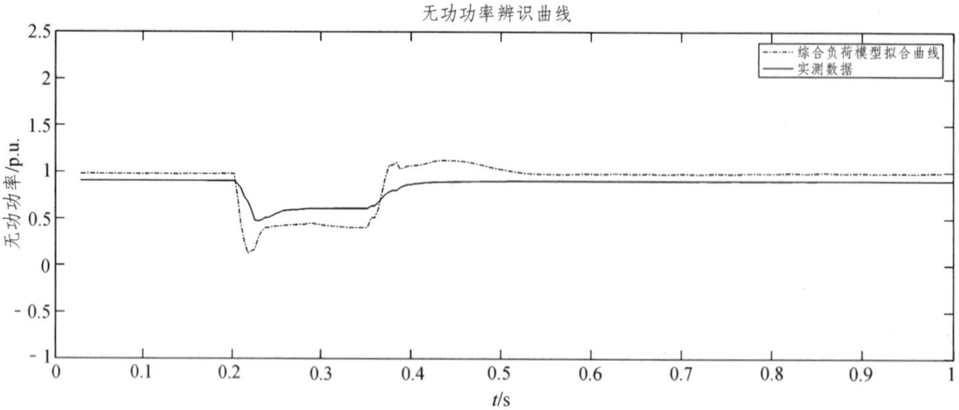

图 7-6　综合负荷模型的有功功率辨识曲线

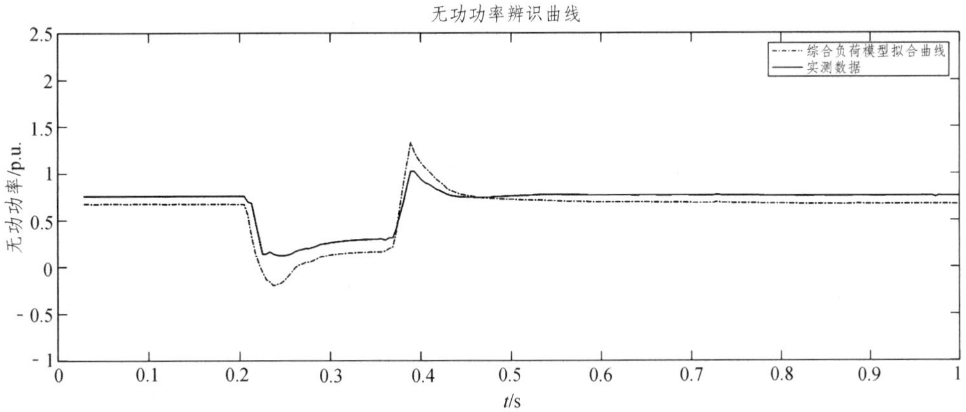

图 7-7 综合负荷模型的无功功率辨识曲线

从图 4-3、图 4-4 的综合负荷模型对动态实测数据的辨识结果可以看得出，遗传算法有着较好的收敛速度和精度。证实了遗传算法在动态负荷模型建立时，参数辨识过程中的有效性。

实测曲线与拟合曲线之间的距离很近，说明了模型的拟合误差很小，证明了综合负荷模型对动态实测数据的拟合具有更好的描述特性。特别是在 0.2 s 和 0.4 s 电压突然变化时，综合负荷模型对于暂态过程的拟合描述能力比静态模型更为准确。综上所述，实验结果成功验证了静态幂函数模型并联的三阶感应电机的综合负荷模型的有效性。

参考文献

[1] 刘军成. 电能质量分析方法[M]. 北京：中国电力出版社，2011.

[2] IEEE Std 1100-2005. IEEE Recommended Practice for Powering and Grounding Electronic Equipment.

[3] IEEE Std 1159-2009. IEEE Recommended Practice for Monitoring Electric Power Quality.

[4] IEEE Std C62.41.2-2002. IEEE Recommended Practice on Characterization of Surge in Low-Voltage (1000V or Less) AC Power Circuits.

[5] IEEE Std 1159.3-2019. IEEE Recommended Practice for Power Quality Data Interchange Format (PQDIF).

[6] 李群湛，贺建闽. 牵引供电系统分析[M]. 成都：西南交通大学出版社，2007.

[7] 冯晓云. 电力牵引交流传动及其控制系统[M]. 北京：高等教育出版社，2009.

[8] C S CHANG, L F TIAN. Worst-case identification of touch voltage and stray current of DC railway system using genetic algorithm. Electric Power Applications, IEE Proceedings, 1999 146(5): 570-576.

[9] 许树楷，宋强，刘文华，等. 配电系统大功率交流电弧炉电能质量问题及方案治理研究[J]. 中国电机工程学报，2007（19）：93-98.

[10] 翁利民，陈允平，舒立平. 大型炼钢电弧炉对电网及自身的影响和抑制方案[J]. 电网技术，2004（02）：64-67.

[11] 郭成，李群湛，贺建闽，等. 电网谐波与间谐波检测的分段 Prony 算法[J]. 电网技术，2010，34（03）：21-25.

[12] 黄舜，徐永海. 基于偏最小二乘回归的系统谐波阻抗与谐波发射水平的评估方法[J]. 中国电机工程学报，2007（01）：93-97.

[13] 黄德华，张禄亮，曾江，等. 基于蒙特卡洛法的谐波测量不确定度分析[J]. 电力系统保护与控制，2012，40（20）：62-67.

[14] 张大海，李永生. 基于阻抗归算的间谐波源识别及责任划分[J]. 电网技术，2011，35（12）：67-71.

[15] 王诗超，沈沉，李洋，等. 基于波动量法的系统侧谐波阻抗幅值估计精度评价方法[J]. 电网技术，2012，36（05）：145-149.

[16] 鞠平，马大强. 电力系统负荷建模[M]. 北京：中国电力出版社，2008.